U1070175

建设工程工程量清单计价

编制与实例详解系列

市政工程

张红金　主编

中国计划出版社

图书在版编目（CIP）数据

市政工程/张红金主编. —北京：中国计划出版社，
2015.1
（建设工程工程量清单计价编制与实例详解系列）
ISBN 978-7-5182-0062-7

Ⅰ.①市… Ⅱ.①张… Ⅲ.①市政工程-工程造价
Ⅳ.①TU723.3

中国版本图书馆CIP数据核字（2014）第225578号

建设工程工程量清单计价编制与实例详解系列
市政工程
张红金　主编

中国计划出版社出版
网址：www.jhpress.com
地址：北京市西城区木樨地北里甲11号国宏大厦C座3层
邮政编码：100038　电话：（010）63906433（发行部）
新华书店北京发行所发行
三河富华印刷包装有限公司印刷

787mm×1092mm　1/16　24.25印张　597千字
2015年1月第1版　2015年1月第1次印刷
印数 1—3000册

ISBN 978-7-5182-0062-7
定价：56.00元

版权所有　侵权必究
本书环衬使用中国计划出版社专用防伪纸，封面贴有中国计划出版社专用防伪标，否则为盗版书。请读者注意鉴别、监督！
侵权举报电话：（010）63906404
如有印装质量问题，请寄本社出版部调换

编 写 人 员

主　编　张红金

参　编　（按姓氏笔画排序）

王　帅　王　营　左丹丹　刘　洋

刘美玲　孙　莹　孙德弟　曲秀明

郭　闯　崔玉辉　蒋传龙　褚丽丽

前　言

城市设施建设是形成和完善城市功能、发挥城市中心作用的基础，它是搞活本地区经济，改善城市居住生活环境，提高城市品位的基本条件。市政设施工程的本身特点决定了其建设资金主要来自于国家的投入和地方的资金筹措，而这些资金的投入与城市建设庞大的资金需求相比是有限的，因此，经济合理地确定市政工程造价、提高资金的使用效益、相对准确地计算工程量、不断提高造价编制水平，科学地反映工程的实际费用支出，是市政建设者必须努力和追求的方向。

为了更加广泛深入地推行工程量清单计价、规范建设工程发承包双方的计量、计价行为，适应新技术、新工艺、新材料日益发展的需要，进一步健全我国统一的建设工程计价、计量规范标准体系，2013年住房和城乡建设部标准定额司组织相关单位颁布实施了《建设工程工程量清单计价规范》GB 50500—2013 和《市政工程工程量计算规范》GB 50857—2013 等 9 本计量规范。基于上述原因，我们组织一批多年从事市政工程造价编制工作的专家、学者编写了本书。

本书共四章，主要内容包括：市政工程清单计价基础、市政工程量清单计价的编制、市政工程工程量计算及清单编制实例、市政工程工程量清单计价编制实例。本书内容由浅入深，从理论到实例，方便查阅，可操作性强。可供市政工程造价编制与管理人员使用，也可供高等院校相关专业师生学习时参考。

由于编者学识和经验有限，虽经编者尽心尽力，但仍难免存在疏漏或不妥之处，望广大读者批评指正。

编　者

2014 年 5 月

目　录

1　市政工程清单计价基础

1.1　工程量清单计价概述

1.1.1　工程量计算

1. 工程量的概念

工程量是以规定的物理计量单位或自然计量单位所表示的各个具体分项工程或构配体的数量。物理计量单位是指法定计量单位，如长度单位 m、面积单位 m^2、体积单位 m^3、质量单位 kg 等。自然计量单位，一般是以物体的自然形态表示的计量单位，如套、组、台、件、个等。

工程量是确定市政工程费用、编制施工规划、安排工程施工进度、编制材料供应计划以及进行工程统计和经济核算的重要依据。

2. 工程量计算依据

1）工程预算定额及清单计价规范。市政工程预算定额系指《全国统一市政工程预算定额》GYD—301～308—1999 以及省、市、自治区颁发的地区性工程定额，清单计价规范指《建设工程工程量清单计价规范》GB 50500—2013、《市政工程工程量计算规范》GB 50857—2013。

2）经审定的施工设计图纸及设计说明。设计施工图是计算工程量的基础资料，因为施工图纸反映工程的构造和各部位尺寸，是计算工程量的基本依据。在取得施工图和设计说明等资料后，必须全面、细致地熟悉和核对有关图纸和资料，检查图纸是否齐全、正确。如果发现设计图纸有错漏或相互间有矛盾，应及时向设计人员提出修正意见，予以更正。经过审核、修正后的施工图才能作为计算工程量的依据。

3）经审定的施工组织设计或施工技术措施方案。计算工程量时，还必须参照施工组织设计或施工技术措施方案进行，同时还要结合施工现场的实际情况进行。

4）经确定的其他有关技术经济文件。

3. 工程量计算原则

(1) 计算规则要一致

工程量计算必须与规定的工程量计算规则（或计算方法）相一致才符合要求，预算定额中对分项工程的工程量计算规则和计算方法都作了具体规定，计算时必须严格按规定执行。

(2) 计算口径要一致

计算工程量时，根据施工图纸列出的工程子目的口径（指工程子目所包括的工作内容），必须与定额中相应的工程子目的口径相一致。不能将定额子目中包含了的工作内容拿出来另列子目计算。

(3) 计算单位要一致

计算工程量时，所计算工程子目的工程量单位必须与市政工程预算定额中相应子目的单位相一致。

在市政工程预算定额中，工程量的计算单位规定为：

1）以体积计算的为立方米（m^3）。

2）以面积计算的为平方米（m^2）。

3）以长度计算的为米（m）。

4）以重量计算的为吨或千克（t或kg）。

5）以件（个或组）计算的为件（个或组）。

（4）计算尺寸的取定要准确

计算工程量时，要对施工图尺寸进行核对，并对各子目计算尺寸的取定要准确。

（5）计算顺序要统一

要遵循一定的顺序进行计算。计算工程量时要遵循一定的计算顺序，依次进行计算，这是为避免发生漏算或重算的重要措施。

（6）计算精确度要统一

工程量的数字计算要准确，一般应精确到小数点后三位，汇总时，其准确度取值要达到：

1）立方米（m^3）、平方米（m^2）及米（m）以下取两位小数。

2）吨（t）以下取三位小数。

3）千克（kg）、件等取整数。

4. 工程量计算方法

施工图预算的工程量计算，通常采用按施工先后顺序，按预算定额的分部、分项顺序和统筹法进行计算。

（1）按施工顺序计算

按工程施工顺序的先后来计算工程量。计算时，先地下，后地上；先底层，后上层；先主要，后次要。大型和复杂工程应先划成区域，编成区号、分区计算。

（2）按定额项目的顺序计算

按定额项目的顺序计算即按定额所列分部分项工程的次序来计算工程量。由前到后，逐项对照施工图设计内容，能对上号的就计算。采用这种方法计算工程量，要求熟悉施工图纸，具有较多的工程设计基础知识，并且要注意施工图中有的项目可能套不上定额项目，这时应单独列项，待编制补充定额时，切记不可因定额缺项而漏项。

（3）统筹法计算工程量

统筹法计算工程量是根据各分项工程量计算之间的固有规律和相互之间的依赖关系，运用统筹原理和统筹图来合理安排工程量的计算程序，并按其顺序计算工程量。用统筹法计算工程量的基本要点是：统筹程序、合理安排；利用基数、连续计算；一次计算，多次使用，结合实际，灵活机动。

5. 工程量计算顺序

为了避免漏算或重算，提高计算的准确程度，工程量的计算应按照一定的顺序进行。应根据具体工程和个人习惯来确定具体的计算顺序，一般包括以下几种：

（1）单位工程计算顺序

单位工程计算顺序一般按计价规范清单列项顺序计算，即按照计价规范上的分章或分部分项工程顺序来计算工程量。

(2) 单个分部分项工程计算顺序

按一定顺序计算工程量的目的是防止漏项少算或重复多算的现象发生，具体方法可参见表 1-1。

表 1-1　单个分部分项工程计算顺序

序号	计算顺序	内容说明
1	按照顺时针方向计算	按照顺时针方向计算是指先从平面图的左上角开始，自左至右，然后再由上而下，最后转回到左上角为止，这样按顺时针方向转圈依次进行计算
2	按“先横后竖、先上后下、先左后右”计算	按“先横后竖、从上而下、先左后右”计算是指在平面图上从左上角开始，按“先横后竖、从上而下、先左后右”的顺序计算工程量
3	按图纸分项编号顺序计算	按图纸分项编号顺序计算法是指按照图纸上所标注结构构件、配件的编号顺序进行计算

1.1.2　工程量清单

1. 工程量清单的概念

工程量清单是表现拟建工程的分部分项工程项目、措施项目、其他项目、规费项目和税金项目的名称和相应数量的明细清单，由招标人按照《市政工程工程量计算规范》GB 50857—2013 附录中统一的项目编码、项目名称、计量单位和工程量计算规则，结合招标文件以及施工图、现场条件计算出的构成工程实体、可供编制招标控制价及投标报价的实物工程量的汇总清单。

工程量清单是工程招标文件的组成内容，其主要内容包括分部分项工程量清单、措施项目清单、其他项目清单、规费项目清单以及税金项目清单。

2. 工程量清单的作用

工程量清单是工程量清单计价的基础，应作为编制招标控制价、投标报价、计算工程量支付工程款、调整合同价款、办理竣工结算以及工程索赔等的重要依据。

工程量清单的作用主要表现在以下几方面：

1）工程量清单可作为编制招标控制价、投标报价的依据。

2）工程量清单可作为支付工程进度款和办理工程结算的依据。

3）工程量清单可作为调整工程量和工程索赔的依据。

1.1.3　工程量清单计价

1. 工程量清单计价的概念

工程量清单计价是指投标人完成由招标人提供的工程量清单所需的全部费用，包括分部分项工程费、措施项目费、其他项目费和规费、税金。

工程量清单计价是建设工程招标投标中，按照国家统一的工程量清单计价规范，由招标人提供工程数量，投标人自主报价，经评审低价中标的工程造价计价模式。采用工程量清单计价能反映工程个别成本，有利于企业自主报价和公平竞争。

2. 工程量清单计价的特点

工程量清单计价的特点具体体现在以下几个方面：

（1）统一计价规则

通过制定统一的建设工程工程量清单计价方法、统一的工程量计量规则、统一的工程量清单项目设置规则，达到规范计价行为的目的。这些规则和办法是强制性的，建设各方面都应该遵守，这是工程造价管理部门首次在文件中明确政府职权范围。

（2）有效控制消耗量

通过由政府发布统一的社会平均消耗量指导标准，为企业提供一个社会平均尺度，避免企业盲目或随意大幅度减少或扩大消耗量，从而达到保证工程质量的目的。

（3）彻底放开价格

将工程消耗量定额中的人工、材料、机械价格和利润、管理费全面放开，由市场的供求关系自行确定价格。

（4）企业自主报价

投标企业根据自身的技术专长、材料采购渠道和管理水平等，制定企业自己的报价定额，自主报价。企业尚无报价定额的，可参考使用造价管理部门颁布的《建设工程消耗量定额》。

（5）市场有序竞争形成价格

通过建立与国际惯例接轨的工程量清单计价模式，引入充分竞争形成价格的机制，制定衡量投标报价合理性的基础标准。在投标过程中，有效引入竞争机制，淡化标底的作用。在保证质量、工期的前提下，按照现行《中华人民共和国招标投标法》的有关条款规定，最终以“不低于成本”的合理低价者中标。

3. 工程量清单计价的意义

实行工程量清单计价具有深远的意义，主要表现在以下几方面：

1）实行工程量清单计价是深化工程造价管理改革，推进建设市场化的重要途径。

2）在建设工程招标投标中实行工程量清单计价，是规范建筑市场秩序的治本措施之一，是适应社会主义市场经济的需要。

3）实行工程量清单计价是与国际接轨的需要。

4）实行工程量清单计价，是促进建设市场有序竞争和企业健康发展的需要。

5）实行工程量清单计价，有利于我国工程造价政府职能的转变。

4. 工程量清单计价的基本过程

工程量清单计价的基本过程是在统一工程量计算规则的基础上，制定工程量清单项目设置规则，根据具体工程的施工图纸计算出各个清单项目的工程量，再根据各种渠道所获得的工程造价信息和经验数据计算得到工程造价。基本过程如图 1-1 所示。

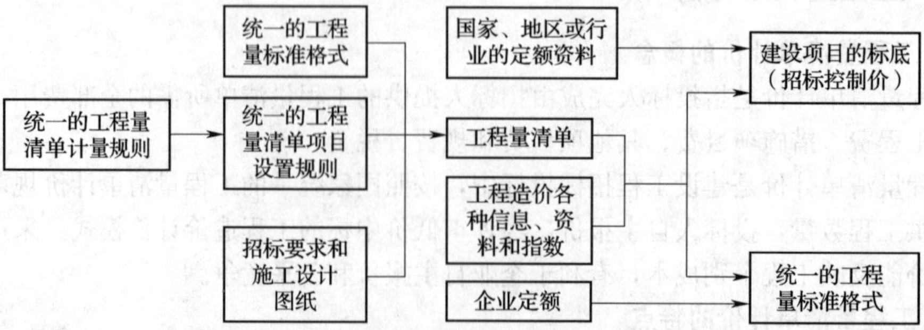

图 1-1 工程量清单计价的基本过程

从工程量清单计价过程的示意图中可以看出，其编制过程可以分为两个阶段：工程量清单格式的编制和利用工程量清单来编制投标报价。

1.2　建筑安装工程费用构成与计算

1.2.1　按费用构成要素划分的构成与计算

1. 按费用构成要素划分的费用构成

建筑安装工程费按照费用构成要素划分：由人工费、材料（包含工程设备，下同）费、施工机具使用费、企业管理费、利润、规费和税金组成。其中人工费、材料费、施工机具使用费、企业管理费和利润包含在分部分项工程费、措施项目费、其他项目费中，如图 1-2 所示。

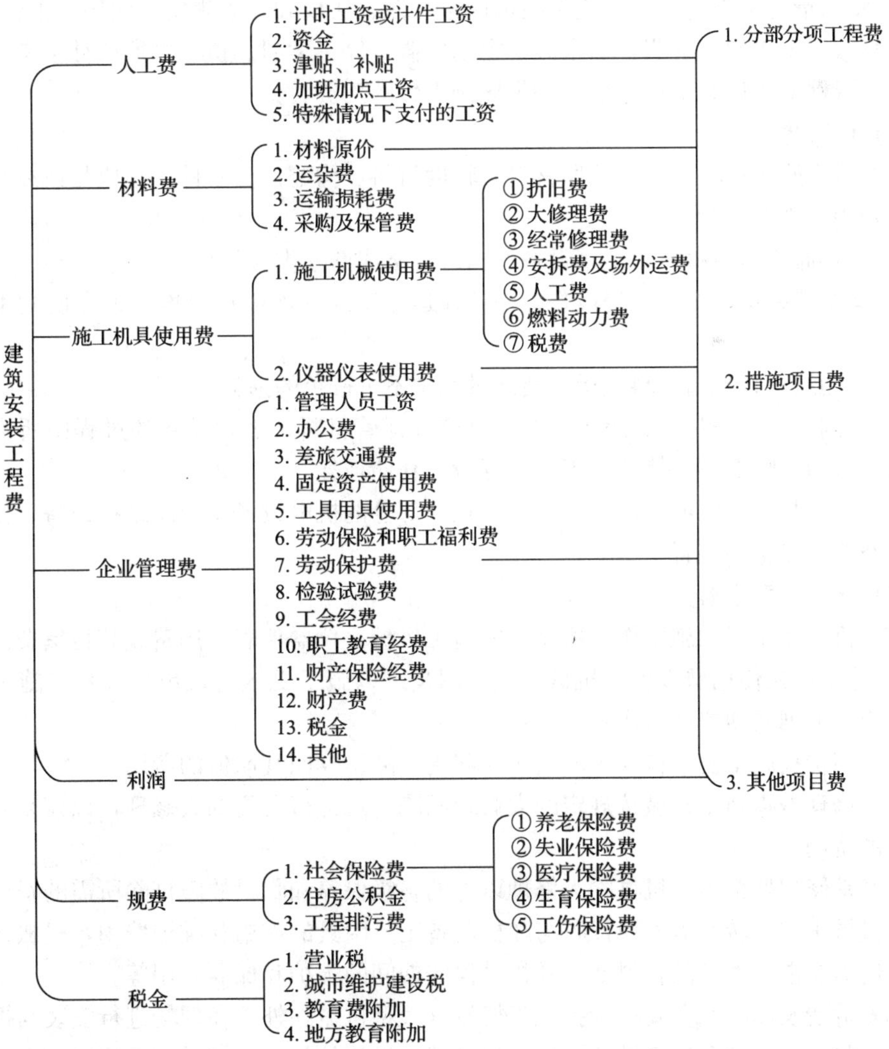

图 1-2　建筑安装工程费用项目组成（按费用构成要素划分）

(1) 人工费

人工费指按工资总额构成规定，支付给从事建筑安装工程施工的生产工人和附属生产单位工人的各项费用，其内容包括：

1）计时工资或计件工资是指按计时工资标准和工作时间或对已做工作按计件单价支付给个人的劳动报酬。

2）奖金是指对超额劳动和增收节支支付给个人的劳动报酬。如节约奖、劳动竞赛奖等。

3）津贴补贴是指为了补偿职工特殊或额外的劳动消耗和因其他特殊原因支付给个人的津贴，以及为了保证职工工资水平不受物价影响支付给个人的物价补贴。如流动施工津贴、特殊地区施工津贴、高温（寒）作业临时津贴、高空作业津贴等。

4）加班加点工资是指按规定支付的在法定节假日工作的加班工资和在法定日工作时间外延时工作的加点工资。

5）特殊情况下支付的工资是指根据国家法律、法规和政策规定，因病、工伤、产假、计划生育假、婚丧假、事假、探亲假、定期休假、停工学习、执行国家或社会义务等原因按计时工资标准或计时工资标准的一定比例支付的工资。

(2) 材料费

材料费指施工过程中耗费的原材料、辅助材料、构配件、零件、半成品或成品、工程设备的费用。内容包括：

1）材料原价是指材料、工程设备的出厂价格或商家供应价格。

2）运杂费是指材料、工程设备自来源地运至工地仓库或指定堆放地点所发生的全部费用。

3）运输损耗费是指材料在运输装卸过程中不可避免的损耗。

4）采购及保管费是指为组织采购、供应和保管材料、工程设备的过程中所需要的各项费用。包括采购费、仓储费、工地保管费、仓储损耗。

工程设备是指构成或计划构成永久工程一部分的机电设备、金属结构设备、仪器装置及其他类似的设备和装置。

(3) 施工机具使用费

施工机具使用费指施工作业所发生的施工机械、仪器仪表使用费或其租赁费。

1）施工机械使用费以施工机械台班耗用量乘以施工机械台班单价表示，施工机械台班单价应由下列几项费用组成：

①折旧费指施工机械在规定的使用年限内，陆续收回其原值的费用。

②大修理费指施工机械按规定的大修理间隔台班进行必要的大修理，以恢复其正常功能所需的费用。

③经常修理费指施工机械除大修理以外的各级保养和临时故障排除所需的费用。包括为保障机械正常运转所需替换设备与随机配备工具附具的摊销和维护费用，机械运转中日常保养所需润滑与擦拭的材料费用及机械停滞期间的维护和保养费用等。

④安拆费及场外运费安拆费指施工机械（大型机械除外）在现场进行安装与拆卸所需的人工、材料、机械和试运转费用以及机械辅助设施的折旧、搭设、拆除等费用；场外运费指施工机械整体或分体自停放地点运至施工现场或由一施工地点运至另一施工地点的运

输、装卸、辅助材料及架线等费用。

⑤人工费指机上司机（司炉）和其他操作人员的人工费。

⑥燃料动力费指施工机械在运转作业中所消耗的各种燃料及水、电等。

⑦税费指施工机械按照国家规定应缴纳的车船使用税、保险费及年检费等。

2）仪器仪表使用费是指工程施工所需使用的仪器仪表的摊销及维修费用。

（4）企业管理费

企业管理费指建筑安装企业组织施工生产和经营管理所需的费用。内容包括：

1）管理人员工资是指按规定支付给管理人员的计时工资、奖金、津贴补贴、加班加点工资及特殊情况下支付的工资等。

2）办公费是指企业管理办公用的文具、纸张、账表、印刷、邮电、书报、办公软件、现场监控、会议、水电、烧水和集体取暖降温（包括现场临时宿舍取暖降温）等费用。

3）差旅交通费是指职工因公出差、调动工作的差旅费、住勤补助费，市内交通费和误餐补助费，职工探亲路费，劳动力招募费，职工退休、退职一次性路费，工伤人员就医路费，工地转移费以及管理部门使用的交通工具的油料、燃料等费用。

4）固定资产使用费是指管理和试验部门及附属生产单位使用的属于固定资产的房屋、设备、仪器等的折旧、大修、维修或租赁费。

5）工具用具使用费是指企业施工生产和管理使用的不属于固定资产的工具、器具、家具、交通工具和检验、试验、测绘、消防用具等的购置、维修和摊销费。

6）劳动保险和职工福利费是指由企业支付的职工退职金、按规定支付给离休干部的经费，集体福利费、夏季防暑降温、冬季取暖补贴、上下班交通补贴等。

7）劳动保护费是企业按规定发放的劳动保护用品的支出。如工作服、手套、防暑降温饮料以及在有碍身体健康的环境中施工的保健费用等。

8）检验试验费是指施工企业按照有关标准规定，对建筑以及材料、构件和建筑安装物进行一般鉴定、检查所发生的费用，包括自设试验室进行试验所耗用的材料等费用。不包括新结构、新材料的试验费，对构件做破坏性试验及其他特殊要求检验试验的费用和建设单位委托检测机构进行检测的费用，对此类检测发生的费用，由建设单位在工程建设其他费用中列支。但对施工企业提供的具有合格证明的材料进行检测不合格的，该检测费用由施工企业支付。

9）工会经费是指企业按《工会法》规定的全部职工工资总额比例计提的工会经费。

10）职工教育经费是指按职工工资总额的规定比例计提，企业为职工进行专业技术和职业技能培训，专业技术人员继续教育、职工职业技能鉴定、职业资格认定以及根据需要对职工进行各类文化教育所发生的费用。

11）财产保险费是指施工管理用财产、车辆等的保险费用。

12）财务费是指企业为施工生产筹集资金或提供预付款担保、履约担保、职工工资支付担保等所发生的各种费用。

13）税金是指企业按规定缴纳的房产税、车船使用税、土地使用税、印花税等。

14）其他包括技术转让费、技术开发费、投标费、业务招待费、绿化费、广告费、公证费、法律顾问费、审计费、咨询费、保险费等。

(5) 利润

利润指施工企业完成所承包工程获得的盈利。

(6) 规费

规费指按国家法律、法规规定，由省级政府和省级有关权力部门规定必须缴纳或计取的费用，其中包括：

1) 社会保险费：

①养老保险费是指企业按照规定标准为职工缴纳的基本养老保险费。

②失业保险费是指企业按照规定标准为职工缴纳的失业保险费。

③医疗保险费是指企业按照规定标准为职工缴纳的基本医疗保险费。

④生育保险费是指企业按照规定标准为职工缴纳的生育保险费。

⑤工伤保险费是指企业按照规定标准为职工缴纳的工伤保险费。

2) 住房公积金是指企业按规定标准为职工缴纳的住房公积金。

3) 工程排污费是指按规定缴纳的施工现场工程排污费。

其他应列而未列入的规费，按实际发生计取。

(7) 税金

税金指国家税法规定的应计入建筑安装工程造价内的营业税、城市维护建设税、教育费附加以及地方教育附加。

2. 按费用构成要素划分的费用计算

(1) 人工费

$$\text{人工费} = \sum(\text{工日消耗量} \times \text{日工资单价}) \tag{1-1}$$

$$\text{日工资单价} = \frac{\text{生产工人平均月工资（计时计件）}+\text{平均月（奖金}+\text{津贴补贴}+\text{特殊情况下支付的工资）}}{\text{年平均每月法定工作日}} \tag{1-2}$$

注：公式（1-1）主要适用于施工企业投标报价时自主确定人工费，也是工程造价管理机构编制计价定额确定定额人工单价或发布人工成本信息的参考依据。

$$\text{人工费} = \sum(\text{工程工日消耗量} \times \text{日工资单价}) \tag{1-3}$$

日工资单价是指施工企业平均技术熟练程度的生产工人在每工作日（国家法定工作时间内）按规定从事施工作业应得的日工资总额。

工程造价管理机构确定日工资单价应通过市场调查、根据工程项目的技术要求，参考实物工程量人工单价综合分析确定，最低日工资单价不得低于工程所在地人力资源和社会保障部门所发布的最低工资标准的：普工 1.3 倍、一般技工 2 倍、高级技工 3 倍。

工程计价定额不可只列一个综合工日单价，应根据工程项目技术要求和工种差别适当划分多种日人工单价，确保各分部工程人工费的合理构成。

注：公式（1-3）适用于工程造价管理机构编制计价定额时确定定额人工费，是施工企业投标报价的参考依据。

(2) 材料费

1) 材料费：

$$\text{材料费} = \sum(\text{材料消耗量} \times \text{材料单价}) \tag{1-4}$$

$$材料单价=\{(材料原价+运杂费)\times[1+运输损耗率(\%)]\}\times[1+采购保管费率(\%)] \quad (1\text{-}5)$$

2）工程设备费：

$$工程设备费=\sum(工程设备量\times工程设备单价) \quad (1\text{-}6)$$

$$工程设备单价=(设备原价+运杂费)\times[1+采购保管费率(\%)] \quad (1\text{-}7)$$

（3）施工机具使用费

1）施工机械使用费：

$$施工机械使用费=\sum(施工机械台班消耗量\times机械台班单价) \quad (1\text{-}8)$$

$$机械台班单价=台班折旧费+台班大修费+台班经常修理费+台班安拆费及场外运费+台班人工费+台班燃料动力费+台班车船税费 \quad (1\text{-}9)$$

注：工程造价管理机构在确定计价定额中的施工机械使用费时，应根据《建筑施工机械台班费用计算规则》结合市场调查编制施工机械台班单价。施工企业可以参考工程造价管理机构发布的台班单价，自主确定施工机械使用费的报价，如租赁施工机械，公式为：施工机械使用费＝∑（施工机械台班消耗量×机械台班租赁单价）。

2）仪器仪表使用费：

$$仪器仪表使用费=工程使用的仪器仪表摊销费+维修费 \quad (1\text{-}10)$$

（4）企业管理费费率

1）以分部分项工程费为计算基础：

$$企业管理费费率(\%)=\frac{生产工人年平均管理费}{年有效施工天数\times人工单价}\times人工费占分部分项目工程费比例(\%) \quad (1\text{-}11)$$

2）以人工费和机械费合计为计算基础：

$$企业管理费费率(\%)=\frac{生产工人年平均管理费}{年有效施工天数\times(人工单价+每一工日机械使用费)}\times100\% \quad (1\text{-}12)$$

3）以人工费为计算基础：

$$企业管理费费率(\%)=\frac{生产工人年平均管理费}{年有效施工天数\times人工单价}\times100\% \quad (1\text{-}13)$$

注：上述公式适用于施工企业投标报价时自主确定管理费，是工程造价管理机构编制计价定额确定企业管理费的参考依据。

工程造价管理机构在确定计价定额中企业管理费时，应以定额人工费或（定额人工费＋定额机械费）作为计算基数，其费率根据历年工程造价积累的资料，辅以调查数据确定，列入分部分项工程和措施项目中。

（5）利润

1）施工企业根据企业自身需求并结合建筑市场实际自主确定，列入报价中。

2）工程造价管理机构在确定计价定额中利润时，应以定额人工费或（定额人工费＋定额机械费）作为计算基数，其费率根据历年工程造价积累的资料，并结合建筑市场实际确定，以单位（单项）工程测算，利润在税前建筑安装工程费的比重可按不低于5%且不高于7%的费率计算。利润应列入分部分项工程和措施项目中。

(6) 规费

1）社会保险费和住房公积金应以定额人工费为计算基础，根据工程所在地省、自治区、直辖市或行业建设主管部门规定费率计算。

$$\text{社会保险费和住房公积金} = \sum(\text{工程定额人工费} \times \text{社会保险费和住房公积金费率}) \quad (1\text{-}14)$$

式中：社会保险费和住房公积金费率可以每万元发承包价的生产工人人工费和管理人员工资含量与工程所在地规定的缴纳标准综合分析取定。

2）工程排污费等其他应列而未列入的规费应按工程所在地环境保护等部门规定的标准缴纳，按实计取列入。

(7) 税金

税金计算公式：

$$\text{税金} = \text{税前造价} \times \text{综合税率（\%）} \quad (1\text{-}15)$$

综合税率：

1）纳税地点在市区的企业：

$$\text{综合税率(\%)} = \frac{1}{1-3\%-(3\%\times7\%)-(3\%\times3\%)-(3\%\times2\%)}-1 \quad (1\text{-}16)$$

2）纳税地点在县城、镇的企业：

$$\text{综合税率(\%)} = \frac{1}{1-3\%-(3\%\times5\%)-(3\%\times3\%)-(3\%\times2\%)}-1 \quad (1\text{-}17)$$

3）纳税地点不在市区、县城、镇的企业：

$$\text{综合税率(\%)} = \frac{1}{1-3\%-(3\%\times1\%)-(3\%\times3\%)-(3\%\times2\%)}-1 \quad (1\text{-}18)$$

4）实行营业税改增值税的，按纳税地点现行税率计算。

1.2.2 按造价形式划分的构成与计算

1. 按造价形式划分的费用构成

建筑安装工程费按照工程造价形成由分部分项工程费、措施项目费、其他项目费、规费、税金组成，分部分项工程费、措施项目费、其他项目费包含人工费、材料费、施工机具使用费、企业管理费和利润，如图1-3所示。

(1) 分部分项工程费

分部分项工程费指各专业工程的分部分项工程应予列支的各项费用。

1）专业工程是指按现行国家计量规范划分的房屋建筑与装饰工程、仿古建筑工程、通用安装工程、市政工程、园林绿化工程、矿山工程、构筑物工程、城市轨道交通工程、爆破工程等各类工程。

2）分部分项工程指按现行国家计量规范对各专业工程划分的项目。如市政工程划分的土石方工程、道路工程、桥涵工程、隧道工程、管网工程、水处理工程、生活垃圾处理工程、路灯工程、钢筋工程及拆除工程等。

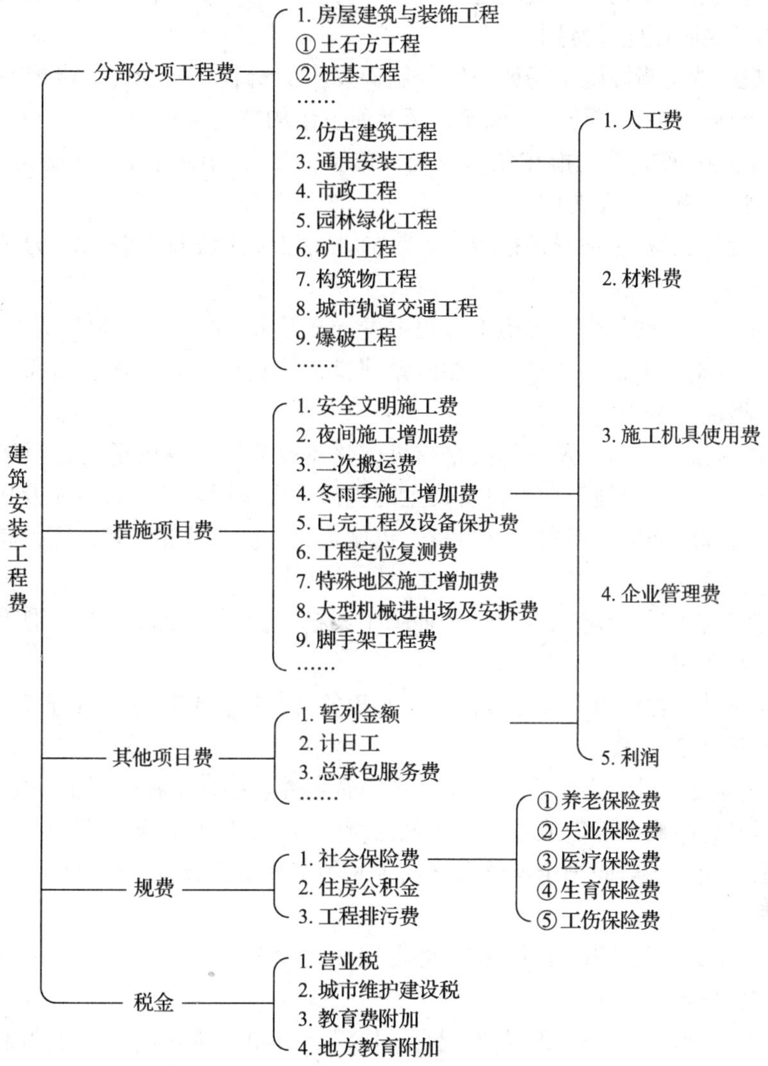

图 1-3 建筑安装工程费用项目组成（按造价形式划分）

各类专业工程的分部分项工程划分见现行国家或行业计量规范。

（2）措施项目费

措施项目费指为完成建设工程施工，发生于该工程施工前和施工过程中的技术、生活、安全、环境保护等方面的费用，其内容包括：

1）安全文明施工费：

①环境保护费是指施工现场为达到环保部门要求所需要的各项费用。

②文明施工费是指施工现场文明施工所需要的各项费用。

③安全施工费是指施工现场安全施工所需要的各项费用。

④临时设施费是指施工企业为进行建设工程施工所必须搭设的生活和生产用的临时建筑物、构筑物和其他临时设施费用。包括临时设施的搭设、维修、拆除、清理费或摊销费等。

2）夜间施工增加费是指因夜间施工所发生的夜班补助费、夜间施工降效、夜间施工照明设备摊销及照明用电等费用。

3）二次搬运费是指因施工场地条件限制而发生的材料、构配件、半成品等一次运输不能到达堆放地点，必须进行二次或多次搬运所发生的费用。

4）冬雨季施工增加费是指在冬季或雨季施工需增加的临时设施、防滑、排除雨雪，人工及施工机械效率降低等费用。

5）已完工程及设备保护费是指竣工验收前，对已完工程及设备采取的必要保护措施所发生的费用。

6）工程定位复测费是指工程施工过程中进行全部施工测量放线和复测工作的费用。

7）特殊地区施工增加费是指工程在沙漠或其边缘地区、高海拔、高寒、原始森林等特殊地区施工增加的费用。

8）大型机械设备进出场及安拆费是指机械整体或分体自停放场地运至施工现场或由一个施工地点运至另一个施工地点，所发生的机械进出场运输及转移费用及机械在施工现场进行安装、拆卸所需的人工费、材料费、机械费、试运转费和安装所需的辅助设施的费用。

9）脚手架工程费是指施工需要的各种脚手架搭、拆、运输费用以及脚手架购置费的摊销（或租赁）费用。

措施项同及其包含的内容详见各类专业工程的现行国家或行业计量规范。

（3）其他项目费

1）暂列金额是指建设单位在工程量清单中暂定并包括在工程合同价款中的一笔款项。用于施工合同签订时尚未确定或者不可预见的所需材料、工程设备、服务的采购，施工中可能发生的工程变更、合同约定调整因素出现时的工程价款调整以及发生的索赔、现场签证确认等的费用。

2）计日工是指在施工过程中，施工企业完成建设单位提出的施工图纸以外的零星项目或工作所需的费用。

3）总承包服务费是指总承包人为配合、协调建设单位进行的专业工程发包，对建设单位自行采购的材料、工程设备等进行保管以及施工现场管理、竣工资料汇总整理等服务所需的费用。

（4）规费

规费定义同“1.2.1 按费用构成要素划分的构成与计算”第1条“按费用构成要素划分的费用构成”的（6）。

（5）税金

税金定义同“1.2.1 按费用构成要素划分的构成与计算”第1条“按费用构成要素划分的费用构成”的（7）。

2. 按造价形式划分的费用计算

（1）分部分项工程费

$$\text{分部分项工程费} = \sum(\text{分部分项工程量} \times \text{综合单价}) \tag{1-19}$$

式中：综合单价包括人工费、材料费、施工机具使用费、企业管理费和利润以及一定范围的风险费用（下同）。

(2) 措施项目费

1) 国家计量规范规定应予计量的措施项目，其计算公式为：

$$措施项目费=\sum(措施项目工程量\times综合单价) \quad (1\text{-}20)$$

2) 国家计量规范规定不宜计量的措施项目计算方法如下：

①安全文明施工费：

$$安全文明施工费=计算基数\times安全文明施工费费率(\%) \quad (1\text{-}21)$$

计算基数应为定额基价（定额分部分项工程费＋定额中可以计量的措施项目费）、定额人工费或（定额人工费＋定额机械费），其费率由工程造价管理机构根据各专业工程的特点综合确定。

②夜间施工增加费：

$$夜间施工增加费=计算基数\times夜间施工增加费费率(\%) \quad (1\text{-}22)$$

③二次搬运费：

$$二次搬运费=计算基数\times二次搬运费费率(\%) \quad (1\text{-}23)$$

④冬雨季施工增加费：

$$冬雨季施工增加费=计算基数\times冬雨季施工增加费费率(\%) \quad (1\text{-}24)$$

⑤已完工程及设备保护费：

$$已完工程及设备保护费=计算基数\times已完工程及设备保护费费率(\%) \quad (1\text{-}25)$$

上述①～⑤项措施项目的计费基数应为定额人工费或（定额人工费＋定额机械费），其费率由工程造价管理机构根据各专业工程特点和调查资料综合分析后确定。

(3) 其他项目费

1) 暂列金额由建设单位根据工程特点，按有关计价规定估算，施工过程中由建设单位掌握使用、扣除合同价款调整后如有余额，归建设单位。

2) 计日工由建设单位和施工企业按施工过程中的签证计价。

3) 总承包服务费由建设单位在招标控制价中根据总承包服务范围和有关计价规定编制，施工企业投标时自主报价，施工过程中按签约合同价执行。

(4) 规费和税金

建设单位和施工企业均应按照省、自治区、直辖市或行业建设主管部门发布标准计算规费和税金，不得作为竞争性费用。

3. 相关问题的说明

1) 各专业工程计价定额的编制及其计价程序，均按上述计算方法实施。

2) 各专业工程计价定额的使用周期原则上为 5 年。

3) 工程造价管理机构在定额使用周期内，应及时发布人工、材料、机械台班价格信息，实行工程造价动态管理，如遇国家法律、法规、规章或相关政策变化以及建筑市场物价波动较大时，应适时调整定额人工费、定额机械费以及定额基价或规费费率，使建筑安装工程费能反映建筑市场实际。

4) 建设单位在编制招标控制价时，应按照各专业工程的计量规范和计价定额以及工程造价信息编制。

5) 施工企业在使用计价定额时除不可竞争费用外，其余仅作参考，由施工企业投标时自主报价。

1.2.3 建筑安装工程计价程序

建设单位工程招标控制价计价程序见表1-2。

表1-2 建设单位工程招标控制价计价程序

工程名称： 标段：

序号	内容	计算方法	金额（元）
1	分部分项工程费	按计价规定计算	
1.1			
1.2			
1.3			
1.4			
1.5			
2	措施项目费	按计价规定计算	
2.1	其中：安全文明施工费	按规定标准计算	
3	其他项目费		
3.1	其中：暂列金额	按计价规定估算	
3.2	其中：专业工程暂估价	按计价规定估算	
3.3	其中：计日工	按计价规定估算	
3.4	其中：总承包服务费	按计价规定估算	
4	规费	按规定标准计算	
5	税金 （扣除不列入计税范围的工程设备金额）	（1＋2＋3＋4）×规定税率	
招标控制价合计＝1＋2＋3＋4＋5			

施工企业工程投标报价计价程序见表1-3。

表1-3 施工企业工程投标报价计价程序

工程名称： 标段：

序号	内容	计算方法	金额（元）
1	分部分项工程费	自主报价	
1.1			
1.2			
1.3			
1.4			
1.5			

续表 1-3

序号	内　　容	计算方法	金额（元）
2	措施项目费	自主报价	
2.1	其中：安全文明施工费	按规定标准计算	
3	其他项目费		
3.1	其中：暂列金额	按招标文件提供金额计列	
3.2	其中：专业工程暂估价	按招标文件提供金额计列	
3.3	其中：计日工	自主报价	
3.4	其中：总承包服务费	自主报价	
4	规费	按规定标准计算	
5	税金 （扣除不列入计税范围的工程设备金额）	（1+2+3+4）×规定税率	
投标报价合计=1+2+3+4+5			

竣工结算计价程序见表 1-4。

表 1-4　竣工结算计价程序

工程名称：　　　　　　　　　　　　标段：

序号	内　　容	计算方法	金额（元）
1	分部分项工程费	按合同约定计算	
1.1			
1.2			
1.3			
1.4			
1.5			
2	措施项目	按合同约定计算	
2.1	其中：安全文明施工费	按规定标准计算	
3	其他项目		
3.1	其中：专业工程结算价	按合同约定计算	
3.2	其中：计日工	按计日工签证计算	
3.3	其中：总承包服务费	按合同约定计算	
3.4	索赔与现场签证	按发承包双方确认数额计算	
4	规费	按规定标准计算	
5	税金 （扣除不列入计税范围的工程设备金额）	（1+2+3+4）×规定税率	
竣工结算总价合计=1+2+3+4+5			

1.3 工程量清单计价表格的填制与使用

1.3.1 工程量清单计价表格的填制

1. 工程计价文件封面

(1) 招标工程量清单封面：封-1

【填制说明】 招标工程量清单封面应填写招标工程项目的具体名称，招标人应盖单位公章，如委托工程造价咨询人编制，还应由其加盖相同单位公章。

招标人委托工程造价咨询人编制招标工程量清单的封面，除招标人盖单位公章外，还应加盖受委托编制招标工程量清单的工程造价咨询人的单位公章。

(2) 招标控制价封面：封-2

【填制说明】 招标控制价封面应填写招标工程项目的具体名称，招标人应盖单位公章，如委托工程造价咨询人编制，还应由其加盖相同单位公章。

招标人委托工程造价咨询人编制招标控制价的封面，除招标人盖单位公章外，还应加盖受委托编制招标控制价的工程造价咨询人的单位公章。

(3) 投标总价封面：封-3

【填制说明】 投标总价封面应填写投标工程的具体名称，投标人应盖单位公章。

(4) 竣工结算书封面：封-4

【填制说明】 竣工结算书封面应填写竣工工程的具体名称，发承包双方应盖其单位公章，如委托工程造价咨询人办理的，还应加盖其单位公章。

(5) 工程造价鉴定意见书封面：封-5

【填制说明】 工程造价鉴定意见书封面应填写鉴定工程项目的具体名称，填写意见书文号，工程造价咨询人盖单位公章。

2. 工程计价文件扉页

(1) 招标工程量清单扉页：扉-1

【填制说明】

1）招标人自行编制工程量清单时，由招标人单位注册的造价人员编制，招标人盖单位公章，法定代表人或其授权人签字或盖章。编制人是造价工程师的，由其签字盖执业专用章；编制人是造价员的，在编制人栏签字盖专用章，应由造价工程师复核，并在复核人栏签字盖执业专用章。

2）招标人委托工程造价咨询人编制工程量清单时，由工程造价咨询人单位注册的造价人员编制，工程造价咨询人盖单位资质专用章，法定代表人或其授权人签字或盖章。编制人是造价工程师的，由其签字盖执业专用章；编制人是造价员的，在编制人栏签字盖专用章，应由造价工程师复核，并在复核人栏签字盖执业专用章。

(2) 招标控制价扉页：扉-2

【填制说明】

1）招标人自行编制招标控制价时，由招标人单位注册的造价人员编制，招标人盖单位公章，法定代表人或其授权人签字或盖章。编制人是造价工程师的，由其签字盖执业专用章；编制人是造价员的，由其在编制人栏签字盖专用章，应由造价工程师复核，并在复核人栏签字盖执业专用章。

2）招标人委托工程造价咨询人编制招标控制价时，由工程造价咨询人单位注册的造价人员编制，工程造价咨询人盖单位资质专用章，法定代表人或其授权人签字或盖章。编制人是造价工程师的，由其签字盖执业专用章；编制人是造价员的，在编制人栏签字盖专用章，应由造价工程师复核。并在复核人栏签字盖执业专用章。

（3）投标总价扉页：扉-3

【填制说明】　投标人编制投标报价时，由投标人单位注册的造价人员编制，投标人盖单位公章，法定代表人或其授权人签字或盖章，编制的造价人员（造价工程师或造价员）签字盖执业专用章。

（4）竣工结算总价扉页：扉-4

【填制说明】

1）承包人自行编制竣工结算总价，由承包人单位注册的造价人员编制，承包人盖单位公章，法定代表人或其授权人签字或盖章，编制的造价人员（造价工程师或造价员）在编制人栏签字盖执业专用章。

发包人自行核对竣工结算时，由发包人单位注册的造价工程师核对，发包人盖单位公章，法定代表人或其授权人签字或盖章，造价工程师在核对人栏签字盖执业专用章。

2）发包人委托工程造价咨询人核对竣工结算时，由工程造价咨询人单位注册的造价工程师核对，发包人盖单位公章，法定代表人或其授权人签字或盖章；工程造价咨询人盖单位资质专用章，法定代表人或其授权人签字或盖章，造价工程师在核对人栏签字盖执业专用章。

除非出现发包人拒绝或不答复承包人竣工结算书的特殊情况，竣工结算办理完毕后，竣工结算总价封面发承包双方的签字、盖章应当齐全。

（5）工程造价鉴定意见书扉页：扉-5

【填制说明】　工程造价咨询人应盖单位资质专用章，法定代表人或其授权人签字或盖章，造价工程师签字盖章执业专用章。

3. 工程计价总说明

总说明：表-01。

【填制说明】

1）工程量清单，总说明的内容应包括：

①工程概况：如建设地址、建设规模、工程特征、交通状况、环保要求等。

②工程发包、分包范围。

③工程量清单编制依据：如采用的标准、施工图纸、标准图集等。

④使用材料设备、施工的特殊要求等。

⑤其他需要说明的问题。

2）招标控制价，总说明的内容应包括：

①采用的计价依据。

②采用的施工组织设计。

③采用的材料价格来源。

④综合单价中风险因素、风险范围（幅度）。

⑤其他。

3）投标报价，总说明的内容应包括：

①采用的计价依据。

②采用的施工组织设计。

③综合单价中风险因素、风险范围（幅度）。

④措施项目的依据。

⑤其他有关内容的说明等。

4）竣工结算，总说明的内容应包括：

①工程概况。

②编制依据。

③工程变更。

④工程价款调整。

⑤索赔。

⑥其他等。

4. 工程计价汇总表

（1）建设项目招标控制价/投标报价汇总表：表-02

（2）单项工程招标控制价/投标报价汇总表：表-03

（3）单位工程招标控制价/投标报价汇总表：表-04

【填制说明】

1）招标控制价使用表-02、表-03、表-04。

由于编制招标控制价和投标控制价包含的内容相同，只是对价格的处理不同，因此，对招标控制价和投标报价汇总表的设计使用同一表格。实践中，招标控制价或投标报价可分别印制该表格。

2）投标报价使用表-02、表-03、表-04。

与招标控制价的表样一致，此处需要说明的是，投标报价汇总表与投标函中投标报价金额应当一致。就投标文件的各个组成部分而言，投标函是最重要的文件，其他组成部分都是投标函的支持性文件，投标函是必须经过投标人签字盖章，并且在开标会上必须当众宣读的文件。如果投标报价汇总表的投标总价与投标函填报的投标总价不一致，应当以投标函中填写的大写金额为准。实践中，对该原则一直缺少一个明确的依据，为了避免出现争议，可以在“投标人须知”中给予明确，用在招标文件中预先给予明示约定的方式来弥补法律法规依据的不足。

（4）建设项目竣工结算汇总表：表-05

（5）单项工程竣工结算汇总表：表-06

（6）单位工程竣工结算汇总表：表-07

5. 分部分项工程和措施项目计价表

（1）分部分项工程和单价措施项目清单与计价表：表-08

【填制说明】

《建设工程工程量清单计价规范》GB 50500—2013 将招标工程量清单表与工程量清单

计价表两表合一，大大减少了投标人因两表分设而可能带来的出错几率。此表不只是编制投标工程量清单的表式，也是编制招标控制价、投标价、竣工结算的最基本的用表。

1）编制工程量清单时，“工程名称”栏应填写具体的工程称谓，对于房屋建筑，通常并无标段划分，可不填写“标段”栏；但相对管道敷设、道路施工等则往往以标段划分，此时应填写“标段”栏，其他各表涉及此类设置，道理相同。

“项目编码”栏应按相关工程国家计量规范项目编码栏内规定的9位数字另加3位顺序码填写。

“项目名称”栏应按相关工程国家计量规范根据拟建工程实际确定填写。

“项目描述”栏应按相关工程国家计量规范根据拟建工程实际予以描述，具体要求如下：

①必须描述的内容：

a. 涉及正确计量的内容必须描述。

b. 涉及结构要求的内容必须描述。如混凝土构件的混凝土强度等级，是使用C20、C30或C40等，应混凝土强度等级不同，其价值也不同，必须描述。

c. 涉及材质要求的内容必须描述。如管材的材质，是碳钢管还是塑料管、不锈钢管等；还需要对管材的规格、型号进行描述。

d. 涉及安装方式的内容必须描述。如管道工程中的钢管的连接方式是螺纹连接还是焊接；塑料管是粘结连接还是热熔连接等必须描述。

②可不详细描述的内容：

a. 无法准备描述的可不详细描述。如土壤类别，由于我国幅员辽阔，南北东西差异较大，特别是对于南方来说，在同一地点，由于表层与表层土以下的土壤，其类别是不同的，要求清单编制人准确判定某类土壤在石方中所占比例是困难的。在这种情况下，可考虑将土壤类别描述为综合，但应注明由投标人根据地勘资料自行确定土壤类别，决定报价。

b. 施工图纸、标准图集明确的，可不再详细描述。对这些项目可描述为见××图集××页号及节点大样等。由于施工图纸、标准图集是发承包双方都应遵守的技术文件，这样描述，可以有效减少在施工过程中对项目理解的不一致。

c. 有一些项目虽然可不详细描述，但清单编制人在项目特征描述中应注明由投标人自定，如土方工程中的“取土运距”、“弃土运距”等。

d. 一些地方以项目特征见××定额的表述也是值得考虑的。由于现行定额经过了几十年的贯彻实施，每个定额项目实质上都是一定项目特征下的消耗量标准及其价值表示，因此，如清单项目的项目特征与现行定额某些项目的规定是一致的，也可采用见××定额项目的方式予以表述。

③特征描述的方式。特征描述的方式大致可划分为“问答式”与“简化式”两种。

a. 问答式主要是工程量清单编写者直接采用工程计价软件上提供的规范，在要求描述的项目特征上采用答题的方式进行描述。这种方式的优点是全面、详细，缺点是显得啰嗦，打印用纸较多。

b. 简化式则与问答式相反，对需要描述的项目特征内容根据当地的用语习惯，采用口语化的方式直接表述，省略了规范上的描述要求，简洁明了，打印用纸较少。

“计量单位”应按相关工程国家计量规范的规定填写。有的项目规范中有两个或两个以上计量单位的，应按照最适宜计量的方式选择其中一个填写。

“工程量”应按相关工程国家计量规范规定的工程量计算规则计算填写。

按照本表的注示：为了记取规费等的使用，可在表中增设其中：“定额人工费”，由于各省、自治区、直辖市以及行业建设主管部门对规费记取基础的不同设置，可灵活处理。

2）编制招标控制价时，其项目编码、项目名称、项目特征、计量单位、工程量栏不变，对“综合单价”、“合价”以及“其中：暂估价”按《建设工程工程量清单计价规范》GB 50500—2013的规定填写。

3）编制投标报价时，招标人对表中的“项目编码”、“项目名称”、“项目特征”、“计量单位”、“工程量”均不应作改动。“综合单价”、“合价”自主决定填写，对其中的“暂估价”栏，投标人应将招标文件中提供了暂估材料单价的暂估价进入综合单价，并应计算出暂估单价的材料在“综合单价”及其“合价”中的具体数额，因此，为更详细反应暂估价情况，也可在表中增设一栏“综合单价”其中的“暂估价”。

4）编制竣工结算时，分部分项工程和单价措施项目清单与计价表中可取消“暂估价”。

（2）综合单价分析表：表-09

【填制说明】 工程量清单综合单价分析表是评标委员会评审和判别综合单价组成以及其价格完整性、合理性的主要基础，对因工程变更、工程量偏差等原因调整综合单价也是必不可少的基础价格数据来源。采用经评审的最低投标价法评标时，该分析表的重要性更加突出。

综合单价分析表集中反映了构成每一个清单项目综合单价的各个价格要素的价格及主要的“工、料、机”消耗量。投标人在投标报价时，需要对每一个清单项目进行组价，为了使组价工作具有可追溯性（回复评标质疑时尤其需要），需要表明每一个数据的来源。该分析表实际上是投标人投标组价工作的一个阶段性成果文件，借助计算机辅助报价系统，可以由电脑自动生成，并不需要投标人付出太多额外劳动。

综合单价分析表一般随投标文件一同提交，作为已标价工程量清单的组成部分，以便中标后，作为合同文件的附属文件。投标人须知中需要就该分析表提交的方式做出规定，该规定需要考虑是否有必要对该分析表的合同地位给予定义。一般而言，该分析表所载明的价格数据对投标人是有约束力的，但是投标人能否以此作为投标报价中的错报和漏报等的依据而寻求招标人的补偿是实践中值得注意的问题。比较恰当的做法似乎应当是，通过评标过程中的清标、质疑、澄清、说明和补正机制，不但解决工程量清单综合单价的合理性问题，而且将合理化的综合单价反馈到综合单价分析表中，形成相互衔接、相互呼应的最终成果，在这种情况下，即便是将综合单价分析表定义为有合同约束力的文件，上述顾虑也就没有必要了。

编制综合单价分析表对辅助性材料不必细列，可归并到其他材料费中以金额表示。

1）编制招标控制价时，使用综合单价分析表应填写使用的省级或行业建设主管部门发布的计价定额名称。

2）编制投标报价时，使用综合单价分析表应填写使用的企业定额名称，也可填写使用的省级或行业建设主管部门发布的计价定额，如不使用则不填写。

3）编制工程结算时，应在已标价工程量清单中的综合单价分析表中将确定的调整过的人工单价、材料单价等进行置换，形成调整后的综合单价。

（3）综合单价调整表：表-10

【填制说明】 综合单价调整表是新增表格，用于由于各种合同约定调整因素出现时调整综合单价，此表实际上是一个汇总性质的表，各种调整依据应附表后，并且注意，项目编码、项目名称必须与已标价工程量清单保持一致，不得发生错漏，以免发生争议。

（4）总价措施项目清单与计价表：表-11

【填制说明】

1）编制工程量清单时，表中的项目可根据工程实际情况进行增减。

2）编制招标控制价时，计费基础、费率应按省级或行业建设主管部门的规定记取。

3）编制投标报价时，除"安全文明施工费"必须按《建设工程工程量清单计价规范》GB 50500—2013 的强制性规定，按省级或行业建设主管部门的规定记取外，其他措施项目均可根据投标施工组织设计自主报价。

4）编制工程结算时，如省级或行业建设主管部门调整了安全文明施工费，应按调整后的标准计算此费用，其他总价措施项目经发承包双方协商进行了调整的，按调整后的标准计算。

6. 其他项目计价表

（1）其他项目清单与计价汇总表：表-12

【填制说明】 使用本表时，由于计价阶段的差异，应注意：

1）编制招标工程量清单时，应汇总"暂列金额"和"专业工程暂估价"，以提供给投标报价。

2）编制招标控制价时，应按有关计价规定估算"计日工"和"总承包服务费"。招标工程量清单中未列"暂列金额"，应按有关规定编列。

3）编制投标报价时，应按招标工程量清单提供的"暂估金额"和"专业工程暂估价"填写金额，不得变动。"计日工"、"总承包服务费"自主确定报价。

4）编制或核对工程结算，"专业工程暂估价"按实际分包结算价填写，"计日工"、"总承包服务费"按双方认可的费用填写，如发生"索赔"或"现场签证"费用，按双方认可的金额计入该表。

（2）暂列金额明细表：表-12-1

【填制说明】 要求招标人能将暂列金额与拟用项目列出明细，但如确实不能详列也可只列暂定金额总额，投标人应将上述暂列金额计入投标总价中。

（3）材料（工程设备）暂估单价及调整表：表-12-2

【填制说明】 暂估价是在招标阶段预见肯定要发生，只是因为标准不明确或者需要由专业承包人完成，暂时无法确定材料、工程设备的具体价格而采用的一种临时性计价方式。暂估价的材料、工程设备数量应在表内填写，拟用项目应在本表备注栏给予补充说明。

要求招标人针对每一类暂估价给出相应的拟用项目，即按照材料、工程设备的名称分别给出，这样的材料、工程设备暂估价能够纳入到清单项目的综合单价中。

还有一种是给一个原则性的说明，原则性说明对招标人编制工程量清单而言比较简单，能降低招标人出错的概率。但是，对投标人而言，则很难准确把握招标人的意图和目的，很难保证投标报价的质量，轻则影响合同的可执行力，极端的情况下，可能导致招标失败，最终受损失的也包括招标人自己，因此，这种处理方式是不可取的方式。

一般而言，招标工程量清单中列明的材料、工程设备的暂估价仅指此类材料、工程设备本身运至施工现场内工地地面价，不包括这些材料、工程设备的安装以及安装所必需的辅助材料以及发生在现场内的验收、存储、保管、开箱、二次搬运、从存放地点运至安装地点以及其他任何必要的辅助工作（以下简称“暂估价项目的安装及辅助工作”）所发生的费用。暂估价项目的安装及辅助工作所发生的费用应该包括在投标报价中的相应清单项目的综合单价中并且固定包死。

(4）专业工程暂估价及结算价表：表-12-3

【填制说明】 专业工程暂估价应在表内填写工程名称、工程内容、暂估金额，投标人应将上述金额计入投标总价中。

专业工程暂估价项目及其表中列明的专业工程暂估价，是指分包人实施专业工程的含税金后的完整价（即包含了该专业工程中所有供应、安装、完工、调试、修复缺陷等全部工作），除了合同约定的发包人应承担的总包管理、协调、配合和服务责任所对应的总承包服务费用以外，承包人为履行其总包管理、配合、协调和服务等所需发生的费用应该包括在投标报价中。

(5）计日工表：表-12-4

【填制说明】

1）编制工程量清单时，“项目名称”、“计量单位”、“暂估数量”由招标人填写。

2）编制招标控制价时，人工、材料、机械台班单价由招标人按有关计价规定填写并计算合价。

3）编制投标报价时，“人工”、“材料”、“机械台班单价”由招标人自主确定，按已给暂估数量计算合价计入投标总价中。

4）结算时，实际数量按发承包双方确认的填写。

(6）总承包服务费计价表：表-12-5

【填制说明】

1）编制招标工程量清单时，招标人应将拟定进行专业发包的专业工程，自行采购的材料设备等决定清楚，填写项目名称、服务内容，以便投标人决定报价。

2）编制招标控制价时，招标人按有关计价规定计价。

3）编制投标报价时，由投标人根据工程量清单中的总承包服务内容，自主决定报价。

4）办理工程结算时，发承包双发应按承包人已标价工程量清单中的报价计算，如发承包双发确定调整的，按调整后的金额计算。

(7）索赔与现场签证计价汇总表：表-12-6

【填制说明】 本表是对发承包双方签证认可的“费用索赔申请（核准）表”和“现场签证表”的汇总。

(8）费用索赔申请（核准）表：表-12-7

【填制说明】 本表将费用索赔申请与核准设置于一个表，非常直观。使用本表时，承包人代表应按合同条款的约定阐述原因，附上索赔证据、费用计算报发包人，经监理工程师复核（按照发包人的授权不论是监理工程师或发包人现场代表均可），经造价工程师（此处造价工程师可以是承包人现场管理人员，也可以是发包人委托的工程造价咨询企业的人员）复核具体费用，经发包人审核后生效，该表以在选择栏中“□”内作标识“√”表示。

(9) 现场签证表：表-12-8

【填制说明】 现场签证种类繁多，发承包双方在工程实施过程中来往信函就责任事件的证明均可称为现场签证，但并不是所有的签证均可马上算出价款，有的需要经过索赔程序，这时的签证仅是索赔的依据，有的签证可能根本不涉及价款。本表仅是针对现场签证需要价款结算支付的一种，其他内容的签证也可适用。考虑到招标时招标人对计日工项目的预估难免会有遗漏，造成实际施工发生后，无相应的计日工单价，现场签证只能包括单价一并处理，因此，在汇总时，有计日工单价的，可归并于计日工，如无计日工单价的，归并于现场签证，以示区别。当然，现场签证全部汇总于计日工也是一种可行的处理方式。

7. 规费、税金项目计价表

规费、税金项目计价表：表-13。

【填制说明】 在施工实践中，有的规费项目，如工程排污费，并非每个工程所在地都要征收，实践中可作为按实计算的费用处理。

8. 工程计量申请（核准）表

工程计量申请（核准）表：表-14。

【填制说明】 工程计量申请（核准）表填写的“项目编码”、“项目名称”、“计量单位”应与已标价工程量清单表中的一致，承包人应在合同约定的计量周期结束时，将申报数量填写在申报数量栏，发包人核对后如与承包人不一致，填在核实数量栏，经发承包双方共同核对确认的计量填在确认数量栏。

9. 合同价款支付申请（核准）表

(1) 预付款支付申请（核准）表：表-15

【填制说明】 本表专用于预付款支付。

(2) 总价项目进度款支付分解表：表-16

【填制说明】 本表的设置为施工过程中无法计量的总价项目以及总价合同的进度款支付提供了解决方式。

(3) 进度款支付申请（核准）表：表-17

【填制说明】 本表专用于进度支付款支付。

(4) 竣工结算款支付申请（核准）表：表-18

【填制说明】 本表专用于竣工结算价款的支付。

(5) 最终结清支付申请（核准）表：表-19

【填制说明】 本表是在缺陷责任期到期，承包人履行了工程缺陷修复负责人应负责任后，对其预留的质量保证金的最终结算。

上述各表仍然将合同价的承包人支付申请和发包人核准设置于一表，一一对应，表达直观。由于承包人代表在每个计量周期结束后向发包人提出，由发包人授权的现场代表复核工程量（本标中设置为监理工程师），由发包人授权的造价工程师（可以是委托的工程造价咨询企业）复核应付款项，经发包人批准实施。

10. 主要材料、工程设备一览表

（1）发包人提供材料和工程设备一览表：表-20

（2）承包人提供主要材料和工程设备一览表（适用于造价信息差额调整法）：表-21

【填制说明】 本表风险系数应由发包人在招标文件中按照《建设工程工程量清单计价规范》GB 50500—2013 的要求合理确定。本表将风险系数、基准单价、投标单价、发承包人确认单价在一个表内全部表示，可以大大减少发承包双方不必要的争议。

（3）承包人提供主要材料和工程设备一览表（适用于价格指数差额调整法）：表-22

工程量清单计价常用表格格式请参见第四章“工程量清单计价编制实例”中的表格应用。

1.3.2 工程量清单计价表格使用规定

1）工程计价表宜采用统一格式。各省、自治区、直辖市建设行政主管部门和行业建设主管部门可根据本地区、本行业的实际情况，在《建设工程工程量清单计价规范》GB 50500—2013 中附录 B 至附录 L 计价表格的基础上补充完善。

2）工程计价表格的设置应满足工程计价的需要，方便使用。

3）工程量清单的编制使用表格包括：封-1、扉-1、表-01、表-08、表-11、表-12（不含表-12-6～表-12-8）、表-13、表-20、表-21 或表-22。

4）招标控制价、投标报价、竣工结算的编制使用表格包括：

①招标控制价使用表格包括：封-2、扉-2、表-01、表-02、表-03、表-04、表-08、表-09、表-11、表-12（不含表-12-6～表-12-8）、表-13、表-20、表-21 或表-22。

②投标报价使用的表格包括：封-3、扉-3、表-01、表-02、表-03、表-04、表-08、表-09、表-11、表-12（不含表-12-6～表-12-8）、表-13、表-16、招标文件提供的表-20、表-21 或表-22。

③竣工结算使用的表格包括：封-4、扉-4、表-01、表-05、表-06、表-07、表-08、表-09、表-10、表-11、表-12、表-13、表-14、表-15、表-16、表-17、表-18、表-19、表-20、表-21 或表-22。

5）工程造价鉴定使用表格包括：封-5、扉-5、表-01、表-05～表-20、表-21 或表-22。

6）投标人应按招标文件的要求，附工程量清单综合单价分析表。

2　市政工程量清单计价的编制

2.1　工程量清单编制

2.1.1　一般规定

1）招标工程量清单应由具有编制能力的招标人或受其委托，具有相应资质的工程造价咨询人编制。

2）招标工程量清单必须作为招标文件的组成部分，其准确性和完整性由招标人负责。

3）招标工程量清单是工程量清单计价的基础，应作为编制招标控制价、投标报价、计算工程量、工程索赔等的依据之一。

4）招标工程量清单应以单位（项）工程为单位编制，应由分部分项工程量清单、措施项目清单、其他项目清单、规费和税金项目清单组成。

5）编制工程量清单应依据：

①《市政工程工程量计算规范》GB 50857—2013 和现行国家标准《建设工程工程量清单计价规范》GB 50500—2013。

②国家或省级、行业建设主管部门颁发的计价依据和办法。

③建设工程设计文件。

④与建设工程项目有关的标准、规范、技术资料。

⑤拟定的招标文件。

⑥施工现场情况、工程特点及常规施工方案。

⑦其他相关资料。

6）其他项目、规费和税金项目清单应按照现行国家标准《建设工程工程量清单计价规范》GB 50500—2013 的相关规定编制。

7）编制工程量清单出现《市政工程工程量计算规范》GB 50857—2013 附录中未包括的项目，编制人应做补充，并报省级或行业工程造价管理机构备案，省级或行业工程造价管理机构应汇总报住房和城乡建设部标准定额研究所。

补充项目的编码由《市政工程工程量计算规范》GB 50857—2013 的代码 04 与 B 和三位阿拉伯数字组成，并应从 04B001 起顺序编制，同一招标工程的项目不得重码。

补充的工程量清单需附有补充项目的名称、项目特征、计量单位、工程量计算规则、工作内容。不能计量的措施项目，需附有补充项目的名称、工作内容及包含范围。

2.1.2　分部分项工程

1）工程量清单必须根据《市政工程工程量计算规范》GB 50857—2013 附录规定的项目编码、项目名称、项目特征、计量单位和工程量计算规则进行编制。

2）工程量清单的项目编码，应采用前十二位阿拉伯数字表示，一至九位应按《市政工程工程量计算规范》GB 50857—2013 附录的规定设置，十至十二位应根据拟建工程的工程量清单项目名称设置，同一招标工程的项目编码不得有重码。

各位数字的含义是：一、二位为专业工程代码（01—房屋建筑与装饰工程；02—仿古建筑工程；03—通用安装工程；04—市政工程；05—园林绿化工程；06—矿山工程；07—构筑物工程；08—城市轨道交通工程；09—爆破工程。以后进入国标的专业工程代码以此类推）；三、四位为工程分类顺序码；五、六位为分部工程顺序码；七、八、九位为分项工程项目名称顺序码；十至十二位为清单项目名称顺序码。

当同一标段（或合同段）的一份工程量清单中含有多个单位工程且工程量清单是以单位工程为编制对象时，在编制工程量清单时应特别注意对项目编码十至十二位的设置不得有重码的规定。例如，一个标段（或合同段）的工程量清单中含有 3 个单位工程，每一单位工程中都有项目特征相同的挖一般土方项目，在工程量清单中又需反映 3 个不同单位工程的挖一般土方工程量时，则第一个单位工程挖一般土方的项目编码应为 040101001001，第二个单位工程挖一般土方的项目编码应为 040101001002，第三个单位工程挖一般土方的项目编码应为 040101001003，并分别列出各单位工程挖一般土方的工程量。

3）工程量清单的项目名称应按《市政工程工程量计算规范》GB 50857—2013 附录的项目名称结合拟建工程的实际确定。

4）分部分项工程量清单项目特征应按《市政工程工程量计算规范》GB 50857—2013 附录中规定的项目特征，结合拟建工程项目的实际予以描述。

工程量清单的项目特征是确定一个清单项目综合单价不可缺少的重要依据，在编制工程量清单时，必须对项目特征进行准确和全面的描述。但有些项目特征用文字往往又难以准确和全面地描述清楚。因此，为达到规范、简洁、准确、全面描述项目特征的要求，在描述工程量清单项目特征时应按以下原则进行：

①项目特征描述的内容应按附录中的规定，结合拟建工程的实际，能满足确定综合单价的需要。

②若采用标准图集或施工图纸能够全部或部分满足项目特征描述的要求，项目特征描述可直接采用详见××图集或××图号的方式。对不能满足项目特征描述要求的部分，仍应用文字描述。

5）工程量清单中所列工程量应按《市政工程工程量计算规范》GB 50857—2013 附录中规定的工程量计算规则计算。

6）分部分项工程量清单的计量单位应按《市政工程工程量计算规范》GB 50857—2013 附录中规定的计量单位确定。

7）现浇混凝土工程项目“工作内容”中包括模板工程的内容，同时又在“措施项目”中单列了现浇混凝土模板工程项目。对此，由招标人根据工程实际情况选用，若招标人在措施项目清单中未编列现浇混凝土模板项目清单，即表示现浇混凝土模板项目不单列，现浇混凝土工程项目的综合单价中应包括模板工程费用。

8）对预制混凝土构件按现场制作编制项目，“工作内容”中包括模板工程，不再另列。若采用成品预制混凝土构件时，构件成品价（包括模板、钢筋、混凝土等所有费用）应计入综合单价中。

9）金属结构构件按成品编制项目，构件成品价应计入综合单价中，若采用现场制作，包括制作的所有费用。

2.1.3 措施项目

1）措施项目清单必须根据相关工程现行国家计量规范的规定编制，应根据拟建工程的实际情况列项。

2）措施项目中列出了项目编码、项目名称、项目特征、计量单位、工程量计算规则的项目。编制工程量清单时，应按照“分部分项工程”的规定执行。

3）措施项目中仅列出项目编码、项目名称，未列出项目特征、计量单位和工程量计算规则的项目，编制工程量清单时，应按第五章“措施项目”规定的项目编码、项目名称确定。

2.1.4 其他项目

1）其他项目清单应按照下列内容列项：

①暂列金额。招标人暂定并包括在合同价款中的一笔款项。不管采用何种合同形式，其理想的标准是，一份合同的价格就是其最终的竣工结算价格，或者至少两者应尽可能接近。我国规定对政府投资工程实行概算管理，经项目审批部门批复的设计概算是工程投资控制的刚性指标，即使商业性开发项目也有成本的预先控制问题，否则，无法相对准确地预测投资的收益和科学合理地进行投资控制。但工程建设自身的特性决定了工程的设计需要根据工程进展不断地进行优化和调整，业主需求可能会随工程建设进展而出现变化，工程建设过程还会存在一些不能预见、不能确定的因素。消化这些因素必然会影响合同价格的调整，暂列金额正是因应这类不可避免的价格调整而设立，以便达到合理确定和有效控制工程造价的目标。

有一种错误的观念认为，暂列金额列入合同价格就属于承包人（中标人）所有了。事实上，即便是总价包干合同，也不是列入合同价格的任何金额都属于中标人的，是否属于中标人应得金额取决于具体的合同约定，暂列金额从定义开始就明确，只有按照合同约定程序实际发生后，才能成为中标人的应得金额，纳入合同结算价款中。扣除实际发生金额后的暂列金额余额仍属于招标人所有。设立暂列金额并不能保证合同结算价格不会再出现超过已签约合同价的情况，是否超出已签约合同价完全取决于对暂列金额预测的准确性，以及工程建设过程是否出现了其他事先未预测到的事件。

②暂估价。暂估价是指招标阶段直至签订合同协议时，招标人在招标文件中提供的用于支付必然要发生但暂时不能确定价格的材料以及专业工程的金额。其包括材料暂估价、工程设备暂估单价、专业工程暂估价。

为方便合同管理和计价，需要纳入工程量清单项目综合单价中的暂估价最好只是材料费，以方便投标人组价。对专业工程暂估价一般应是综合暂估价，包括除规费、税金以外的管理费、利润等。

③计日工。计日工是为了解决现场发生的零星工作的计价而设立的。国际上常见的标准合同条款中，大多数都设立了计日工计价机制。计日工对完成零星工作所消耗的人工工时、材料数量、施工机械台班进行计量，并按照计日工表中填报的适用项目的单价进行计价支付。计日工适用的所谓零星工作一般是指合同约定之外或者因变更而产生的、工程量

清单中没有相应项目的额外工作，尤其是那些时间不允许事先商定价格的额外工作。

④总承包服务费。总承包服务费是为了解决招标人在法律、法规允许的条件下进行专业工程发包以及自行供应材料、工程设备，并需要总承包人对发包的专业工程提供协调和配合服务，对甲供材料、工程设备提供收、发和保管服务以及进行施工现场管理时发生并向总承包人支付的费用。招标人应预计该项费用，并按投标人的投标报价向投标人支付该项费用。

2）暂列金额应根据工程特点按有关计价规定估算。

为保证工程施工建设的顺利实施，应针对施工过程中可能出现的各种不确定因素对工程造价的影响，在招标控制价中估算一笔暂列金额。暂列金额可根据工程的复杂程度、设计深度、工程环境条件（包括地质、水文、气候条件等）进行估算，一般可按分部分项工程费和措施项目费的10％～15％为参考。

3）暂估价中的材料、工程设备暂估价应根据工程造价信息或参照市场价格估算，列出明细表；专业工程暂估价应分不同专业，按有关计价规定估算，列出明细表。

4）计日工应列出项目名称、计量单位和暂估数量。

5）综合承包服务费应列出服务项目及其内容等。

6）出现第1）条未列的项目，应根据工程实际情况补充。

2.1.5 规费项目

1）规费项目清单应按照下列内容列项：

①社会保障费：包括养老保险费、失业保险费、医疗保险费、工伤保险费、生育保险费。

②住房公积金。

③工程排污费。

2）出现第1）条未列的项目，应根据省级政府或省级有关部门的规定列项。

2.1.6 税金项目

1）税金项目清单应包括下列内容：

①营业税。

②城市维护建设税。

③教育费附加。

④地方教育附加。

2）出现第1）条未列的项目，应根据税务部门的规定列项。

2.2 工程量清单计价编制

2.2.1 一般规定

1. 计价方式

1）使用国有资金投资的建设工程发承包，必须采用工程量清单计价。

2）非国有资金投资的建设工程，宜采用工程量清单计价。

3）不采用工程量清单计价的建设工程，应执行《建设工程工程量清单计价规范》GB 50500—2013 除工程量清单等专门性规定外的其他规定。

4）工程量清单应采用综合单价计价。

5）措施项目中的安全文明施工费必须按国家或省级、行业建设主管部门的规定计算。不得作为竞争性费用。

6）规费和税金必须按国家或省级、行业建设主管部门的规定计算。不得作为竞争性费用。

2. 发包人提供材料和工程设备

1）发包人提供的材料和工程设备（以下简称甲供材料）应在招标文件中按照《建设工程工程量清单计价规范》GB 50500—2013 附录 L. 1 的规定填写《发包人提供材料和工程设备一览表》，写明甲供材料的名称、规格、数量、单价、交货方式、交货地点等。

承包人投标时，甲供材料单价应计入相应项目的综合单价中，签约后，发包人应按合同约定扣除甲供材料款，不予支付。

2）承包人应根据合同工程进度计划的安排，向发包人提交甲供材料交货的日期计划。发包人应按计划提供。

3）发包人提供的甲供材料如规格、数量或质量不符合合同要求，或由于发包人原因发生交货日期延误、交货地点及交货方式变更等情况的，发包人应承担由此增加的费用和（或）工期延误，并应向承包人支付合理利润。

4）发承包双方对甲供材料的数量发生争议不能达成一致的，应按照相关工程的计价定额同类项目规定的材料消耗量计算。

5）若发包人要求承包人采购已在招标文件中确定为甲供材料的，材料价格应由发承包双方根据市场调查确定，并应另行签订补充协议。

3. 承包人提供材料和工程设备

1）除合同约定的发包人提供的甲供材料外，合同工程所需的材料和工程设备应由承包人提供，承包人提供的材料和工程设备均应由承包人负责采购、运输和保管。

2）承包人应按合同约定将采购材料和工程设备的供货人及品种、规格、数量和供货时间等提交发包人确认，并负责提供材料和工程设备的质量证明文件，满足合同约定的质量标准。

3）对承包人提供的材料和工程设备经检测不符合合同约定的质量标准，发包人应立即要求承包人更换，由此增加的费用和（或）工期延误应由承包人承担。对发包人要求检测承包人已具有合格证明的材料、工程设备，但经检测证明该项材料、工程设备符合合同约定的质量标准，发包人应承担由此增加的费用和（或）工期延误，并向承包人支付合理利润。

4. 计价风险

1）建设工程发承包。必须在招标文件、合同中明确计价中的风险内容及其范围。不得采用无限风险、所有风险或类似语句规定计价中的风险内容及范围。

2）由于下列因素出现，影响合同价款调整的，应由发包人承担：

①国家法律、法规、规章和政策发生变化。

②省级或行业建设主管部门发布的人工费调整，但承包人对人工费或人工单价的报价高于发布的除外。

③由政府定价或政府指导价管理的原材料等价格进行了调整。

3）由于市场物价波动影响合同价款的，应由发承包双方合理分摊，按《建设工程工程量清单计价规范》GB 50500—2013 中附录 L.2 或 L.3 填写《承包人提供主要材料和工程设备一览表》作为合同附件；当合同中没有约定，发承包双方发生争议时，应按本节中“合同价款调整”第 8 条“物价变化”的规定调整合同价款。

4）由于承包人使用机械设备、施工技术以及组织管理水平等自身原因造成施工费用增加的，应由承包人全部承担。

5）当不可抗力发生，影响合同价款时，应按“2.2.6 合同价款调整”第 10 条“不可抗力”的规定执行。

2.2.2 招标控制价编制

1. 一般规定

1）国有资金投资的建设工程招标。招标人必须编制招标控制价。

我国对国有资金投资项目的投资控制实行的是投资概算审批制度，国有资金投资的工程原则上不能超过批准的投资概算。

国有资金投资的工程实行工程量清单招标，为了客观、合理地评审投标报价和避免哄抬标价，避免造成国有资产流失，招标人必须编制招标控制价，规定最高投标限价。

2）招标控制价应由具有编制能力的招标人或受其委托具有相应资质的工程造价咨询人编制和复核。

3）工程造价咨询人接受招标人委托编制招标控制价，不得再就同一工程接受投标人委托编制投标报价。

4）招标控制价应按照第 2 条“编制与复核”1）规定编制，不应上调或下浮。

5）当招标控制价超过批准的概算时，招标人应将其报原概算审批部门审核。

6）招标人应在发布招标文件时公布招标控制价，同时应将招标控制价及有关资料报送工程所在地或有该工程管辖权的行业管理部门工程造价管理机构备查。

招标控制价的作用决定了招标控制价不同于标底，无须保密。为体现招标的公平、公正性，防止招标人有意抬高或压低工程造价，招标人应在招标文件中如实公布招标控制价，同时，招标人应将招标控制价报工程所在地或有该工程管辖权的行业管理部门的工程造价管理机构备查。

2. 编制与复核

1）招标控制价应根据下列依据编制与复核：

①《建设工程工程量清单计价规范》GB 50500—2013。

②国家或省级、行业建设主管部门颁发的计价定额和计价办法。

③建设工程设计文件及相关资料。

④拟定的招标文件及招标工程量清单。

⑤与建设项目相关的标准、规范、技术资料。

⑥施工现场情况、工程特点及常规施工方案。

⑦工程造价管理机构发布的工程造价信息，当工程造价信息没有发布时，参照市场价。

⑧其他的相关资料。

2）综合单价中应包括招标文件中划分的应由投标人承担的风险范围及其费用。招标文件中没有明确的，如是工程造价咨询人编制，应提请招标人明确；如是招标人编制，应予明确。

3）分部分项工程和措施项目中的单价项目，应根据拟定的招标文件和招标工程量清单项目中的特征描述及有关要求确定综合单价计算。

4）措施项目中的总价项目应根据拟定的招标文件和常规施工方案按“2.2.1 一般规定”中第1条“计价方式”4)、5）的规定计价。

5）其他项目应按下列规定计价：

①暂列金额应按招标工程量清单中列出的金额填写。

②暂估价中的材料、工程设备单价应按招标工程量清单中列出的单价计入综合单价。

③暂估价中的专业工程金额应按招标工程量清单中列出的金额填写。

④计日工应按招标工程量清单中列出的项目根据工程特点和有关计价依据确定综合单价计算。

⑤总承包服务费应根据招标工程量清单列出的内容和要求估算。

6）规费和税金应按“2.2.1 一般规定”中第1条“计价方式”6）的规定计算。

3. 投诉与处理

1）投标人经复核认为招标人公布的招标控制价未按照《建设工程工程量清单计价规范》GB 50500—2013的规定进行编制的，应在招标控制价公布后5天内向招投标监督机构和工程造价管理机构投诉。

2）投诉人投诉时，应当提交由单位盖章和法定代表人或其委托人签名或盖章的书面投诉书，投诉书应包括下列内容：

①投诉人与被投诉人的名称、地址及有效联系方式。

②投诉的招标工程名称、具体事项及理由。

③投诉依据及相关证明材料。

④相关的请求及主张。

3）投诉人不得进行虚假、恶意投诉，阻碍投标活动的正常进行。

4）工程造价管理机构在接到投诉书后应在2个工作日内进行审查，对有下列情况之一的，不予受理：

①投诉人不是所投诉招标工程招标文件的收受人。

②投诉书提交的时间不符合上述1）规定的；投诉书不符合上述2）规定的。

③投诉事项已进入行政复议或行政诉讼程序的。

5）工程造价管理机构应在不迟于结束审查的次日将是否受理投诉的决定书面通知投诉人、被投诉人以及负责该工程招投标监督的招投标管理机构。

6）工程造价管理机构受理投诉后，应立即对招标控制价进行复查，组织投诉人、被投诉人或其委托的招标控制价编制人等单位人员对投诉问题逐一核对。有关当事人应当予以配合，并应保证所提供资料的真实性。

7）工程造价管理机构应当在受理投诉的10天内完成复查，特殊情况下可适当延长，并做出书面结论通知投诉人、被投诉人及负责该工程招投标监督的招投标管理机构。

8）当招标控制价复查结论与原公布的招标控制价误差大于±3%时，应当责成招标人改正。

9）招标人根据招标控制价复查结论需要重新公布招标控制价的，其最终公布的时间至招标文件要求提交投标文件截止时间不足15天的，应相应延长投标文件的截止时间。

2.2.3 投标报价编制

1. 一般规定

1）投标价应由投标人或受其委托具有相应资质的工程造价咨询人编制。

2）投标人应依据《建设工程工程量清单计价规范》GB 50500—2013的规定自主确定投标报价。

3）投标报价不得低于工程成本。

4）投标人必须按招标工程量清单填报价格。项目编码、项目名称、项目特征、计量单位、工程量必须与招标工程量清单一致。

5）投标人的投标报价高于招标控制价的应予废标。

2. 编制与复核

1）投标报价应根据下列依据编制和复核：

①《建设工程工程量清单计价规范》GB 50500—2013。

②国家或省级、行业建设主管部门颁发的计价办法。

③企业定额，国家或省级、行业建设主管部门颁发的计价定额和计价办法。

④招标文件、招标工程量清单及其补充通知、答疑纪要。

⑤建设工程设计文件及相关资料。

⑥施工现场情况、工程特点及投标时拟定的施工组织设计或施工方案。

⑦与建设项目相关的标准、规范等技术资料。

⑧市场价格信息或工程造价管理机构发布的工程造价信息。

⑨其他的相关资料。

2）综合单价中应包括招标文件中划分的应由投标人承担的风险范围及其费用，招标文件中没有明确的，应提请招标人明确。

3）分部分项工程和措施项目中的单价项目，应根据招标文件和招标工程量清单项目中的特征描述确定综合单价计算。

4）措施项目中的总价项目金额应根据招标文件和投标时拟定的施工组织设计或施工方案按“2.2.1 一般规定”中第1条“计价方式”4）的规定自主确定。其中安全文明施工费应按照“2.2.1 一般规定”中第1条“计价方式”5）的规定确定。

5）其他项目费应按下列规定报价：

①暂列金额应按招标工程量清单中列出的金额填写。

②材料、工程设备暂估价应按招标工程量清单中列出的单价计入综合单价。

③专业工程暂估价应按招标工程量清单中列出的金额填写。

④计日工应按招标工程量清单中列出的项目和数量，自主确定综合单价并计算计日工

金额。

⑤总承包服务费应根据招标工程量清单中列出的内容和提出的要求自主确定。

6）规费和税金应按“2.2.1 一般规定”中第1条“计价方式”6）的规定确定。

7）招标工程量清单与计价表中列明的所有需要填写单价和合价的项目，投标人均应填写且只允许有一个报价。未填写单价和合价的项目，可视为此项费用已包含在已标价工程量清单中其他项目的单价和合价之中。当竣工结算时，此项目不得重新组价予以调整。

8）投标总价应当与分部分项工程费、措施项目费、其他项目费和规费、税金的合计金额一致。

2.2.4 合同价款约定

1. 一般规定

1）实行招标的工程合同价款应在中标通知书发出之日起30天内，由发承包双方依据招标文件和中标人的投标文件在书面合同中约定。

合同约定不得违背招标、投标文件中关于工期、造价、质量等方面的实质性内容。招标文件与中标人投标文件不一致的地方，应以投标文件为准。

2）不实行招标的工程合同价款，应在发承包双方认可的工程价款基础上，由发承包双方在合同中约定。

3）实行工程量清单计价的工程，应采用单价合同；建设规模较小，技术难度较低，工期较短，且施工图设计已审查批准的建设工程可采用总价合同；紧急抢险、救灾以及施工技术特别复杂的建设工程可采用成本加酬金合同。

2. 约定内容

1）发承包双方应在合同条款中对下列事项进行约定：

①预付工程款的数额、支付时间及抵扣方式。

②安全文明施工措施的支付计划，使用要求等。

③工程计量与支付工程进度款的方式、数额及时间。

④工程价款的调整因素、方法、程序、支付及时间。

⑤施工索赔与现场签证的程序、金额确认与支付时间。

⑥承担计价风险的内容、范围以及超出约定内容、范围的调整办法。

⑦工程竣工价款结算编制与核对、支付及时间。

⑧工程质量保证金的数额、预留方式及时间。

⑨违约责任以及发生合同价款争议的解决方法及时间。

⑩与履行合同、支付价款有关的其他事项等。

2）合同中没有按照上述1）的要求约定或约定不明的，若发承包双方在合同履行中发生争议由双方协商确定；当协商不能达成一致时，应按《建设工程工程量清单计价规范》GB 50500—2013的规定执行。

2.2.5 工程计量

1. 工程计量依据

工程量计算除依据《市政工程工程量计算规范》GB 50857—2013各项规定外，尚应依据以下文件：

1）经审定通过的施工设计图纸及其说明。

2）经审定通过的施工组织设计或施工方案。

3）经审定通过的其他有关技术经济文件。

2. 工程实施中的计量

(1) 一般规定

1）工程量必须按照相关工程现行国家计量规范规定的工程量计算规则计算。

2）工程计量可选择按月或按工程形象进度分段计量，具体计量周期应在合同中约定。

3）因承包人原因造成的超出合同工程范围施工或返工的工程量，发包人不予计量。

4）成本加酬金合同应按下述“（2）单价合同的计量”的规定计量。

(2) 单价合同的计量

1）工程量必须以承包人完成合同工程应予计量的工程量确定。

2）施工中进行工程计量，当发现招标工程量清单中出现缺项、工程量偏差，或因工程变更引起工程量增减时，应按承包人在履行合同义务中完成的工程量计算。

3）承包人应当按照合同约定的计量周期和时间向发包人提交当期已完工程量报告。发包人应在收到报告后 7 天内核实，并将核实计量结果通知承包人。发包人未在约定时间内进行核实的，承包人提交的计量报告中所列的工程量应视为承包人实际完成的工程量。

4）发包人认为需要进行现场计量核实时，应在计量前 24 小时通知承包人，承包人应为计量提供便利条件并派人参加。当双方均同意核实结果时，双方应在上述记录上签字确认。承包人收到通知后不派人参加计量，视为认可发包人的计量核实结果。发包人不按照约定时间通知承包人，致使承包人未能派人参加计量，计量核实结果无效。

5）当承包人认为发包人核实后的计量结果有误时，应在收到计量结果通知后的 7 天内向发包人提出书面意见，并应附上其认为正确的计量结果和详细的计算资料。发包人收到书面意见后，应在 7 天内对承包人的计量结果进行复核后通知承包人。承包人对复核计量结果仍有异议的，按照合同约定的争议解决办法处理。

6）承包人完成已标价工程量清单中每个项目的工程量并经发包人核实无误后，发承包双方应对每个项目的历次计量报表进行汇总，以核实最终结算工程量，并应在汇总表上签字确认。

(3) 总价合同的计量

1）采用工程量清单方式招标形成的总价合同，其工程量应按照上述“（2）单价合同的计量”的规定计算。

2）采用经审定批准的施工图纸及其预算方式发包形成的总价合同，除按照工程变更规定的工程量增减外，总价合同各项目的工程量应为承包人用于结算的最终工程量。

3）总价合同约定的项目计量应以合同工程经审定批准的施工图纸为依据，发承包双方应在合同中约定工程计量的形象目标或时间节点进行计量。

4）承包人应在合同约定的每个计量周期内对已完成的工程进行计量，并向发包人提交达到工程形象目标完成的工程量和有关计量资料的报告。

5）发包人应在收到报告后 7 天内对承包人提交的上述资料进行复核，以确定实际完成的工程量和工程形象目标。对其有异议的，应通知承包人进行共同复核。

3. 工程计量与单位要求

1）有两个或两个以上计量单位的，应结合拟建工程项目的实际情况，确定其中一个为计量单位。同一工程项目的计量单位应一致。

2）工程计量时每一项目汇总的有效位数应遵守下列规定：

①以“t”为单位，应保留小数点后三位数字，第四位小数四舍五入。

②以“m”、“m^2”、“m^3”、“kg”为单位，应保留小数点后两位数字，第三位小数四舍五入。

③以“个”、“件”、“根”、“组”、“系统”为单位，应取整数。

4. 工程计量项目要求

1）工程量清单项目仅列出了主要工作内容，除另有规定和说明外，应视为已经包括完成该项目所列或未列的全部工作内容。

2）市政工程涉及房屋建筑和装饰装修工程的项目，按照现行国家标准《房屋建筑与装饰工程工程量计算规范》GB 50854—2013 的相应项目执行；涉及电气、给水排水、消防等安装工程的项目，按照现行国家标准《通用安装工程工程量计算规范》GB 50856—2013 的相应项目执行；涉及园林绿化工程的项目，按照现行国家标准《园林绿化工程工程量计算规范》GB 50858—2013 的相应项目执行；采用爆破法施工的石方工程按照现行国家标准《爆破工程工程量计算规范》GB 50862—2013 的相应项目执行。具体划分界限确定如下：

①市政管网工程与现行国家标准《通用安装工程工程量计算规范》GB 50856—2013 中工业管道工程的界定：给水管道以厂区入口水表井为界；排水管道以厂区围墙外第一个污水井为界；热力和燃气管道以厂区入口第一个计量表（阀门）为界。

②市政管网工程与现行国家标准《通用安装工程工程量计算规范》GB 50856—2013 中给水排水、采暖、燃气工程的界定：室外给水排水、采暖、燃气管道以与市政管道碰头井为界；厂区、住宅小区的庭院喷灌及喷泉水设备安装按现行国家标准《通用安装工程工程量计算规范》GB 50856—2013 中的相应项目执行；市政庭院喷灌及喷泉水设备安装按《市政工程工程量计算规范》GB 50857—2013 的相应项目执行。

③市政水处理工程、生活垃圾处理工程与现行国家标准《通用安装工程工程量计算规范》GB 50856—2013 中设备安装工程的界定：《市政工程工程量计算规范》GB 50857—2013 只列了水处理工程和生活垃圾处理工程专用设备的项目，各类仪表、泵、阀门等标准、定型设备应按现行国家标准《通用安装工程工程量计算规范》GB 50856—2013 中相应项目执行。

④市政路灯工程与现行国家标准《通用安装工程工程量计算规范》GB 50856—2013 中电气设备安装工程的界定：市政道路路灯安装工程、市政庭院艺术喷泉等电气安装工程的项目，按《市政工程工程量计算规范》GB 50857—2013 路灯工程的相应项目执行；厂区、住宅小区的道路路灯安装工程、庭院艺术喷泉等电气设备安装工程按现行国家标准《通用安装工程工程量计算规范》GB 50856—2013 附录 D“电气设备安装工程”的相应项目执行。

3）由水源地取水点至厂区或市、镇第一个储水点之间距离 10km 以上的输水管道，按“管网工程”相应项目执行。

2.2.6 合同价款的调整

1. 一般规定

1）下列事项（但不限于）发生，发承包双方应当按照合同约定调整合同价款：法律法规变化；工程变更；项目特征不符；工程量清单缺项；工程量偏差；计日工；物价变化；暂估价；不可抗力；提前竣工（赶工补偿）；误期赔偿；索赔；现场签证；暂列金额；发承包双方约定的其他调整事项。

2）出现合同价款调增事项（不含工程量偏差、计日工、现场签证、索赔）后的14天内，承包人应向发包人提交合同价款调增报告并附上相关资料；承包人在14天内未提交合同价款调增报告的，应视为承包人对该事项不存在调整价款请求。

3）出现合同价款调减事项（不含工程量偏差、索赔）后的14天内，发包人应向承包人提交合同价款调减报告并附相关资料；发包人在14天内未提交合同价款调减报告的，应视为发包人对该事项不存在调整价款请求。

4）发（承）包人应在收到承（发）包人合同价款调增（减）报告及相关资料之日起14天内对其核实，予以确认的应书面通知承（发）包人。当有疑问时，应向承（发）包人提出协商意见。发（承）包人在收到合同价款调增（减）报告之日起14天内未确认也未提出协商意见的，应视为承（发）包人提交的合同价款调增（减）报告已被发（承）包人认可。发（承）包人提出协商意见的，承（发）包人应在收到协商意见后的14天内对其核实，予以确认的应书面通知发（承）包人。承（发）包人在收到发（承）包人的协商意见后14天内既不确认也未提出不同意见的，应视为发（承）包人提出的意见已被承（发）包人认可。

5）发包人与承包人对合同价款调整的不同意见不能达成一致的，只要对发承包双方履约不产生实质影响，双方应继续履行合同义务，直到其按照合同约定的争议解决方式得到处理。

6）经发承包双方确认调整的合同价款，作为追加（减）合同价款，应与工程进度款或结算款同期支付。

2. 法律法规变化

1）招标工程以投标截止日前28天、非招标工程以合同签订前28天为基准日，其后因国家的法律、法规、规章和政策发生变化引起工程造价增减变化的，发承包双方应按照省级或行业建设主管部门或其授权的工程造价管理机构据此发布的规定调整合同价款。

2）因承包人原因导致工期延误的，按1）规定的调整时间，在合同工程原定竣工时间之后，合同价款调增的不予调整，合同价款调减的予以调整。

3. 工程变更

1）因工程变更引起已标价工程量清单项目或其工程数量发生变化时，应按照下列规定调整：

①已标价工程量清单中有适用于变更工程项目的，应采用该项目的单价；但当工程变更导致该清单项目的工程数量发生变化，且工程量偏差超过15%时，该项目单价应按照“2.2.6 合同价款调整”第6条“工程量偏差”的规定调整。

②已标价工程量清单中没有适用但有类似于变更工程项目的，可在合理范围内参照类

似项目的单价。

③已标价工程量清单中没有适用也没有类似于变更工程项目的，应由承包人根据变更工程资料、计量规则和计价办法、工程造价管理机构发布的信息价格和承包人报价浮动率提出变更工程项目的单价，并应报发包人确认后调整。承包人报价浮动率可按下列公式计算：

$$招标工程:承包人报价浮动率\ L=(1-中标价/招标控制价)\times 100\% \tag{2-1}$$

$$非招标工程:承包人报价浮动率\ L=(1-报价/施工图预算)\times 100\% \tag{2-2}$$

④已标价工程量清单中没有适用也没有类似于变更工程项目，且工程造价管理机构发布的信息价格缺价的，应由承包人根据变更工程资料、计量规则、计价办法和通过市场调查等取得有合法依据的市场价格提出变更工程项目的单价，并应报发包人确认后调整。

2）工程变更引起施工方案改变并使措施项目发生变化时，承包人提出调整措施项目费的，应事先将拟实施的方案提交发包人确认，并应详细说明与原方案措施项目相比的变化情况。拟实施的方案经发承包双方确认后执行，并应按照下列规定调整措施项目费：

①安全文明施工费应按照实际发生变化的措施项目依据“2.2.1　一般规定”中第1条“计价方式”5）的规定计算。

②采用单价计算的措施项目费，应按照实际发生变化的措施项目，按1）的规定确定单价。

③按总价（或系数）计算的措施项目费，按照实际发生变化的措施项目调整，但应考虑承包人报价浮动因素，即调整金额按照实际调整金额乘以1）规定的承包人报价浮动率计算。

如果承包人未事先将拟实施的方案提交给发包人确认，则应视为工程变更不引起措施项目费的调整或承包人放弃调整措施项目费的权利。

3）当发包人提出的工程变更因非承包人原因删减了合同中的某项原定工作或工程，致使承包人发生的费用或（和）得到的收益不能被包括在其他已支付或应支付的项目中，也未被包含在任何替代的工作或工程中时，承包人有权提出并应得到合理的费用及利润补偿。

4. 项目特征描述不符

1）发包人在招标工程量清单中对项目特征的描述，应被认为是准确的和全面的，并且与实际施工要求相符合。承包人应按照发包人提供的招标工程量清单，根据项目特征描述的内容及有关要求实施合同工程，直到项目被改变为止。

2）承包人应按照发包人提供的设计图纸实施合同工程，若在合同履行期间出现设计图纸（含设计变更）与招标工程量清单任一项目的特征描述不符，且该变化引起该项目工程造价增减变化的，应按照实际施工的项目特征，按本节“合同价款调整”中第3条“工程变更”的相关条款的规定重新确定相应工程量清单项目的综合单价，并调整合同价款。

5. 工程量清单缺项

1）合同履行期间，由于招标工程量清单中缺项，新增分部分项工程清单项目的，应按照本节“合同价款调整”中第3条“工程变更”1）的规定确定单价，并调整合同价款。

2）新增分部分项工程清单项目后，引起措施项目发生变化的，应按照本节“合同价款调整”中第3条“工程变更”2）的规定，在承包人提交的实施方案被发包人批准后调整合同价款。

3）由于招标工程量清单中措施项目缺项，承包人应将新增措施项目实施方案提交发包人批准后，按照本节“合同价款调整”中第3条“工程变更”1）、2）的规定调整合同价款。

6. 工程量偏差

1）合同履行期间，当应予计算的实际工程量与招标工程量清单出现偏差，且符合2）、3）规定时，发承包双方应调整合同价款。

2）对于任一招标工程量清单项目，当因工程量偏差规定的“程量偏差”和“工程变更”规定的工程变更等原因导致工程量偏差超过15%时，可进行调整。当工程量增加15%以上时，增加部分的工程量的综合单价应予调低；当工程量减少15%以上时，减少后剩余部分的工程量的综合单价应予调高。

上述调整参考如下公式：

①当$Q_1>1.15Q_0$时：

$$S=1.15Q_0\times P_0+(Q_1\sim 1.15Q_0)\times P_1 \tag{2-3}$$

②当$Q_1<0.85Q_0$时：

$$S=Q_1\times P_1 \tag{2-4}$$

式中 S——调整后的某一分部分项工程费结算价；

Q_1——最终完成的工程量；

Q_0——招标工程量清单中列出的工程量；

P_1——按照最终完成工程量重新调整后的综合单价；

P_0——承包人在工程量清单中填报的综合单价。

采用上述两式的关键是确定新的综合单价，即P_1。确定的方法，一是发承包双方协商确定，二是与招标控制价相联系，当工程量偏差项目出现承包人在工程量清单中填报的综合单价与发包人招标控制价相应清单项目的综合单价偏差超过15%时，工程量偏差项目综合单价的调整可参考以下公式：

③当$P_0<P_2\times(1-L)\times(1-15\%)$时，该类项目的综合单价：

$$P_1\text{按照}P_2\times(1-L)\times(1-15\%)\text{调整} \tag{2-5}$$

④当$P_0>P_2\times(1+15\%)$时，该类项目的综合单价：

$$P_1\text{按照}P_2\times(1+15\%)\text{调整} \tag{2-6}$$

式中 P_0——承包人在工程量清单中填报的综合单价；

P_2——发包人招标控制价相应项目的综合单价；

L——承包人报价浮动率。

⑤当$P_0>P_2\times(1-L)\times(1-15\%)$或$P_0<P_2\times(1+15\%)$时，可不调整。

3）当工程量出现2）的变化，且该变化引起相关措施项目相应发生变化时，按系数或单一总价方式计价的，工程量增加的措施项目费调增，工程量减少的措施项目费调减。

7. 计日工

1）发包人通知承包人以计日工方式实施的零星工作，承包人应予执行。

2）采用计日工计价的任何一项变更工作，在该项变更的实施过程中，承包人应按合同约定提交下列报表和有关凭证送发包人复核：

①工作名称、内容和数量。

②投入该工作所有人员的姓名、工种、级别和耗用工时。

③投入该工作的材料名称、类别和数量。

④投入该工作的施工设备型号、台数和耗用台时。

⑤发包人要求提交的其他资料和凭证。

3）任一计日工项目持续进行时，承包人应在该项工作实施结束后的24h内向发包人提交有计日工记录汇总的现场签证报告一式三份。发包人在收到承包人提交现场签证报告后的2天内予以确认并将其中一份返还给承包人，作为计日工计价和支付的依据。发包人逾期未确认也未提出修改意见的，应视为承包人提交的现场签证报告已被发包人认可。

4）任一计日工项目实施结束后，承包人应按照确认的计日工现场签证报告核实该类项目的工程数量，并应根据核实的工程数量和承包人已标价工程量清单中的计日工单价计算，提出应付价款；已标价工程量清单中没有该类计日工单价的，由发承包双方按本节“合同价款调整”第3条“工程变更”的规定商定计日工单价计算。

5）每个支付期末，承包人应按照“进度款”的规定向发包人提交本期间所有计日工记录的签证汇总表，并应说明本期间自己认为有权得到的计日工金额，调整合同价款，列入进度款支付。

8. 物价变化

（1）物价变化合同价款调整方法

合同履行期间，因人工、材料、工程设备、机械台班价格波动影响合同价款时，应根据合同约定，按物价变化合同价款调整方法调整合同价款。物价变化合同价款调整方法主要有以下两种：

1）价格指数调整价格差额。

①价格调整公式。因人工、材料和工程设备、施工机械台班等价格波动影响合同价格时，根据招标人提供的“承包人提供主要材料和工程设备一览表（适用于价格指数差额调整法）”，并由投标人在投标函附录中的价格指数和权重表约定的数据，应按下式计算差额并调整合同价款：

$$\Delta P = P_0\left[A + \left(B_1 \times \frac{F_{t1}}{F_{01}} + B_2 \times \frac{F_{t2}}{F_{02}} + B_3 \times \frac{F_{t3}}{F_{03}} + \cdots + B_n \times \frac{F_{tn}}{F_{0n}}\right) - 1\right] \tag{2-7}$$

式中 ΔP——需调整的价格差额；

P_0——约定的付款证书中承包人应得到的已完成工程量的金额。此项金额应不包括价格调整、不计质量保证金的扣留和支付、预付款的支付和扣回。约定的变更及其他金额已按现行价格计价的，也不计在内；

A——定值权重（即不调部分的权重）；

B_1、B_2、$B_3 \cdots B_n$——各可调因子的变值权重（即可调部分的权重），为各可调因子在投标函投标总报价中所占的比例；

F_{t1}、F_{t2}、F_{t3}…F_{tn}——各可调因子的现行价格指数，指约定的付款证书相关周期最后一天的前 42 天的各可调因子的价格指数；

F_{01}、F_{02}、F_{03}…F_{0n}——各可调因子的基本价格指数，指基准日期的各可调因子的价格指数。

以上价格调整公式中的各可调因子、定值和变值权重，以及基本价格指数及其来源在投标函附录价格指数和权重表中约定。价格指数应首先采用工程造价管理机构提供的价格指数，缺乏上述价格指数时，可采用工程造价管理机构提供的价格代替。

②暂时确定调整差额。在计算调整差额时得不到现行价格指数的，可暂用上一次价格指数计算，并在以后的付款中再按实际价格指数进行调整。

③权重的调整。约定的变更导致原定合同中的权重不合理时，由承包人和发包人协商后进行调整。

④承包人工期延误后的价格调整。由于承包人原因未在约定的工期内竣工的，对原约定竣工日期后继续施工的工程，在使用第①条的价格调整公式时，应采用原约定竣工日期与实际竣工日期的两个价格指数中较低的一个作为现行价格指数。

⑤若可调因子包括了人工在内，则不适用“2.2.1 一般规定”第 4 条“计价风险”2）中②的规定。

【例 2-1】 某工程约定采用价格指数法调整合同价款，具体约定见表 2-1 中的数据，本期完成合同价款为 1584629.37 元，其中，已按现行价格计算的计日工价款 5600 元，发承包双方确认应增加的索赔金额 2135.87 元，请计算应调整的合同价款差额。

表 2-1 承包人提供材料和工程设备一览表

（适用于价格指数调整法）

工程名称：某工程　　　　　　标段：　　　　　　第 1 页　共 1 页

序号	名称、规格、型号	变值权重 B	基本价格指数 F_0	现行价格指数 F_t	备注
1	人工费	0.18	110%	121%	
2	钢材	0.11	4000 元/t	4320 元/t	
3	预拌混凝土 C30	0.16	340 元/m^3	357 元/m^3	
4	页岩砖	0.05	300 元/千匹	318 元/千匹	
5	机械费	0.08	100%	100%	
	定值权重 A	0.42	—	—	
	合计	1	—	—	

【解】

（1）本期完成合同价款应扣除已按现行价格计算的计日工价款和确认的索赔金额：

$$1584629.37-5600-2135.87=1576893.50\text{（元）}$$

（2）用公式（2-7）计算：

$$\Delta P = 1576893.50\left[0.42+\left(0.18\times\frac{121}{110}+0.11\times\frac{4320}{4000}+0.16\times\frac{357}{340}+0.05\times\frac{318}{300}+0.08\times\frac{100}{100}\right)-1\right] = 59606.57$$

本期应增加合同价款 59606.57 元。

假如此例中人工费单独按照“2.2.1　一般规定”第 4 条“计价风险”2）中②的规定进行调整，则应扣除人工费所占变值权重，将其列入定值权重。用公式（2-7）：

$$\Delta P = 1576893.50\left[0.6+\left(0.11\times\frac{4320}{4000}+0.16\times\frac{357}{340}+0.05\times\frac{318}{300}+0.08\times\frac{100}{100}\right)-1\right] = 31222.49$$

本期应增加合同价款 31222.49 元。

2）造价信息调整价格差额。

①施工期内，因人工、材料和工程设备、施工机械台班价格波动影响合同价格时，人工、机械使用费按照国家或省、自治区、直辖市建设行政管理部门、行业建设管理部门或其授权的工程造价管理机构发布的人工成本信息、机械台班单价或机械使用费系数进行调整；需要进行价格调整的材料，其单价和采购数应由发包人复核，发包人确认需调整的材料单价及数量，作为调整合同价款差额的依据。

②人工单价发生变化且符合本节“一般规定”第 4 条“计价风险”②的规定的条件时，发承包双方应按省级或行业建设主管部门或其授权的工程造价管理机构发布的人工成本文件调整合同价款。

③材料、工程设备价格变化按照发包人提供的《承包人提供主要材料和工程设备一览表（适用于造价信息差额调整法）》，由发承包双方约定的风险范围按下列规定调整合同价款：

a. 承包人投标报价中材料单价低于基准单价：施工期间材料单价涨幅以基准单价为基础超过合同约定的风险幅度值，或材料单价跌幅以投标报价为基础超过合同约定的风险幅度值时，其超过部分按实调整。

b. 承包人投标报价中材料单价高于基准单价：施工期间材料单价跌幅以基准单价为基础超过合同约定的风险幅度值，或材料单价涨幅以投标报价为基础超过合同约定的风险幅度值时，其超过部分按实调整。

c. 承包人投标报价中材料单价等于基准单价：施工期间材料单价涨、跌幅以基准单价为基础超过合同约定的风险幅度值时，其超过部分按实调整。

d. 承包人应在采购材料前将采购数量和新的材料单价报送发包人核对，确认用于本合同工程时，发包人应确认采购材料的数量和单价。发包人在收到承包人报送的确认资料后 3 个工作日不予答复的视为已经认可，作为调整合同价款的依据。如果承包人未报经发包人核对即自行采购材料，再报发包人确认调整合同价款的，如发包人不同意，则不作调整。

【例 2-2】　某中学教学楼工程采用预拌混凝土由承包人提供，所需品种见表 2-2，在施工期间，在采购预拌混凝土时，其单价分别为 C20：327 元/m^3，C25：335 元/m^3；C30：345 元/m^3，合同约定的材料单价如何调整？

表 2-2　承包人提供主要材料和工程设备一览表

（适用造价信息差额调整法）

工程名称：某中学教学楼工程　　标段：　　第 1 页　共 1 页

序号	名称、规格、型号	单位	数量	风险系数（%）	基准单价（元）	投标单价（元）	发承包人确认单价（元）	备注
1	预拌混凝土 C20	m^3	25	≤5	310	308	309.50	
2	预拌混凝土 C25	m^3	560	≤5	323	325	325	
3	预拌混凝土 C30	m^3	3120	≤5	340	340	340	

【解】

（1）C20：327÷310－1＝5.48%

投标单价低于基准价，按基准价算，已超过约定的风险系数，应予调整：

308＋310×0.48%＝308＋1.488＝309.49（元）

（2）C25：335÷325－1＝3.08%

投标单价高于基准价，按报价算，未超过约定的风险系数，不予调整。

（3）C30：345÷340－1＝1.39%

投标价等于基准价，以基准价算，未超过约定的风险系数，不予调整。

④施工机械台班单价或施工机械使用费发生变化超过省级或行业建设主管部门或其授权的工程造价管理机构规定的范围时，按其规定调整合同价款。

（2）合同价款调整的其他要求

1）承包人采购材料和工程设备的，应在合同中约定主要材料、工程设备价格变化的范围或幅度；当没有约定，且材料、工程设备单价变化超过 5%时，超过部分的价格应按照以上两种物价变化合同价款调整方法计算调整材料、工程设备费。

2）发生合同工程工期延误的，应按照下列规定确定合同履行期的价格调整：

①因非承包人原因导致工期延误的，计划进度日期后续工程的价格，应采用计划进度日期与实际进度日期两者的较高者。

②因承包人原因导致工期延误的，计划进度日期后续工程的价格，应采用计划进度日期与实际进度日期两者的较低者。

3）发包人供应材料和工程设备的，不适用 1）、2）规定，应由发包人按照实际变化调整，列入合同工程的工程造价内。

9. 暂估价

1）发包人在招标工程量清单中给定暂估价的材料、工程设备属于依法必须招标的，应由发承包双方以招标的方式选择供应商，确定价格，并应以此为依据取代暂估价，调整合同价款。

2）发包人在招标工程量清单中给定暂估价的材料、工程设备不属于依法必须招标的，应由承包人按照合同约定采购，经发包人确认单价后取代暂估价，调整合同价款。

3）发包人在工程量清单中给定暂估价的专业工程不属于依法必须招标的，应按照本节“合同价款调整”第 3 条“工程变更”的相应条款的规定确定专业工程价款，并应以此为依据取代专业工程暂估价，调整合同价款。

4）发包人在招标工程量清单中给定暂估价的专业工程，依法必须招标的，应当由发承包双方依法组织招标选择专业分包人，并接受有管辖权的建设工程招标投标管理机构的监督，还应符合下列要求：

①除合同另有约定外，承包人不参加投标的专业工程发包招标，应由承包人作为招标人，但拟定的招标文件、评标工作、评标结果应报送发包人批准。与组织招标工作有关的费用应当被认为已经包括在承包人的签约合同价（投标总报价）中。

②承包人参加投标的专业工程发包招标，应由发包人作为招标人，与组织招标工作有关的费用由发包人承担。同等条件下，应优先选择承包人中标。

③应以专业工程发包中标价为依据取代专业工程暂估价，调整合同价款。

10. 不可抗力

1）因不可抗力事件导致的人员伤亡、财产损失及其费用增加，发承包双方应按下列原则分别承担并调整合同价款和工期：

①合同工程本身的损害、因工程损害导致第三方人员伤亡和财产损失以及运至施工场地用于施工的材料和待安装的设备的损害，应由发包人承担。

②发包人、承包人人员伤亡应由其所在单位负责，并应承担相应费用。

③承包人的施工机械设备损坏及停工损失，应由承包人承担。

④停工期间，承包人应发包人要求留在施工场地的必要的管理人员及保卫人员的费用应由发包人承担。

⑤工程所需清理、修复费用，应由发包人承担。

2）不可抗力解除后复工的，若不能按期竣工，应合理延长工期。发包人要求赶工的，赶工费用由发包人承担。

3）因不可抗力解除合同的，应按“2.2.9 合同解除的价款结算与支付”第2）的规定办理。

11. 提前竣工（赶工补偿）

1）招标人应依据相关工程的工期定额合理计算工期，压缩的工期天数不得超过定额工期的20%，超过者，应在招标文件中明示增加赶工费用。

2）发包人要求合同工程提前竣工的，应征得承包人同意后与承包人商定采取加快工程进度的措施，并应修订合同工程进度计划。发包人应承担承包人由此增加的提前竣工（赶工补偿）费用。

3）发承包双方应在合同中约定提前竣工每日历天应补偿额度，此项费用应作为增加合同价款列入竣工结算文件中，应与结算款一并支付。

12. 误期赔偿

1）承包人未按照合同约定施工，导致实际进度迟于计划进度的，承包人应加快进度，实现合同工期。

合同工程发生误期，承包人应赔偿发包人由此造成的损失，并应按照合同约定向发包人支付误期赔偿费。即使承包人支付误期赔偿费，也不能免除承包人按照合同约定应承担的任何责任和应履行的任何义务。

2）发承包双方应在合同中约定误期赔偿费，并应明确每日历天应赔额度。误期赔偿费应列入竣工结算文件中，并应在结算款中扣除。

3）在工程竣工之前，合同工程内的某单项（位）工程已通过了竣工验收，且该单项（位）工程接收证书中表明的竣工日期并未延误，而是合同工程的其他部分产生了工期延误时，误期赔偿费应按照已颁发工程接收证书的单项（位）工程造价占合同价款的比例幅度予以扣减。

13. 索赔

1）当合同一方向另一方提出索赔时，应有正当的索赔理由和有效证据，并应符合合同的相关约定。

2）根据合同约定，承包人认为非承包人原因发生的事件造成了承包人的损失，应按下列程序向发包人提出索赔：

①承包人应在知道或应当知道索赔事件发生后 28 天内，向发包人提交索赔意向通知书，说明发生索赔事件的事由。承包人逾期未发出索赔意向通知书的，丧失索赔的权利。

②承包人应在发出索赔意向通知书后 28 天内，向发包人正式提交索赔通知书。索赔通知书应详细说明索赔理由和要求，并应附必要的记录和证明材料。

③索赔事件具有连续影响的，承包人应继续提交延续索赔通知，说明连续影响的实际情况和记录。

④在索赔事件影响结束后的 28 天内，承包人应向发包人提交最终索赔通知书，说明最终索赔要求，并应附必要的记录和证明材料。

3）承包人索赔应按下列程序处理：

①发包人收到承包人的索赔通知书后，应及时查验承包人的记录和证明材料。

②发包人应在收到索赔通知书或有关索赔的进一步证明材料后的 28 天内，将索赔处理结果答复承包人，如果发包人逾期未做出答复，视为承包人索赔要求已被发包人认可。

③承包人接受索赔处理结果的，索赔款项应作为增加合同价款，在当期进度款中进行支付；承包人不接受索赔处理结果的，应按合同约定的争议解决方式办理。

4）承包人要求赔偿时，可以选择下列一项或几项方式获得赔偿：

①延长工期。

②要求发包人支付实际发生的额外费用。

③要求发包人支付合理的预期利润。

④要求发包人按合同的约定支付违约金。

5）当承包人的费用索赔与工期索赔要求相关联时，发包人在做出费用索赔的批准决定时，应结合工程延期，综合做出费用赔偿和工程延期的决定。

6）发承包双方在按合同约定办理了竣工结算后，应被认为承包人已无权再提出竣工结算前所发生的任何索赔。承包人在提交的最终结清申请中，只限于提出竣工结算后的索赔，提出索赔的期限应自发承包双方最终结清时终止。

7）根据合同约定，发包人认为由于承包人的原因造成发包人的损失，宜按承包人索赔的程序进行索赔。

8）发包人要求赔偿时，可以选择下列一项或几项方式获得赔偿：

①延长质量缺陷修复期限。

②要求承包人支付实际发生的额外费用。

③要求承包人按合同的约定支付违约金。

9）承包人应付给发包人的索赔金额可从拟支付给承包人的合同价款中扣除，或由承包人以其他方式支付给发包人。

14. 现场签证

1）承包人应发包人要求完成合同以外的零星项目、非承包人责任事件等工作的，发包人应及时以书面形式向承包人发出指令，并应提供所需的相关资料；承包人在收到指令后，应及时向发包人提出现场签证要求。

2）承包人应在收到发包人指令后的7天内向发包人提交现场签证报告，发包人应在收到现场签证报告后的48h内对报告内容进行核实，予以确认或提出修改意见。发包人在收到承包人现场签证报告后的48h内未确认也未提出修改意见的，应视为承包人提交的现场签证报告已被发包人认可。

3）现场签证的工作如已有相应的计日工单价，现场签证中应列明完成该类项目所需的人工、材料、工程设备和施工机械台班的数量。

如现场签证的工作没有相应的计日工单价，应在现场签证报告中列明完成该签证工作所需的人工、材料设备和施工机械台班的数量及单价。

4）合同工程发生现场签证事项，未经发包人签证确认，承包人便擅自施工的，除非征得发包人书面同意，否则发生的费用应由承包人承担。

5）现场签证工作完成后的7天内，承包人应按照现场签证内容计算价款，报送发包人确认后，作为增加合同价款，与进度款同期支付。

6）在施工过程中，当发现合同工程内容因场地条件、地质水文、发包人要求等不一致时，承包人应提供所需的相关资料，并提交发包人签证认可，作为合同价款调整的依据。

15. 暂列金额

1）已签约合同价中的暂列金额应由发包人掌握使用。

2）发包人按照1～14条的规定支付后，暂列金额余额应归发包人所有。

2.2.7 合同价款期中支付

1. 预付款

1）承包人应将预付款专用于合同工程。

2）包工包料工程的预付款的支付比例不得低于签约合同价（扣除暂列金额）的10%，不宜高于签约合同价（扣除暂列金额）的30%。

3）承包人应在签订合同或向发包人提供与预付款等额的预付款保函后向发包人提交预付款支付申请。

4）发包人应在收到支付申请的7天内进行核实，向承包人发出预付款支付证书，并在签发支付证书后的7天内向承包人支付预付款。

5）发包人没有按合同约定按时支付预付款的，承包人可催告发包人支付；发包人在预付款期满后的7天内仍未支付的，承包人可在付款期满后的第8天起暂停施工。发包人应承担由此增加的费用和延误的工期，并应向承包人支付合理利润。

6）预付款应从每一个支付期应支付给承包人的工程进度款中扣回，直到扣回的金额达到合同约定的预付款金额为止。

7）承包人的预付款保函的担保金额根据预付款扣回的数额相应递减，但在预付款全部扣回之前一直保持有效。发包人应在预付款扣完后的14天内将预付款保函退还给承包人。

2. 安全文明施工费

1）安全文明施工费包括的内容和使用范围，应符合国家有关文件和计量规范的规定。

2）发包人应在工程开工后的28天内预付不低于当年施工进度计划的安全文明施工费总额的60％，其余部分应按照提前安排的原则进行分解，并应与进度款同期支付。

3）发包人没有按时支付安全文明施工费的，承包人可催告发包人支付；发包人在付款期满后的7天内仍未支付的，若发生安全事故，发包人应承担相应责任。

4）承包人对安全文明施工费应专款专用，在财务账目中应单独列项备查，不得挪作他用，否则发包人有权要求其限期改正；逾期未改正的，造成的损失和延误的工期应由承包人承担。

3. 进度款

1）发承包双方应按照合同约定的时间、程序和方法，根据工程计量结果，办理期中价款结算，支付进度款。

2）进度款支付周期应与合同约定的工程计量周期一致。

3）已标价工程量清单中的单价项目，承包人应按工程计量确认的工程量与综合单价计算；综合单价发生调整的，以发承包双方确认调整的综合单价计算进度款。

4）已标价工程量清单中的总价项目和按照“2.2.5 工程计量”第2条“工程实施中的计量”中“（3）总价合同的计量”的1）规定形成的总价合同，承包人应按合同中约定的进度款支付分解，分别列入进度款支付申请中的安全文明施工费和本周期应支付的总价项目的金额中。

5）发包人提供的甲供材料金额，应按照发包人签约提供的单价和数量从进度款支付中扣除，列入本周期应扣减的金额中。

6）承包人现场签证和得到发包人确认的索赔金额应列入本周期应增加金额中。

7）进度款的支付比例按照合同约定，按期中结算价款总额计，不低于60％，不高于90％。

8）承包人应在每个计量周期到期后的7天内向发包人提交已完工程进度款支付申请一式四份，详细说明此周期认为有权得到的款额，包括分包人已完工程的价款。支付申请应包括下列内容：

①累计已完成的合同价款。

②累计已实际支付的合同价款。

③本周期合计完成的合同价款。

a. 本周期已完成单价项目的金额。

b. 本周期应支付的总价项目的金额。

c. 本周期已完成的计日工价款。

d. 本周期应支付的安全文明施工费。

e. 本周期应增加的金额。

④本周期合计应扣减的金额。

a. 本周期应扣回的预付款。

b. 本周期应扣减的金额。

⑤本周期实际应支付的合同价款。

9）发包人应在收到承包人进度款支付申请后的 14 天内，根据计量结果和合同约定对申请内容予以核实，确认后向承包人出具进度款支付证书。若发承包双方对部分清单项目的计量结果出现争议，发包人应对无争议部分的工程计量结果向承包人出具进度款支付证书。

10）发包人应在签发进度款支付证书后的 14 天内，按照支付证书列明的金额向承包人支付进度款。

11）若发包人逾期未签发进度款支付证书，则视为承包人提交的进度款支付申请已被发包人认可，承包人可向发包人发出催告付款的通知。发包人应在收到通知后的 14 天内，按照承包人支付申请的金额向承包人支付进度款。

12）发包人未按照 9）～11）的规定支付进度款的，承包人可催告发包人支付，并有权获得延迟支付的利息；发包人在付款期满后的 7 天内仍未支付的，承包人可在付款期满后的第 8 天起暂停施工。发包人应承担由此增加的费用和延误的工期，向承包人支付合理利润，并应承担违约责任。

13）发现已签发的任何支付证书有错、漏或重复的数额，发包人有权予以修正，承包人也有权提出修正申请。经发承包双方复核同意修正的，应在本次到期的进度款中支付或扣除。

2.2.8 竣工结算与支付

1. 一般规定

1）工程完工后，发承包双方必须在合同约定时间内办理工程竣工结算。

2）工程竣工结算应由承包人或受其委托具有相应资质的工程造价咨询人编制，并应由发包人或受其委托具有相应资质的工程造价咨询人核对。

3）当发承包双方或一方对工程造价咨询人出具的竣工结算文件有异议时，可向工程造价管理机构投诉，申请对其进行执业质量鉴定。

4）工程造价管理机构对投诉的竣工结算文件进行质量鉴定，宜按“工程造价鉴定”的相关规定进行。

5）竣工结算办理完毕，发包人应将竣工结算文件报送工程所在地或有该工程管辖权的行业管理部门的工程造价管理机构备案，竣工结算文件应作为工程竣工验收备案、交付使用的必备文件。

2. 编制与复核

1）工程竣工结算应根据下列依据编制和复核：

①《建设工程工程量清单计价规范》GB 50500—2013。

②工程合同。

③发承包双方实施过程中已确认的工程量及其结算的合同价款。

④发承包双方实施过程中已确认调整后追加（减）的合同价款。

⑤建设工程设计文件及相关资料。

⑥投标文件。

⑦其他依据。

2）分部分项工程和措施项目中的单价项目应依据发承包双方确认的工程量与已标价工程量清单的综合单价计算；发生调整的，应以发承包双方确认调整的综合单价计算。

3）措施项目中的总价项目应依据已标价工程量清单的项目和金额计算；发生调整的，应以发承包双方确认调整的金额计算，其中安全文明施工费应按“2.2.1　一般规定”第1条“计价方式”中5）的规定计算。

4）其他项目应按下列规定计价：

①计日工应按发包人实际签证确认的事项计算。

②暂估价应按“2.2.6　合同价款调整”第9条“暂估价”的规定计算。

③总承包服务费应依据已标价工程量清单金额计算；发生调整的，应以发承包双方确认调整的金额计算。

④索赔费用应依据发承包双方确认的索赔事项和金额计算。

⑤现场签证费用应依据发承包双方签证资料确认的金额计算。

⑥暂列金额应减去合同价款调整（包括索赔、现场签证）金额计算，如有余额归发包人。

5）规费和税金应按“2.2.1　一般规定”第1条“计价方式”中6）的规定计算。规费中的工程排污费应按工程所在地环境保护部门规定的标准缴纳后按实列入。

6）发承包双方在合同工程实施过程中已经确认的工程计量结果和合同价款，在竣工结算办理中应直接进入结算。

3. 竣工结算

1）合同工程完工后，承包人应在经发承包双方确认的合同工程期中价款结算的基础上汇总编制完成竣工结算文件，应在提交竣工验收申请的同时向发包人提交竣工结算文件。

承包人未在合同约定的时间内提交竣工结算文件，经发包人催告后14天内仍未提交或没有明确答复的，发包人有权根据已有资料编制竣工结算文件，作为办理竣工结算和支付结算款的依据，承包人应予以认可。

2）发包人应在收到承包人提交的竣工结算文件后的28天内核对。发包人经核实，认为承包人还应进一步补充资料和修改结算文件，应在上述时限内向承包人提出核实意见，承包人在收到核实意见后的28天内应按照发包人提出的合理要求补充资料，修改竣工结算文件，并应再次提交给发包人复核后批准。

3）发包人应在收到承包人再次提交的竣工结算文件后的28天内予以复核，将复核结果通知承包人，并应遵守下列规定：

①发包人、承包人对复核结果无异议的，应在7天内在竣工结算文件上签字确认，竣工结算办理完毕。

②发包人或承包人对复核结果认为有误的，无异议部分按照①规定办理不完全竣工结算；有异议部分由发承包双方协商解决；协商不成的，应按照合同约定的争议解决方式处理。

4）发包人在收到承包人竣工结算文件后的28天内，不核对竣工结算或未提出核对意见的，应视为承包人提交的竣工结算文件已被发包人认可，竣工结算办理完毕。

5）承包人在收到发包人提出的核实意见后的28天内，不确认也未提出异议的，应视为发包人提出的核实意见已被承包人认可，竣工结算办理完毕。

6）发包人委托工程造价咨询人核对竣工结算的，工程造价咨询人应在28天内核对完毕，核对结论与承包人竣工结算文件不一致的，应提交给承包人复核；承包人应在14天内将同意核对结论或不同意见的说明提交工程造价咨询人。工程造价咨询人收到承包人提出的异议后，应再次复核，复核无异议的，应按3）条①的规定办理，复核后仍有异议的，按3）条②的规定办理。

承包人逾期未提出书面异议的，应视为工程造价咨询人核对的竣工结算文件已经承包人认可。

7）对发包人或发包人委托的工程造价咨询人指派的专业人员与承包人指派的专业人员经核对后无异议并签名确认的竣工结算文件，除非发承包人能提出具体、详细的不同意见，发承包人都应在竣工结算文件上签名确认，如其中一方拒不签认的，按下列规定办理：

①若发包人拒不签认的，承包人可不提供竣工验收备案资料，并有权拒绝与发包人或其上级部门委托的工程造价咨询人重新核对竣工结算文件。

②若承包人拒不签认的，发包人要求办理竣工验收备案的，承包人不得拒绝提供竣工验收资料，否则，由此造成的损失，承包人承担相应责任。

8）合同工程竣工结算核对完成，发承包双方签字确认后，发包人不得要求承包人与另一个或多个工程造价咨询人重复核对竣工结算。

9）发包人对工程质量有异议，拒绝办理工程竣工结算的，已竣工验收或已竣工未验收但实际投入使用的工程，其质量争议应按该工程保修合同执行，竣工结算应按合同约定办理；已竣工未验收且未实际投入使用的工程以及停工、停建工程的质量争议，双方应就有争议的部分委托有资质的检测鉴定机构进行检测，并应根据检测结果确定解决方案，或按工程质量监督机构的处理决定执行后办理竣工结算，无争议部分的竣工结算应按合同约定办理。

4. 结算款支付

1）承包人应根据办理的竣工结算文件向发包人提交竣工结算款支付申请。申请包括下列内容：

①竣工结算合同价款总额。

②累计已实际支付的合同价款。

③应预留的质量保证金。

④实际应支付的竣工结算款金额。

2）发包人应在收到承包人提交竣工结算款支付申请后7天内予以核实，向承包人签发竣工结算支付证书。

3）发包人签发竣工结算支付证书后的14天内，应按照竣工结算支付证书列明的金额向承包人支付结算款。

4）发包人在收到承包人提交的竣工结算款支付申请后7天内不予核实，不向承包人签发竣工结算支付证书的，视为承包人的竣工结算款支付申请已被发包人认可；发包人应在收到承包人提交的竣工结算款支付申请 7 天后的 14 天内，按照承包人提交的竣工结算款支付申请列明的金额向承包人支付结算款。

5）发包人未按照 3）、4）规定支付竣工结算款的，承包人可催告发包人支付，并有权获得延迟支付的利息。发包人在竣工结算支付证书签发后或者在收到承包人提交的竣工结算款支付申请 7 天后的 56 天内仍未支付的，除法律另有规定外，承包人可与发包人协商将该工程折价，也可直接向人民法院申请将该工程依法拍卖。承包人应就该工程折价或拍卖的价款优先受偿。

5. 质量保证金

1）发包人应按照合同约定的质量保证金比例从结算款中预留质量保证金。

2）承包人未按照合同约定履行属于自身责任的工程缺陷修复义务的，发包人有权从质量保证金中扣除用于缺陷修复的各项支出。经查验，工程缺陷属于发包人原因造成的，应由发包人承担查验和缺陷修复的费用。

3）在合同约定的缺陷责任期终止后，发包人应按照本节第 6 条“最终结清”的规定，将剩余的质量保证金返还给承包人。

6. 最终结清

1）缺陷责任期终止后，承包人应按照合同约定向发包人提交最终结清支付申请。发包人对最终结清支付申请有异议的，有权要求承包人进行修正和提供补充资料。承包人修正后，应再次向发包人提交修正后的最终结清支付申请。

2）发包人应在收到最终结清支付申请后的 14 天内予以核实，并应向承包人签发最终结清支付证书。

3）发包人应在签发最终结清支付证书后的 14 天内，按照最终结清支付证书列明的金额向承包人支付最终结清款。

4）发包人未在约定的时间内核实，又未提出具体意见的，应视为承包人提交的最终结清支付申请已被发包人认可。

5）发包人未按期最终结清支付的，承包人可催告发包人支付，并有权获得延迟支付的利息。

6）最终结清时，承包人被预留的质量保证金不足以抵减发包人工程缺陷修复费用的，承包人应承担不足部分的补偿责任。

7）承包人对发包人支付的最终结清款有异议的，应按照合同约定的争议解决方式处理。

2.2.9 合同解除的价款结算与支付

1）发承包双方协商一致解除合同的，应按照达成的协议办理结算和支付合同价款。

2）由于不可抗力致使合同无法履行解除合同的，发包人应向承包人支付合同解除之日前已完成工程但尚未支付的合同价款，此外，还应支付下列金额：

①“2.2.6 合同价款调整”第 11 条“提前竣工（赶工补偿）”规定的由发包人承担的费用。

②已实施或部分实施的措施项目应付价款。

③承包人为合同工程合理订购且已交付的材料和工程设备货款。

④承包人撤离现场所需的合理费用，包括员工遣送费和临时工程拆除、施工设备运离现场的费用。

⑤承包人为完成合同工程而预期开支的任何合理费用，且该项费用未包括在本款其他各项支付之内。

发承包双方办理结算合同价款时，应扣除合同解除之日前发包人应向承包人收回的价款。当发包人应扣除的金额超过了应支付的金额，承包人应在合同解除后的 56 天内将其差额退还给发包人。

3）因承包人违约解除合同的，发包人应暂停向承包人支付任何价款。发包人应在合同解除后 28 天内核实合同解除时承包人已完成的全部合同价款以及按施工进度计划已运至现场的材料和工程设备货款，按合同约定核算承包人应支付的违约金以及造成损失的索赔金额，并将结果通知承包人。发承包双方应在 28 天内予以确认或提出意见，并应办理结算合同价款。如果发包人应扣除的金额超过了应支付的金额，承包人应在合同解除后的 56 天内将其差额退还给发包人。发承包双方不能就解除合同后的结算达成一致的，按照合同约定的争议解决方式处理。

4）因发包人违约解除合同的，发包人除应按照 2）的规定向承包人支付各项价款外，应按合同约定核算发包人应支付的违约金以及给承包人造成损失或损害的索赔金额费用。该笔费用应由承包人提出，发包人核实后应与承包人协商确定后的 7 天内向承包人签发支付证书。协商不能达成一致的，应按照合同约定的争议解决方式处理。

2.2.10 合同价款争议的解决

1. 监理或造价工程师暂定

1）若发包人和承包人之间就工程质量、进度、价款支付与扣除、工期延期、索赔、价款调整等发生任何法律上、经济上或技术上的争议，首先应根据已签约合同的规定，提交合同约定职责范围内的总监理工程师或造价工程师解决，并应抄送另一方。总监理工程师或造价工程师在收到此提交件后 14 天内应将暂定结果通知发包人和承包人。发承包双方对暂定结果认可的，应以书面形式予以确认，暂定结果成为最终决定。

2）发承包双方在收到总监理工程师或造价工程师的暂定结果通知之后的 14 天内未对暂定结果予以确认也未提出不同意见的，应视为发承包双方已认可该暂定结果。

3）发承包双方或一方不同意暂定结果的，应以书面形式向总监理工程师或造价工程师提出，说明自己认为正确的结果，同时抄送另一方，此时该暂定结果成为争议。在暂定结果对发承包双方当事人履约不产生实质影响的前提下，发承包双方应实施该结果，直到按照发承包双方认可的争议解决办法被改变为止。

2. 管理机构的解释或认定

1）合同价款争议发生后，发承包双方可就工程计价依据的争议以书面形式提请工程造价管理机构对争议以书面文件进行解释或认定。

2）工程造价管理机构应在收到申请的 10 个工作日内就发承包双方提请的争议问题进行解释或认定。

3）发承包双方或一方在收到工程造价管理机构书面解释或认定后仍可按照合同约定

的争议解决方式提请仲裁或诉讼。除工程造价管理机构的上级管理部门做出了不同的解释或认定，或在仲裁裁决或法院判决中不予采信的外，工程造价管理机构做出的书面解释或认定应为最终结果，并应对发承包双方均有约束力。

3. 协商和解

1）合同价款争议发生后，发承包双方任何时候都可以进行协商。协商达成一致的，双方应签订书面和解协议，和解协议对发承包双方均有约束力。

2）如果协商不能达成一致协议，发包人或承包人都可以按合同约定的其他方式解决争议。

4. 调解

1）发承包双方应在合同中约定或在合同签订后共同约定争议调解人，负责双方在合同履行过程中发生争议的调解。

2）合同履行期间，发承包双方可协议调换或终止任何调解人，但发包人或承包人都不能单独采取行动。除非双方另有协议，在最终结清支付证书生效后，调解人的任期应即终止。

3）如果发承包双方发生了争议，任何一方可将该争议以书面形式提交调解人，并将副本抄送另一方，委托调解人调解。

4）发承包双方应按照调解人提出的要求，给调解人提供所需要的资料、现场进入权及相应设施。调解人应被视为不是在进行仲裁人的工作。

5）调解人应在收到调解委托后28天内或由调解人建议并经发承包双方认可的其他期限内提出调解书，发承包双方接受调解书的，经双方签字后作为合同的补充文件，对发承包双方均具有约束力，双方都应立即遵照执行。

6）当发承包双方中任一方对调解人的调解书有异议时，应在收到调解书后28天内向另一方发出异议通知，并应说明争议的事项和理由。但除非并直到调解书在协商和解或仲裁裁决、诉讼判决中做出修改，或合同已经解除，承包人应继续按照合同实施工程。

7）当调解人已就争议事项向发承包双方提交了调解书，而任一方在收到调解书后28天内均未发出表示异议的通知时，调解书对发承包双方应均具有约束力。

5. 仲裁、诉讼

1）发承包双方的协商和解或调解均未达成一致意见，其中的一方已就此争议事项根据合同约定的仲裁协议申请仲裁，应同时通知另一方。

2）仲裁可在竣工之前或之后进行，但发包人、承包人、调解人各自的义务不得因在工程实施期间进行仲裁而有所改变。当仲裁是在仲裁机构要求停止施工的情况下进行时，承包人应对合同工程采取保护措施，由此增加的费用应由败诉方承担。

3）在本节第1条“监理或造价工程师暂定”～第4条“调解”的期限之内，暂定或和解协议或调解书已经有约束力的情况下，当发承包中一方未能遵守暂定或和解协议或调解书时，另一方可在不损害他可能具有的任何其他权利的情况下，将未能遵守暂定或不执行和解协议或调解书达成的事项提交仲裁。

4）发包人、承包人在履行合同时发生争议，双方不愿和解、调解或者和解、调解不成，又没有达成仲裁协议的，可依法向人民法院提起诉讼。

2.2.11 工程造价鉴定

1. 一般鉴定

1）在工程合同价款纠纷案件处理中，需做工程造价司法鉴定的，应委托具有相应资质的工程造价咨询人进行。

2）工程造价咨询人接受委托时提供工程造价司法鉴定服务，应按仲裁、诉讼程序和要求进行，并应符合国家关于司法鉴定的规定。

3）工程造价咨询人进行工程造价司法鉴定时，应指派专业对口、经验丰富的注册造价工程师承担鉴定工作。

4）工程造价咨询人应在收到工程造价司法鉴定资料后10天内，根据自身专业能力和证据资料判断能否胜任该项委托，如不能，应辞去该项委托。工程造价咨询人不得在鉴定期满后以上述理由不做出鉴定结论，影响案件处理。

5）接受工程造价司法鉴定委托的工程造价咨询人或造价工程师如是鉴定项目一方当事人的近亲属或代理人、咨询人以及其他关系可能影响鉴定公正的，应当自行回避；未自行回避，鉴定项目委托人以该理由要求其回避的，必须回避。

6）工程造价咨询人应当依法出庭接受鉴定项目当事人对工程造价司法鉴定意见书的质询。如确因特殊原因无法出庭的，经审理该鉴定项目的仲裁机关或人民法院准许，可以书面形式答复当事人的质询。

2. 取证

1）工程造价咨询人进行工程造价鉴定工作时，应自行收集以下（但不限于）鉴定资料：

①适用于鉴定项目的法律、法规、规章、规范性文件以及规范、标准、定额。

②鉴定项目同时期同类型工程的技术经济指标及其各类要素价格等。

2）工程造价咨询人收集鉴定项目的鉴定依据时，应向鉴定项目委托人提出具体书面要求，其内容包括：

①与鉴定项目相关的合同、协议及其附件。

②相应的施工图纸等技术经济文件。

③施工过程中的施工组织、质量、工期和造价等工程资料。

④存在争议的事实及各方当事人的理由。

⑤其他有关资料。

3）工程造价咨询人在鉴定过程中要求鉴定项目当事人对缺陷资料进行补充的，应征得鉴定项目委托人同意，或者协调鉴定项目各方当事人共同签认。

4）根据鉴定工作需要现场勘验的，工程造价咨询人应提请鉴定项目委托人组织各方当事人对被鉴定项目所涉及的实物标的进行现场勘验。

5）勘验现场应制作勘验记录、笔录或勘验图表，记录勘验的时间、地点、勘验人、在场人、勘验经过、结果，由勘验人、在场人签名或者盖章确认。绘制的现场图应注明绘制的时间、测绘人姓名、身份等内容。必要时应采取拍照或摄像取证，留下影像资料。

6）鉴定项目当事人未对现场勘验图表或勘验笔录等签字确认的，工程造价咨询人应提请鉴定项目委托人决定处理意见，并在鉴定意见书中做出表述。

3. 鉴定

1）工程造价咨询人在鉴定项目合同有效的情况下应根据合同约定进行鉴定，不得任意改变双方合法的合意。

2）工程造价咨询人在鉴定项目合同无效或合同条款约定不明确的情况下应根据法律法规、相关国家标准和《建设工程工程量清单计价规范》GB 50500—2013 的规定，选择相应专业工程的计价依据和方法进行鉴定。

3）工程造价咨询人出具正式鉴定意见书之前，可报请鉴定项目委托人向鉴定项目各方当事人发出鉴定意见书征求意见稿，并指明应书面答复的期限及其不答复的相应法律责任。

4）工程造价咨询人收到鉴定项目各方当事人对鉴定意见书征求意见稿的书面复函后，应对不同意见认真复核，修改完善后再出具正式鉴定意见书。

5）工程造价咨询人出具的工程造价鉴定书应包括下列内容：

①鉴定项目委托人名称、委托鉴定的内容。

②委托鉴定的证据材料。

③鉴定的依据及使用的专业技术手段。

④对鉴定过程的说明。

⑤明确的鉴定结论。

⑥其他需说明的事宜。

⑦工程造价咨询人盖章及注册造价工程师签名盖执业专用章。

6）工程造价咨询人应在委托鉴定项目的鉴定期限内完成鉴定工作，如确因特殊原因不能在原定期限内完成鉴定工作时，应按照相应法规提前向鉴定项目委托人申请延长鉴定期限，并应在此期限内完成鉴定工作。

经鉴定项目委托人同意等待鉴定项目当事人提交、补充证据的，质证所用的时间不应计入鉴定期限。

7）对于已经出具的正式鉴定意见书中有部分缺陷的鉴定结论，工程造价咨询人应通过补充鉴定做出补充结论。

2.2.12 工程计价资料与档案

1. 计价资料

1）发承包双方应当在合同中约定各自在合同工程中现场管理人员的职责范围，双方现场管理人员在职责范围内签字确认的书面文件是工程计价的有效凭证，但如有其他有效证据或经实证证明其是虚假的除外。

2）发承包双方不论在何种场合对与工程计价有关的事项所给予的批准、证明、同意、指令、商定、确定、确认、通知和请求，或表示同意、否定、提出要求和意见等，均应采用书面形式，口头指令不得作为计价凭证。

3）任何书面文件送达时，应由对方签收，通过邮寄应采用挂号、特快专递传送，或以发承包双方商定的电子传输方式发送，交付、传送或传输至指定的接收人的地址。如接收人通知了另外地址时，随后通信信息应按新地址发送。

4）发承包双方分别向对方发出的任何书面文件，均应将其抄送现场管理人员，如系复印件应加盖合同工程管理机构印章，证明与原件相同。双方现场管理人员向对方所发任何书面文件，也应将其复印件发送给发承包双方，复印件应加盖合同工程管理机构印章，证明与原件相同。

5）发承包双方均应当及时签收另一方送达其指定接收地点的来往信函，拒不签收的，送达信函的一方可以采用特快专递或者公证方式送达，所造成的费用增加（包括被迫采用特殊送达方式所发生的费用）和延误的工期由拒绝签收一方承担。

6）书面文件和通知不得扣压，一方能够提供证据证明另一方拒绝签收或已送达的，应视为对方已签收并应承担相应责任。

2. 计价档案

1）发承包双方以及工程造价咨询人对具有保存价值的各种载体的计价文件，均应收集齐全，整理立卷后归档。

2）发承包双方和工程造价咨询人应建立完善的工程计价档案管理制度，并应符合国家和有关部门发布的档案管理相关规定。

3）工程造价咨询人归档的计价文件，保存期不宜少于五年。

4）归档的工程计价成果文件应包括纸质原件和电子文件，其他归档文件及依据可为纸质原件、复印件或电子文件。

5）归档文件应经过分类整理，并应组成符合要求的案卷。

6）归档可以分阶段进行，也可以在项目竣工结算完成后进行。

7）向接受单位移交档案时，应编制移交清单，双方应签字、盖章后方可交接。

3 市政工程工程量计算及清单编制实例

3.1 土石方工程工程量计算及清单编制实例

3.1.1 土石方工程清单工程量计算规则

1. 土方工程

土方工程工程量清单项目设置、项目特征描述的内容、计量单位及工程量计算规则，应按表3-1的规定执行。

表3-1 土方工程（编码：040101）

项目编码	项目名称	项目特征	计量单位	工程量计算规则	工程内容
040101001	挖一般土方	1. 土壤类别 2. 挖土深度	m^3	按设计图示尺寸以体积计算	1. 排地表水 2. 土方开挖 3. 围护（挡土板）及拆除 4. 基底钎探 5. 场内运输
040101002	挖沟槽土方			按设计图示尺寸以基础垫层底面积乘以挖土深度计算	
040101003	挖基坑土方				
040101004	暗挖土方	1. 土壤类别 2. 平洞、斜洞（坡度） 3. 运距		按设计图示断面乘以长度以体积计算	1. 排地表水 2. 土方开挖 3. 场内运输
040101005	挖淤泥、流砂	1. 挖掘深度 2. 运距		按设计图示位置、界限以体积计算	1. 开挖 2. 运输

注：1. 沟槽、基坑、一般土方的划分为：底宽≤7m且底长>3倍底宽为沟槽，底长≤3倍底宽且底面积≤$150m^2$为基坑。超出上述范围则为一般土方。

2. 土壤的分类应按表3-2确定。

3. 如土壤类别不能准确划分时，招标人可注明为综合，由投标人根据地勘报告决定报价。

4. 土方体积应按挖掘前的天然密实体积计算。

5. 挖沟槽、基坑土方中的挖土深度，一般指原地面标高至槽、坑底的平均高度。

6. 挖沟槽、基坑、一般土方因工作面和放坡增加的工程量，是否并入各土方工程量中，按各省、自治区、直辖市或行业建设主管部门的规定实施。如并入各土方工程量中，编制工程量清单时，可按表3-3、表3-4规定计算；办理工程结算时，按经发包人认可的施工组织设计规定计算。

7. 挖沟槽、基坑、一般土方和暗挖土方清单项目的工作内容中仅包括了土方场内平衡所需的运输费用，如需土方外运时，按040103002“余方弃置”项目编码列项。

8. 挖方出现流砂、淤泥时，如设计未明确，在编制工程量清单时，其工程数量可为暂估值。结算时，应根据实际情况由发包人与承包人双方现场签证确认工程量。

9. 挖淤泥、流砂的运距可以不描述，但应注明由投标人根据施工现场实际情况自行考虑决定报价。

表 3-2 土壤分类表

土壤分类	土壤名称	开挖方法
一、二类土	粉土、砂土（粉砂、细砂、中砂、粗砂、砾砂）、粉质黏土、弱中盐渍土、软土（淤泥质土、泥炭、泥炭质土）、软塑红黏土、冲填土	用锹，少许用镐、条锄开挖。机械能全部直接铲挖满载者
三类土	黏土、碎石土（圆砾、角砾）、混合土、可塑红黏土、硬塑红黏土、强盐渍土、素填土、压实填土	主要用镐、条锄，少许用锹开挖。机械需部分刨松方能铲挖满载者或可直接铲挖但不能满载者
四类土	碎石土（卵石、碎石、漂石、块石）、坚硬红黏土、超盐渍土、杂填土	全部用镐、条锄挖掘，少许用撬棍挖掘。机械需普遍刨松方能铲挖满载者

注：本表土的名称及其含义按现行国家标准《岩土工程勘察规范》GB 50021—2001（2009 年局部修订版）定义。

表 3-3 放坡系数表

土壤类别	放坡起点深度（m）	机械挖土			人工挖土
		在沟槽、坑内作业	在沟槽侧、坑边上作业	顺沟槽方向坑上作业	
一、二类土	1.20	1∶0.33	1∶0.75	1∶0.50	1∶0.50
三类土	1.50	1∶0.25	1∶0.67	1∶0.33	1∶0.33
四类土	2.00	1∶0.10	1∶0.33	1∶0.25	1∶0.25

注：1. 沟槽、基坑中土类别不同时，分别按其放坡起点、放坡系数，依不同土类别厚度加权平均计算。
2. 计算放坡时，在交接处的重复工程量不予扣除，原槽、坑做基础垫层时，放坡自垫层上表面开始计算。
3. 本表按《全国统一市政工程预算定额》GYD—301—1999“通用项目”整理，并增加机械挖土顺沟槽方向坑上作业的放坡系数。

表 3-4 管沟底部每侧工作面宽度 单位：mm

管道结构宽	混凝土管道基础 90°	混凝土管道基础＞90°	金属管道	构筑物	
				无防潮层	有防潮层
500 以内	400	400	300	400	600
1000 以内	500	500	400		
2500 以内	600	500	400		
2500 以上	700	600	500		

注：1. 管道结构宽：有管座按管道基础外缘，无管座按管道外径计算；构筑物按基础外缘计算。
2. 本表按《全国统一市政工程预算定额》GYD—301—1999“通用项目”整理，并增加管道结构宽 2500mm 以上的工作面宽度值。

2. 石方工程

石方工程工程量清单项目设置、项目特征描述的内容、计量单位及工程量计算规则，应按表 3-5 的规定执行。

表 3-5 石方工程（编码：040102）

项目编码	项目名称	项目特征	计量单位	工程量计算规则	工程内容
040102001	挖一般石方	1. 岩石类别 2. 开凿深度	m^3	按设计图示尺寸以体积计算	1. 排地表水 2. 石方开凿 3. 修整底、边 4. 场内运输
040102002	挖沟槽石方			按设计图示尺寸以基础垫层底面积乘以挖石深度计算	
040102003	挖基坑石方				

注：1. 沟槽、基坑、一般石方的划分为：底宽≤7m且底长>3倍底宽为沟槽；底长≤3倍底宽且底面积≤$150m^2$为基坑；超出上述范围则为一般石方。

2. 岩石的分类应按表 3-6 确定。

3. 石方体积应按挖掘前的天然密实体积计算。

4. 挖沟槽、基坑、一般石方因工作面和放坡增加的工程量，是否并入各石方工程量中，按各省、自治区、直辖市或行业建设主管部门的规定实施。如并入各石方工程量中，编制工程量清单时，其所需增加的工程数量可为暂估值，且在清单项目中予以注明；办理工程结算时，按经发包人认可的施工组织设计规定计算。

5. 挖沟槽、基坑、一般石方清单项目的工作内容中仅包括了石方场内平衡所需的运输费用，如需石方外运时，按 040103002"余方弃置"项目编码列项。

6. 石方爆破按现行国家标准《爆破工程工程量计算规范》GB 50862—2013 相关项目编码列项。

表 3-6 岩石分类表

土壤分类		土壤名称	开挖方法
极软岩		1. 全风化的各种岩石 2. 各种半成岩	部分用手凿工具、部分用爆破法开挖
软质岩	软岩	1. 强风化的坚硬岩或较硬岩 2. 中等风化——强风化的较软岩 3. 未风化——微风化的页岩、泥岩、泥质砂岩等	用风镐和爆破法开挖
	较软岩	1. 中等风化——强风化的坚硬岩或较硬岩 2. 未风化——微风化的凝灰岩、千枚岩、泥灰岩、砂质泥岩等	用爆破法开挖
硬质岩	较硬岩	1. 微风化的坚硬岩 2. 未风化——微风化的大理岩、板岩、石灰岩、白云岩、钙质砂岩等	用爆破法开挖
	坚硬岩	未风化——微风化的花岗岩、闪长岩、辉绿岩、玄武岩、安山岩、片麻岩、石英岩、石英砂岩、硅质砾岩、硅质石灰岩等	

注：本表依据现行国家标准《工程岩体分级标准》GB 50218—1994 和《岩土工程勘察规范》GB 50021—2001（2009 年局部修订版）整理。

3. 回填方及土石方运输

回填方及土石方运输工程量清单项目设置、项目特征描述的内容、计量单位及工程量计算规则，应按表3-7的规定执行。

表3-7 回填方及土石方运输（编码：040103）

项目编码	项目名称	项目特征	计量单位	工程量计算规则	工程内容
040103001	回填方	1. 密实度要求 2. 填方材料品种 3. 填方粒径要求 4. 填方来源、运距	m^3	1. 按挖方清单项目工程量加原地面线至设计要求标高间的体积，减基础、构筑物等埋入体积计算 2. 按设计图示尺寸以体积计算	1. 运输 2. 回填 3. 压实
040103002	余方弃置	1. 废弃料品种 2. 运距	m^3	按挖方清单项目工程量减利用回填方体积（正数）计算	余方点装料运输至弃置点

注：1. 填方材料品种为土时，可以不描述。
2. 填方粒径，在无特殊要求情况下，项目特征可以不描述。
3. 对于沟、槽坑等开挖后再进行回填方的清单项目，其工程量计算规则按第1条确定；场地填方等按第2条确定。其中，对工程量计算规则1，当原地面线高于设计要求标高时，则其体积为负值。
4. 回填方总工程量中若包括场内平衡和缺方内运两部分时，应分别编码列项。
5. 余方弃置和回填方的运距可以不描述，但应注明由投标人根据施工现场实际情况自行考虑决定报价。
6. 回填方如需缺方内运，且填方材料品种为土方时，是否在综合单价中计入购买土方的费用，由投标人根据工程实际情况自行考虑决定报价。

4. 其他相关问题及说明

1）隧道石方开挖按“3.4 隧道工程”中相关项目编码列项。

2）废料及余方弃置清单项目中，如需发生弃置、堆放费用的，投标人应根据当地有关规定计取相应费用，并计入综合单价中。

3.1.2 土石方工程定额工程量计算规则

1. 定额工程量计算规则

1）定额的土、石方体积均以天然密实体积（自然方）计算，回填土按碾压后的体积（实方）计算。土方体积换算见表3-8。

表3-8 土方体积换算表

虚方体积	天然密实度体积	夯实后体积	松填体积
1.00	0.77	0.67	0.83
1.30	1.00	0.87	1.08
1.50	1.15	1.00	1.25
1.20	0.92	0.80	1.00

2）土方工程量按图纸尺寸计算，修建机械上下坡的便道土方量并入土方工程量内。石方工程量按图纸尺寸加允许超挖量。开挖坡面每侧允许超挖量：松、次坚石 20cm，普、特坚石 15cm。

3）夯实土堤按设计断面计算。清理土堤基础按设计规定以水平投影面积计算，清理厚度为 30cm 内，废土运距按 30m 计算。

4）人工挖土堤台阶工程量，按挖前的堤坡斜面积计算，运土应另行计算。

5）人工铺草皮工程量以实际铺设的面积计算，花格铺草皮中的空格部分不扣除。花格铺草皮，设计草皮面积与定额不符时可以调整草皮数量，人工按草皮增加比例增加，其余不调整。

6）管道接口作业坑和沿线各种井室所需增加开挖的土石方工程量按有关规定如实计算。管沟回填土应扣除管径在 200mm 以上的管道、基础、垫层和各种构筑物所占的体积。

7）挖土放坡和沟、槽底加宽应按图纸尺寸计算，如无明确规定，可按表 3-3、表3-4 计算。

挖土交接处产生的重复工程量不扣除。如在同一断面内遇有数类土壤，其放坡系数可按各类土占全部深度的百分比加权计算。

管道结构宽：无管座按管道外径计算，有管座按管道基础外缘计算，构筑物按基础外缘计算，如设挡土板则每侧增加 10cm。

8）土石方运距应以挖土重心至填土重心或弃土重心最近距离计算，挖土重心、填土重心、弃土重心按施工组织设计确定。如遇下列情况应增加运距。

①人力及人力车运土、石方上坡坡度在 15％以上，推土机、铲运机重车上坡坡度大于 5％，斜道运距按斜道长度乘以表 3-9 中系数。

表 3-9 斜道运距系数

项目	推土机、铲运机				人力及人力车
坡度（％）	5～10	15 以内	20 以内	25 以内	15 以上
系数	1.75	2	2.25	2.5	5

②采用人力垂直运输土、石方，垂直深度每米折合水平运距 7m 计算。

③拖式铲运机 $3m^3$ 加 27m 转向距离，其余型号铲运机加 45m 转向距离。

9）沟槽、基坑、平整场地和一般土石方的划分：底宽 7m 以内，底长大于底宽 3 倍以上按沟槽计算；底长小于底宽 3 倍以内按基坑计算，其中基坑底面积在 $150m^2$ 以内执行基坑定额。厚度在 30cm 以内就地挖、填土按平整场地计算。超过上述范围的土、石方按挖土方和石方计算。

10）机械挖土方中如需人工辅助开挖（包括切边、修整底边），机械挖土按实挖土方量计算，人工挖土土方量按实套相应定额乘以系数 1.5。

11）人工装土汽车运土时，汽车运土定额乘以系数 1.1。

12）土壤及岩石分类见表 3-10。

表 3-10　土壤及岩石（普氏）分类表

定额分类	普氏分类	土壤及岩石名称	天然湿度下平均容重（kg/m³）	极限压碎强度（kg/cm²）	用轻钻孔机钻进 1m 耗时（min）	开挖方法及工具	紧固系数 f
一、二类土壤	Ⅰ	砂	1500	—	—	用尖锹开挖	0.5～0.6
		砂壤土	1600				
		腐殖土	1200				
		泥炭	600				
	Ⅱ	轻壤和黄土类土	1600	—	—	用锹开挖并少数用镐开挖	0.6～0.8
		潮湿而松散的黄土，软的盐渍土和碱土	1600				
		平均 15mm 以内的松散而软的砾石	1700				
		含有草根的实心密实腐殖土	1400				
		含有直径在 30mm 以内根类的泥炭和腐殖土	1100	—	—		
		掺有卵石、碎石和石屑的砂和腐殖土	1650				
		含有卵石或碎石杂质的胶结成块的填土	1750				
		含有卵石、碎石和建筑料杂质的砂壤土	1900				
三类土壤	Ⅲ	肥黏土其中包括石炭纪、侏罗纪的黏土和冰黏土	1800	—	—	用尖锹并同时用镐开挖（30%）	0.8～1.0
		重壤土、粗砾石，粒径为 15～40mm 的碎石和卵石	1750				
		干黄土和掺有碎石或卵石的自然含水量黄土	1790				
		含有直径大于 30mm 根类的腐殖土或泥炭	1400				
		掺有碎石或卵石和建筑碎料的土壤	1900				

续表 3-10

定额分类	普氏分类	土壤及岩石名称	天然湿度下平均容重（kg/m³）	极限压碎强度（kg/cm²）	用轻钻孔机钻进 1m 耗时（min）	开挖方法及工具	紧固系数 f
四类土壤	Ⅳ	含碎石重黏土，其中包括侏罗纪和石英纪的硬黏土	1950	—	—	用尖锹并同时用镐和撬棍开挖（30%）	1.0～1.5
		含有碎石、卵石、建筑碎料和重达 25kg 的顽石（总体积 10%以内）等杂质的肥黏土和重壤土	1950				
		冰碛黏土，含有重量在 50kg 以内的巨砾，其含量为总体积 10%以内	2000				
		泥板岩	2000				
		不含或含有重达 10kg 的顽石	1950				
松石	Ⅴ	含有重量在 50kg 以内的巨砾（占体积 10%以上）的冰碛石	2100	小于 200	小于 3.5	部分用手凿工具，部分用爆破来开挖	1.5～2.0
		矽藻岩和软白垩岩	1800				
		胶结力弱的砾岩	1900				
		各种不坚实的片岩	2600				
		石膏	2200				
次坚石	Ⅵ	凝灰岩和浮石	1100	200～400	3.5	用风镐和爆破法开挖	2～4
		松软多孔和裂隙严重的石灰岩和介质石灰岩	1200				
		中等硬变的片岩	2700				
		中等硬变的泥灰岩	2300				
	Ⅶ	石灰石胶结的带有卵石和沉积岩的砾石	2200	400～600	6.0	用爆破方法开挖	4～6
		风化的和有大裂缝的黏土质砂岩	2000				4～6
		坚实的泥板岩	2800				
		坚实的泥灰岩	2500				

续表 3-10

定额分类	普氏分类	土壤及岩石名称	天然湿度下平均容重（kg/m³）	极限压碎强度（kg/cm²）	用轻钻孔机钻进1m耗时（min）	开挖方法及工具	紧固系数 f
次坚石	Ⅷ	砾质花岗岩	2300	600～800	8.5	用爆破方法开挖	6～8
		泥灰质石灰岩	2300				
		黏土质砂岩	2200				
		砂质云母片岩	2300				
		硬石膏	2900				
普坚石	Ⅸ	严重风化的软弱的花岗岩、片麻岩和正长岩	2500	800～1000	11.5		8～10
		滑石化的蛇纹岩	2400				
		致密的石灰岩	2500				
		含有卵石、沉积岩的渣质胶结的砾岩	2500				
		砂岩	2500				
		砂质石灰质片岩	2500				
		菱镁矿	3000				
	Ⅹ	白云石	2700	1000～1200	15.0		10～12
		坚固的石灰岩	2700				
		大理石	2700				
		石灰胶结的致密砾石	2600				
		坚固砂质片岩	2600				
特坚石	Ⅺ	粗花岗岩	2800	1200～1400	18.5		12～14
		非常坚硬的白云岩	2900				
		蛇纹岩	2600				
		石灰质胶结的含有火成岩之卵石的砾石	2800				
		石英胶结的坚固砂岩	2700				
		粗粒正长岩	2700				
	Ⅻ	具有风化痕迹的安山岩和玄武岩	2700	1400～1600	22.0		14～16
		片麻岩	2600				
		非常坚固的石灰岩	2900				
		硅质胶结的含有火成岩之卵石的砾石	2900				
		粗石岩	2600				

续表 3-10

<table>
<tr><th>定额分类</th><th>普氏分类</th><th>土壤及岩石名称</th><th>天然湿度下平均容重（kg/m³）</th><th>极限压碎强度（kg/cm²）</th><th>用轻钻孔机钻进 1m 耗时（min）</th><th>开挖方法及工具</th><th>紧固系数 f</th></tr>
<tr><td rowspan="16">特坚石</td><td rowspan="6">XIII</td><td>中粒花岗岩</td><td>3100</td><td rowspan="6">1600～1800</td><td rowspan="6">27.5</td><td rowspan="16">用爆破方法开挖</td><td rowspan="6">16～18</td></tr>
<tr><td>坚固的片麻岩</td><td>2800</td></tr>
<tr><td>辉绿岩</td><td>2700</td></tr>
<tr><td>玢岩</td><td>2500</td></tr>
<tr><td>坚固的粗面岩</td><td>2800</td></tr>
<tr><td>中粒正长岩</td><td>2800</td></tr>
<tr><td rowspan="5">XIV</td><td>非常坚硬的细粒花岗岩</td><td>3300</td><td rowspan="5">1800～2000</td><td rowspan="5">32.5</td><td rowspan="5">18～20</td></tr>
<tr><td>花岗岩麻岩</td><td>2900</td></tr>
<tr><td>闪长岩</td><td>2900</td></tr>
<tr><td>高硬度的石灰岩</td><td>3100</td></tr>
<tr><td>坚固的玢岩</td><td>2700</td></tr>
<tr><td rowspan="4">XV</td><td>安山岩、玄武岩、坚固的角页岩</td><td>3100</td><td rowspan="4">2000～2500</td><td rowspan="4">46.0</td><td rowspan="4">20～25</td></tr>
<tr><td>高硬度的辉绿岩和闪长岩</td><td>2900</td></tr>
<tr><td>坚固的辉长岩和石英岩</td><td>2800</td></tr>
<tr><td>拉长玄武岩和橄榄玄武岩</td><td>3300</td></tr>
<tr><td>XVI</td><td>特别坚固的辉长辉绿岩、石英石和玢岩</td><td>3300</td><td>大于 2500</td><td>大于 60</td><td>大于 25</td></tr>
</table>

2. 定额工程量计算说明

1）干、湿土的划分首先以地质勘查资料为准，含水率≥25%为湿土；或以地下常水位为准，常水位以上为干土，以下为湿土。挖湿土时，人工和机械乘以系数 1.18，干、湿土工程量分别计算。采用井点降水的土方应按干土计算。

2）人工夯实土堤、机械夯实土堤执行本章人工填土夯实平地、机械填土夯实平地子目。

3）挖土机在垫板上作业，人工和机械乘以系数 1.25，搭拆垫板的人工、材料和辅机摊销费另行计算。

4）推土机推土或铲运机铲土的平均土层厚度小于 30cm 时，其推土机台班乘以系数 1.25，铲运机台班乘以系数 1.17。

5）在支撑下挖土，按实挖体积，人工乘以系数 1.43，机械乘以系数 1.20。先开挖后支撑的不属支撑下挖土。

6）挖密实的钢渣，按挖四类土人工乘以系数 2.50，机械乘以系数 1.50。

7）0.2m^3抓斗挖土机挖土、淤泥、流砂按 0.5m^3抓铲挖掘机挖土、淤泥、流砂定额消耗量乘以系数 2.50 计算。

8）自卸汽车运土，如是反铲挖掘机装车，则自卸汽车运土台班数量乘以系数 1.10；拉铲挖掘机装车，自卸汽车运土台班数量乘以系数 1.20。

9）石方爆破按炮眼法松动爆破和无地下渗水积水考虑，防水和覆盖材料未在定额内。采用火雷管可以换算，雷管数量不变，扣除胶质导线用量，增加导火索用量，导火索长度按每个雷管 2.12m 计算。抛掷和定向爆破另行处理。打眼爆破若要达到石料粒径要求，则增加的费用另计。

10）定额不包括现场障碍物清理，障碍物清理费用另行计算。弃土、石方的场地占用费按当地规定处理。

11）开挖冻土套拆除素混凝土障碍物子目乘以系数 0.8。

12）定额为满足环保要求而配备了洒水汽车在施工现场降尘，若实际施工中未采用洒水汽车降尘的，在结算中应扣除洒水汽车和水的费用。

3.1.3　土石方工程工程量计算常用数据

1. 大型土石方工程量计算

(1) 横截面计算法

1）常用横截面面积计算公式见表 3-11。

表 3-11　常用横截面面积计算公式

序号	图示	面积计算公式
1	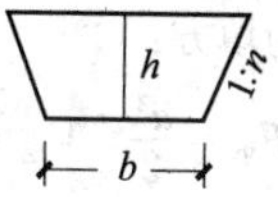	$F=h(b+nh)$
2	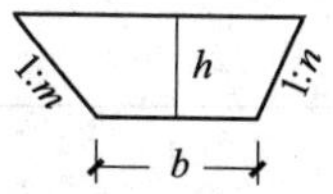	$F=h\left[b+\frac{h(m+n)}{2}\right]$
3	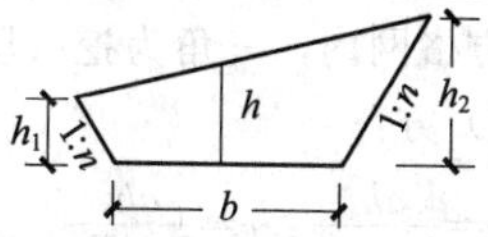	$F=b\frac{h_1+h_2}{2}+nh_1h_2$
4	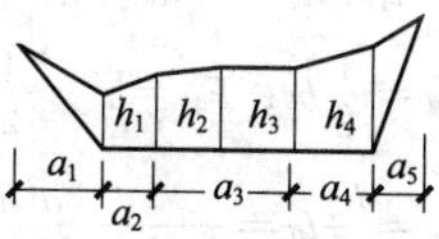	$F=h_1\frac{a_1+a_2}{2}+h_2\frac{a_2+a_3}{2}+h_3\frac{a_3+a_4}{2}+h_4\frac{a_4+a_5}{2}$
5	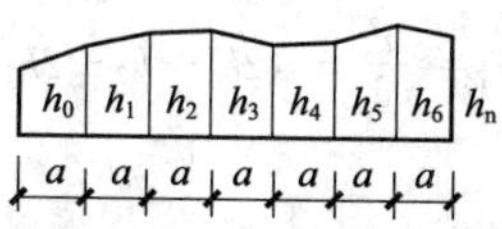	$F=\frac{a}{2}(h_0+2h+h_n)$ $h=h_1+h_2+h_3+h_4+\cdots+h_n$

2）计算土方量。根据截面面积计算土方量，公式为：

$$V=\frac{1}{2}(F_1+F_2)L \qquad (3\text{-}1)$$

式中 V——相邻两截面间的土方量（m^3）；

F_1，F_2——相邻两截面的挖（填）方截面积（m^2）；

L——相邻两截面间的间距（m）。

(2) 方格网计算法

1）常用方格网点计算公式见表 3-12。

表 3-12 常用方格网点计算公式

序号	图 示	计算方法
1	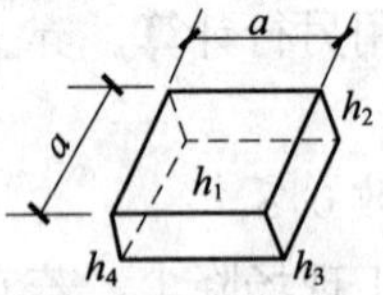	方格内四角全为挖方或填方： $V=\frac{a^2}{4}(h_1+h_2+h_3+h_4)$
2	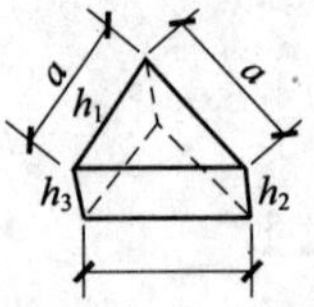	三角锥体，当三角锥体全为挖方或填方： $F=\frac{a^2}{2}$；$V=\frac{a^2}{6}(h_1+h_2+h_3)$
3	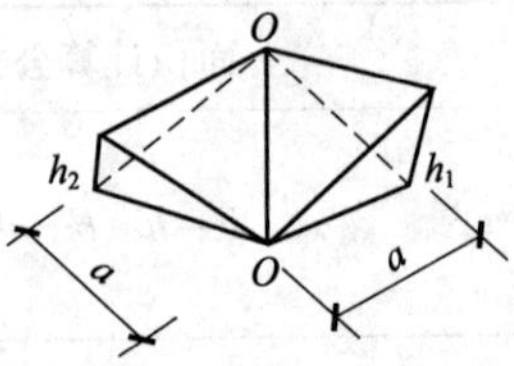	方格网内，一对角线为零线，另两角点一为挖方一为填方： $F_{挖}=F_{填}=\frac{a^2}{2}$ $V_{挖}=\frac{a^2}{6}h_1$；$V_{填}=\frac{a^2}{6}h_2$
4	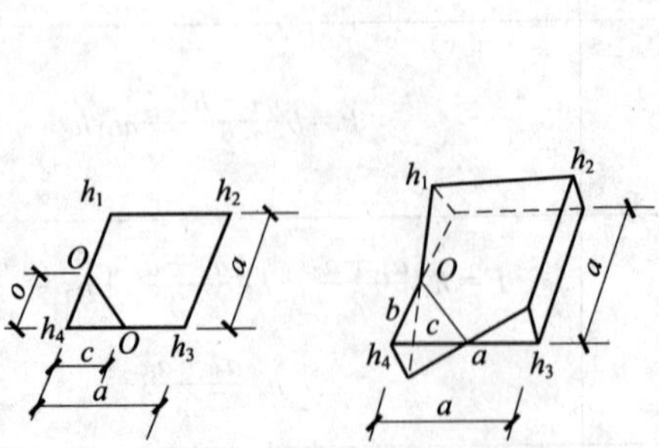	方格网内，三角为挖（填）方，一角为填（挖）方： $b=\frac{ah_4}{h_1+h_4}$；$c=\frac{ah_4}{h_3+h_4}$ $F_{填}=\frac{1}{2}bc$；$F_{挖}=a^2-\frac{1}{2}bc$ $V_{填}=\frac{h_4}{6}bc=\frac{a^2h_4^3}{6(h_1+h_4)(h_3+h_4)}$ $V_{挖}=\frac{a^2}{6}-(2h_1+h_2+2h_3-h_4)+V_{填}$

续表 3-12

序号	图　示	计算方法
5	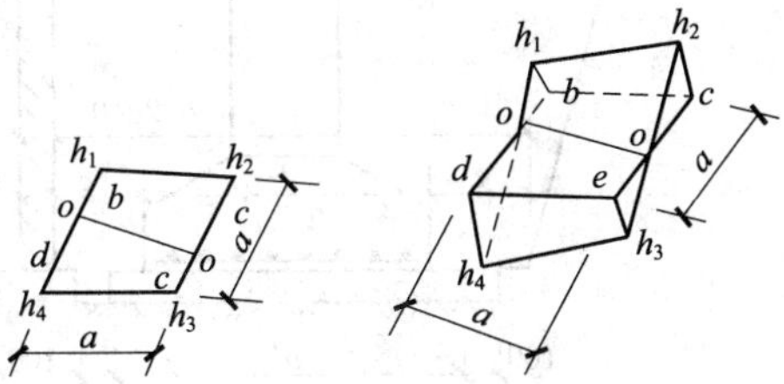	方格网内，两角为挖，两角为填： $b=\frac{ah_1}{h_1+h_4}$；$c=\frac{ah_2}{h_2+h_3}$　$d=a-b$；$c=a-e$ $F_{挖}=\frac{1}{2}(b+c)a$；$F_{填}=\frac{1}{2}(d+e)a$ $V_{挖}=\frac{a}{4}(h_1+h_2)\frac{b+c}{2}=\frac{a}{8}(b+c)(h_1+h_2)$ $V_{填}=\frac{a}{4}(h_3+h_4)\frac{d+e}{2}=\frac{a}{8}(d+e)(h_3+h_4)$

2）土方量计算。将计算出来的每个方格的挖填土方量汇总，即得该建筑场地挖、填的总土方量。

2. 挖沟槽土石方工程量计算

挖间槽土方工程工程量计算公示如下：

外墙沟槽：
$$V_{挖}=S_{断}L_{外中} \tag{3-2}$$

内墙沟槽：
$$V_{挖}=S_{断}L_{基底净长} \tag{3-3}$$

管道沟槽：
$$V_{挖}=S_{断}L_{中} \tag{3-4}$$

其中沟槽断面有如下形式：

(1) 钢筋混凝土基础有垫层

1）两面放坡沟槽断面形式如图 3-1 所示，其断面面积：

$$S_{断}=[(b+2\times0.3)+mh]h+(b'+2\times0.1)h' \tag{3-5}$$

2）不放坡无挡土板沟槽断面形式如图 3-2 所示，其断面面积：

$$S_{断}=(b+2\times0.3)h+(b'+2\times0.1)h' \tag{3-6}$$

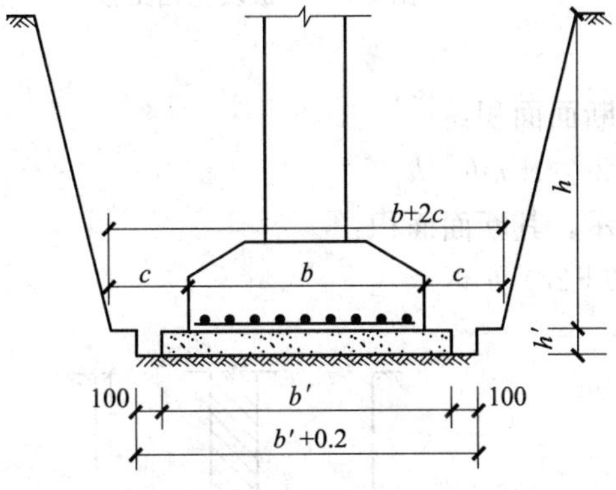

图 3-1　两面放坡

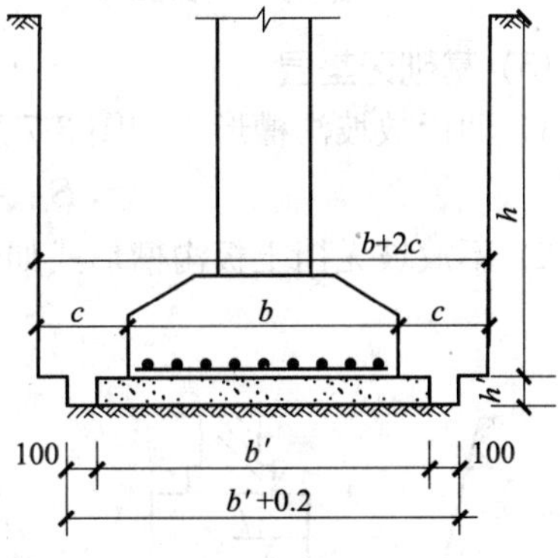

图 3-2　不放破无挡土板

3）不放坡加两面挡土板沟槽断面形式如图 3-3 所示，其断面面积：

$$S_{断}=(b+2\times0.3+2\times0.1)h+(b'+2\times0.1)h' \tag{3-7}$$

4）一面放坡一面挡土板沟槽形式如图 3-4 所示，其断面面积：

$$S_{断}=(b+2\times0.3+0.1+0.5mh)h+(b'+2\times0.1)h' \tag{3-8}$$

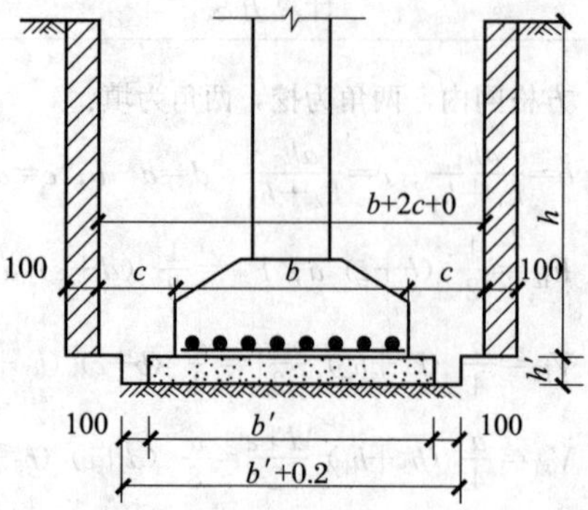

图 3-3 不放坡加两面挡土板

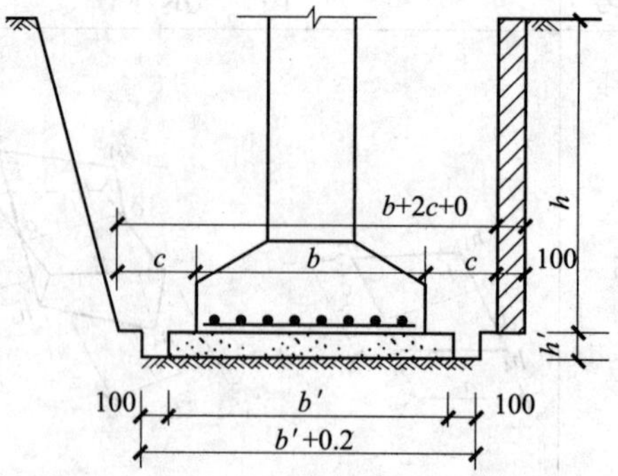

图 3-4 一面放坡一面挡土板

(2) 基础有其他垫层

1) 两面放坡沟槽形式如图 3-5 所示，其断面面积：

$$S_{断}=(b'+mh)+b'h' \tag{3-9}$$

2) 不放坡无挡土板沟槽形式如图 3-6 所示，其断面面积：

$$S_{断}=b'(h+h') \tag{3-10}$$

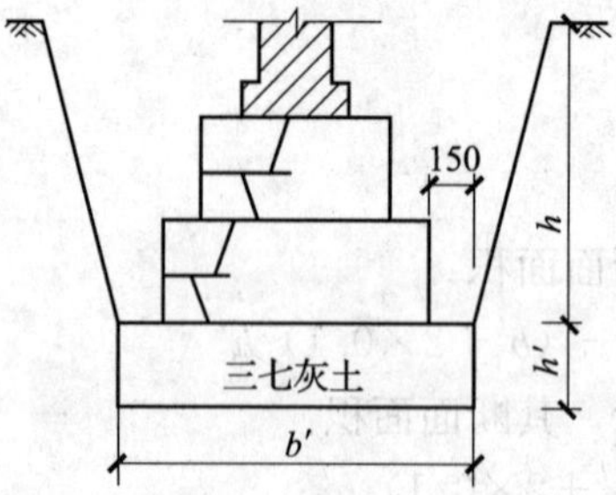

图 3-5 两面放坡

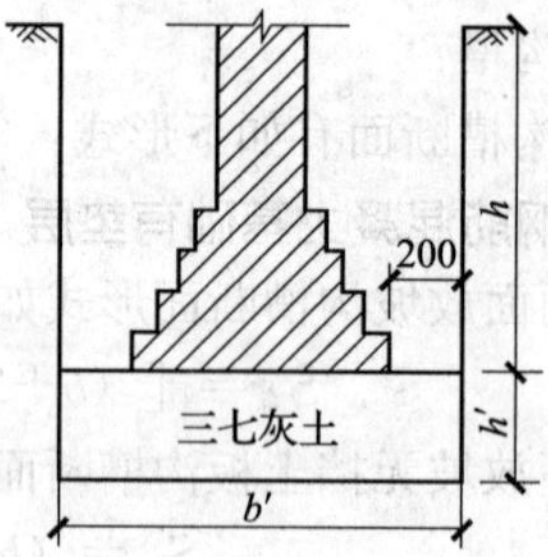

图 3-6 不放坡无挡土板

(3) 基础无垫层

1) 两面放坡沟槽形式如图 3-7 所示，其断面面积：

$$S_{断}=[(b+2c)+mh]h \tag{3-11}$$

2) 不放坡无挡土板沟槽形式如图 3-8 所示，其断面面积：

$$S_{断}=(b+2c)h \tag{3-12}$$

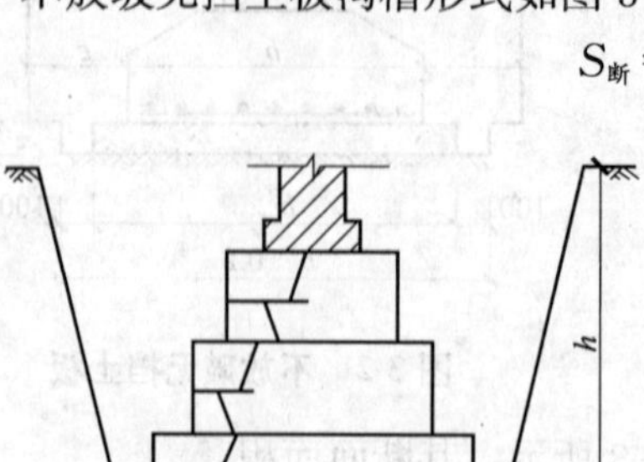

图 3-7 两面放坡

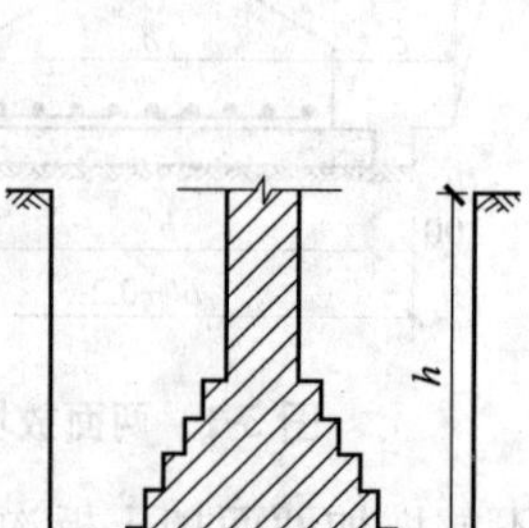

图 3-8 不放坡无挡土板

3）不放坡加两面挡土板沟槽形式如图 3-9 所示，其断面面积：

$$S_{断} = (b+2c+2\times0.1)h \tag{3-13}$$

4）一面放坡一面挡土板沟槽形式如图 3-10 所示，其断面面积：

$$S_{断} = (b+2c+0.1+0.5mh)h \tag{3-14}$$

式中　$S_{断}$——沟槽断面面积（m^2）；

m——放坡系数；

c——工作面宽度（m）；

h——从室外设计地面至基础底深度，即垫层上基槽开挖深度（m）；

h'——基础垫层高度（m）；

b——基础底面宽度（m）；

b'——垫层宽度（m）。

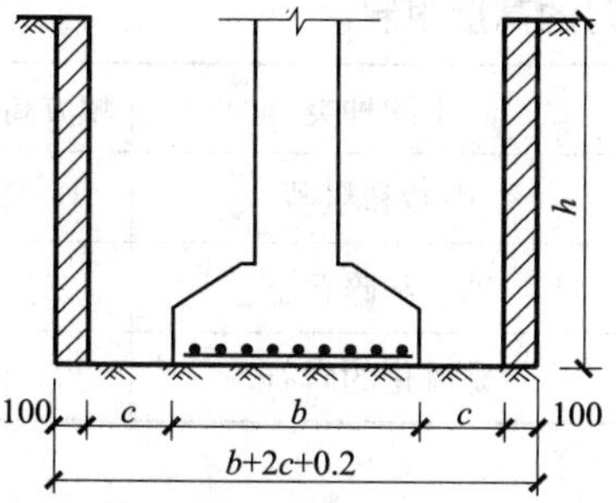

图 3-9　不放坡加两面挡土板

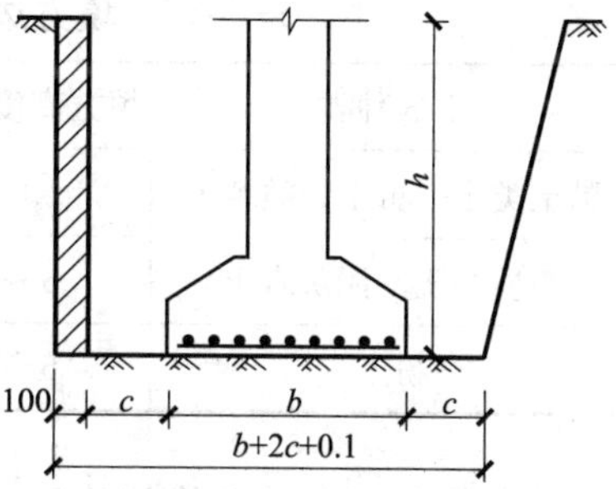

图 3-10　一面放坡一面加挡土板

3. 边坡土方工程量计算

为了保持土体的稳定和施工安全，挖方和填方的周边都应修筑成适当的边坡。边坡的表示方法如图 3-11（a）所示。图中的 m 为边坡底的宽度 b 与边坡高度 h 的比，称为坡度系数。当边坡高度 h 为已知时，所需边坡底宽 b 即等于 mh（$1:m=h:b$）。若边坡高度较大，可在满足土体稳定的条件下，根据不同的土层及其所受的压力，将边坡修筑成折线形，如图 3-11（b）所示，以减小土方工程量。

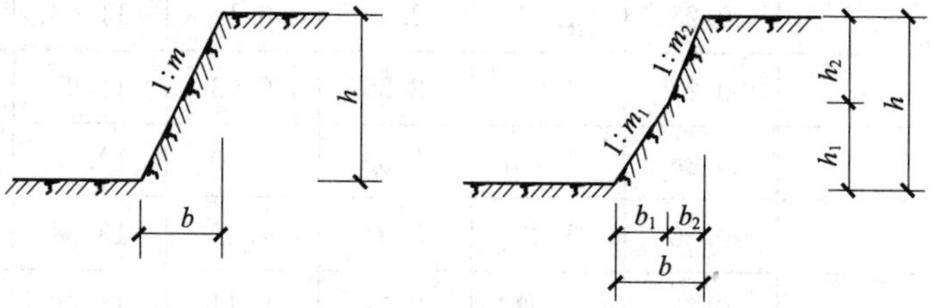

（a）直线形边坡坡度表示方法　（b）折线形边坡坡度表示方法

图 3-11　土体边坡表示方法

边坡的坡度系数（边坡宽度：边坡高度）根据不同的填挖高度（深度）、土的物理性质和工程的重要性，在设计文件中应有明确的规定。常用的挖方边坡坡度和填方高度限值，见表 3-13 和表 3-14。

表 3-13 水文地质条件良好时永久性土工构筑物挖方的边坡坡度

项次	挖方性质	边坡坡度
1	在天然湿度、层理均匀，不易膨胀的黏土、粉质黏土、粉土和砂土（不包括细砂、粉砂）内挖方，深度不超过 3m	1∶1～1∶1.25
2	土质同上，深度为 3～12m	1∶1.25～1∶1.50
3	干燥地区内土质结构未经破坏的干燥黄土及类黄土，深度不超过 12m	1∶0.1～1∶1.25
4	在碎石和泥灰岩土内的挖方，深度不超过 12m，根据土的性质、层理特性和挖方深度确定	1∶0.5～1∶1.5

表 3-14 填方边坡为 1∶1.5 时的高度限制

项次	土的种类	填方高度（m）	项次	土的种类	填方高度（m）
1	黏土类土、黄土、类黄土	6	4	中砂和粗砂	10
2	粉质黏土、泥灰岩土	6～7	5	砾石和碎石土	10～12
3	粉土	6～8	6	易风化的岩石	12

4. 地坑放坡时四角的角锥体体积

地坑放坡时四角的角锥体体积表见表 3-15。

表 3-15 地坑放坡时四角的角锥体体积表

放坡系数 k / 坑深 h（m）	0.10	0.25	0.33	0.5	0.67	0.75	1.00
4.00	0.21	1.33	2.32	5.33	9.58	12.00	21.33
4.10	0.23	1.44	2.50	5.74	10.31	12.92	22.97
4.20	0.25	1.54	2.69	6.17	11.09	13.89	24.69
4.30	0.27	1.66	2.89	6.63	11.91	14.91	26.50
4.40	0.28	1.78	3.09	7.10	12.75	15.97	28.39
4.50	0.30	1.90	3.31	7.59	13.64	17.09	30.38
4.60	0.32	2.03	3.53	8.11	14.56	18.25	32.45
4.70	0.35	2.16	3.77	8.65	15.54	19.47	34.61
4.80	0.37	2.30	4.01	9.22	16.55	20.74	36.86
4.90	0.39	2.45	4.27	9.80	17.60	22.06	39.21
5.00	0.42	2.60	4.54	10.42	18.70	23.44	41.67

3.1.4　土石方工程工程量计算与清单编制实例

【例 3-1】　某场地方格网如图 3-12 所示，方格边长 $a=40\text{m}$，试计算其土方量（三类土，填方密实度为 95%，余土运至 4km 处弃置）。

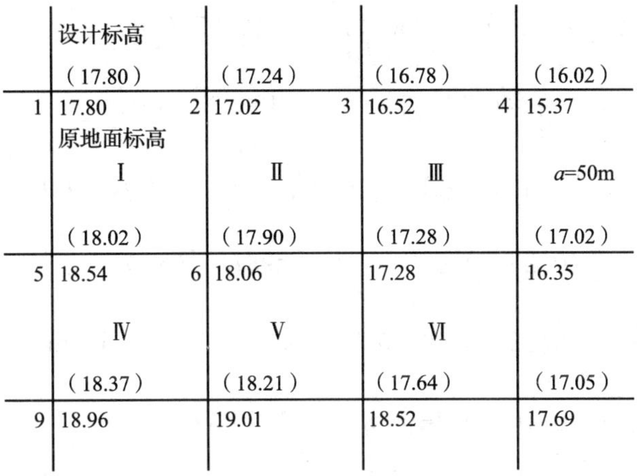

图 3-12　场地方格网坐标图

【解】

(1) 清单工程量

1) 计算施工高程（图 3-13）：施工高程＝地面实测标高-设计标高

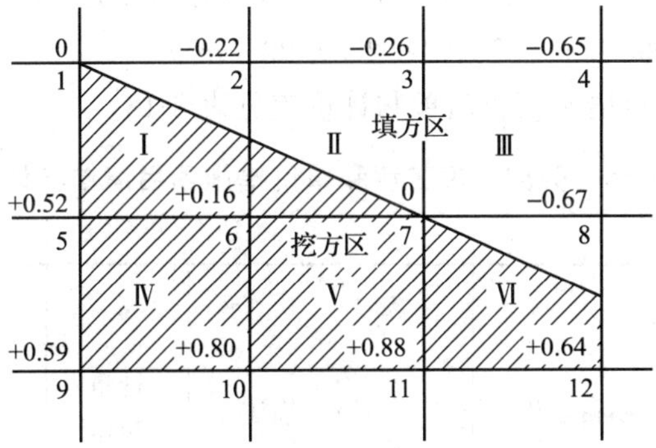

图 3-13　施工高程计算图

2) 确定零线，计算零点边长：

$$X=\frac{ah_1}{h_1+h_2}$$

方格Ⅵ中：$h_1=-0.67\text{m}$　$h_2=0.64\text{m}$　$a=50\text{m}$

代入公式 $x=\frac{50\times0.22}{0.22+0.16}=25.57\ (\text{m})$

$$a-x=50-25.57=24.43\ (\text{m})$$

方格Ⅰ中：$h_1=-0.22\text{m}$　$h_2=0.16\text{m}$　$a=50\text{m}$

代入公式 $x=\frac{50\times0.22}{0.22+0.16}=28.95$（m）

$$a-x=50-28.95=21.05\text{（m）}$$

3）计算土方量。

方格Ⅰ、Ⅱ底面为两个三角形：

①三角形 137：$V_{填}=\frac{1}{6}\times0.26\times50\times100=216.67$（$m^3$）

②三角形 157：$V_{挖}=\frac{1}{6}\times0.52\times50\times100=433.33$（$m^3$）

方格Ⅲ、Ⅳ、Ⅴ底面为正方形公式：$V=\frac{a^2}{4}(h_1+h_2+h_3+h_4)=\frac{a^2}{4}\sum h$

①Ⅲ：$V_{填}=\frac{50^2}{4}\times(0.26+0.65+0.67)=987.5$（$m^3$）

②Ⅳ：$V_{挖}=\frac{50^2}{4}\times(0.52+0.16+0.59+0.8)=1293.75$（$m^3$）

③Ⅴ：$V_{挖}=\frac{50^2}{4}\times(0.16+0.8+0.88)=1150$（$m^3$）

方格Ⅵ底面为一个三角形和一个梯形：

①三角形：$V_{填}=\frac{1}{6}\times0.67\times50\times25.57=142.77$（$m^3$）

②梯形：$V_{挖}=\frac{1}{8}\times(50+24.43)\times50\times(0.64+0.88)=707.09$（$m^3$）

4）全部挖方量：$\sum V_{挖}=433.33+1293.75+1150+707.09=3584.17$（$m^3$）

全部填方量：$\sum V_{填}=216.67+987.5+142.77=1346.94$（$m^3$）

余土弃运：$V=3584.17-1346.94=2237.23$（$m^3$）

分部分项工程和单价措施项目清单与计价表见表 3-16。

表 3-16 分部分项工程和单价措施项目清单与计价表

工程名称：

序号	项目编码	项目名称	项目特征描述	计量单位	工程量	金额（元）	
						综合单价	合价
1	040101001001	挖一般土方	三类土	m^3	3584.17		
2	040103001001	回填方	密实度	m^3	1346.94		
3	040103002001	余方弃置	运距	m^3	2237.23		

（2）定额工程量

定额工程量同清单工程量。

【例 3-2】　某管道沟槽如图 3-14 所示，管道长 146m，混凝土管管径 950mm，施工场地上层 1.5m 为四类土，下层为普通岩石地质，利用人工开挖，管道扣除土方体积表见表 3-17。求该管道沟槽的挖土石方工程量及回填土工程量。

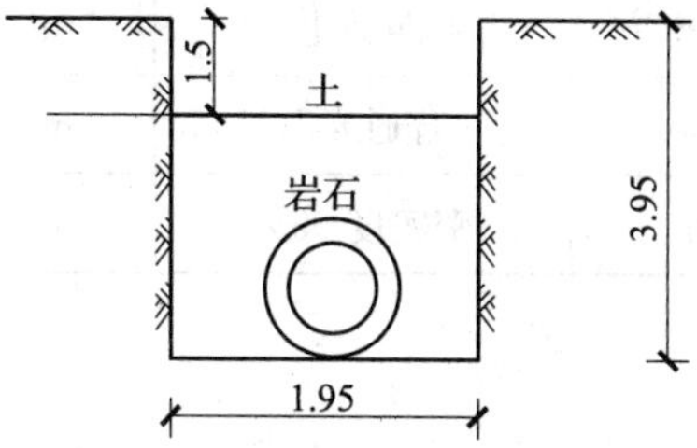

图 3-14　某管道沟槽断面图（m）

表 3-17　管道扣除土方体积表

管道名称	管道直径（mm）					
	500～600	601～800	801～1000	1001～1200	1201～1400	1401～1601
钢管	0.21	0.44	0.71	—	—	—
铸铁管	0.24	0.49	0.77	—	—	—
混凝土管	0.33	0.60	0.92	1.15	1.35	1.55

【解】

（1）清单工程量

1）挖土方工程量：

$$V_1=1.95\times1.5\times146=427.05\ (m^3)$$

2）挖石方工程量：

$$V_2=1.95\times(3.95-1.5)\times146=697.52\ (m^3)$$

则挖土石方总量为

$$V=V_1+V_2=427.05+697.52=1124.57\ (m^3)$$

3）填土工程量：

查表 3-17 得 $DN950$ 混凝土管体积为每米 0.92m³。

则回填土工程量：

$$V'=1124.57-0.92\times146=990.25\ (m^3)$$

分部分项工程和单价措施项目清单与计价表见表 3-18。

表 3-18 分部分项工程和单价措施项目清单与计价表

工程名称：

序号	项目编码	项目名称	项目特征描述	计量单位	工程量	金额（元）	
						综合单价	合价
1	040101002001	挖沟槽土方	四类土	m^3	427.05		
2	040102002001	挖沟槽石方	普通岩石	m^3	697.52		
3	040103001001	填方	密实度 95%	m^3	990.25		

（2）定额工程量

1）挖土方工程量：

$$V_1=427.05\times1.075=459.08\ (m^3)$$

2）挖石方工程量：

根据规定，普通岩石的允许超挖厚度为 0.20m，则

$$V_2=(1.95+0.20\times2)\times(3.95-1.5)\times146=840.60\ (m^3)$$

则挖土石方工程总量为：

$$V=459.08+840.60=1299.68\ (m^3)$$

3）填土工程量：

$$V'=1299.68-0.92\times146=1165.36\ (m^3)$$

【例 3-3】 某市涵洞工程尺寸示意图如图 3-15～图 3-17 所示。工程所在地土壤为潮湿而松散的黄土，不需考虑地下水，基坑开挖，多余的土方运至 2km 处弃置，试计算该涵洞工程土方清单工程量。

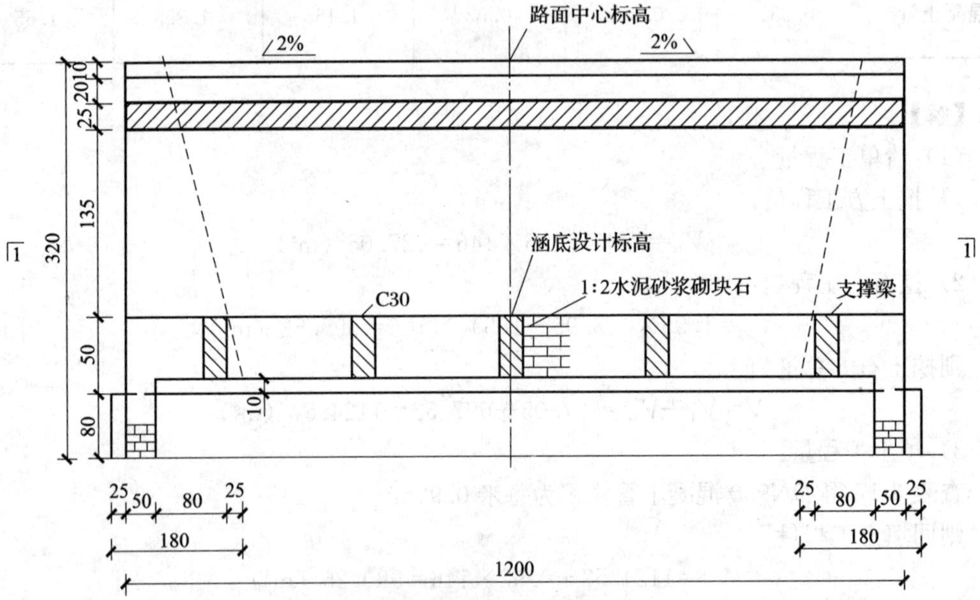

图 3-15 涵洞洞身纵断面（cm）

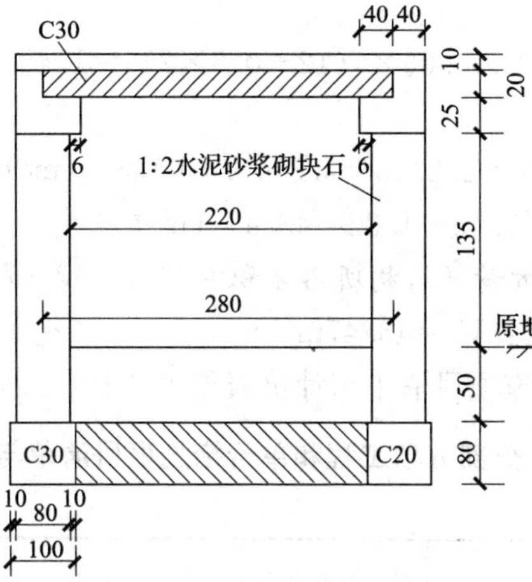

图 3-16 涵洞中部断面

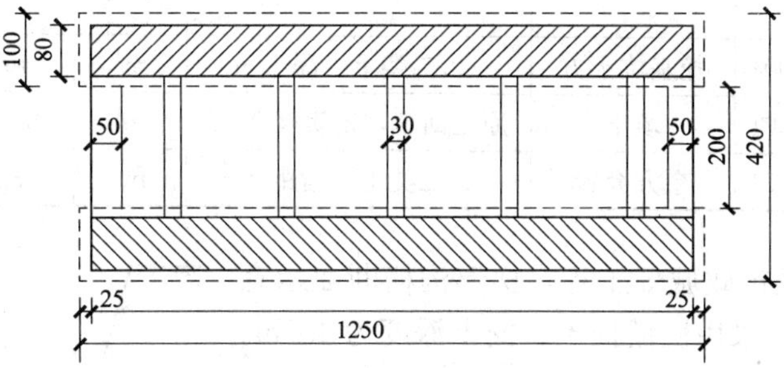

图 3-17 1-1 剖面（cm）

【解】

(1) 挖基坑土方（一、二类土，挖深 1.3m）

如图所示，该涵洞有五个支撑梁，采用 1：2 水泥砂浆砌块石，标准跨径为 2.8m，净跨径为 2.20m，C30 混凝土台帽，C30 混凝土现浇支撑梁。

1）涵台基坑挖土量：

$$V_1=12.5\times1.00\times1.30\times2=32.5\ (m^3)$$

2）铺砌基坑挖土量：

$$V_2=12\times(2.2-0.1\times2)\times1.30-(12-0.5\times2)\times(2.2-0.1\times2)\times0.8$$
$$=13.6\ (m^3)$$

合计：$V=(32.5+13.6)=46.1\ (m^3)$

(2) 基坑回填（原土回填密实度达到 95%）

1）基础所占体积（现浇 C30 混凝土基础）：

$$V_1=1\times0.8\times(12+2\times0.25)\times2=20\ (m^3)$$

2）铺砌所占体积（1：2 水泥砂浆砌块石）：

$$V_2=12\times2.2\ (0.5-0.44)\ -0.3\times0.40\times2.2\times5+0.5\times0.8\times2\times2=11.1\ (m^3)$$

3）台身所占体积：

$$V_3=12\times0.8\times0.5\times2=9.6\ (m^3)$$

4）砂垫层所占体积：

$$V_4 = 2.2\times0.06\times(12-0.5\times2)=1.45\ (m^3)$$

5）座支撑所占体积：

$$V_5 = 2.2\times5\times0.3\times0.4=1.32\ (m^3)$$

合计：$11.1+20+9.6+1.45+1.32=43.47\ (m^3)$

回填土方＝挖方量－结构所占体积＝$46.1-43.47=2.63\ (m^3)$

6）余土外运土方工程量：$V_6=43.47m^3$

分部分项工程和单价措施项目清单与计价表见表 3-19。

表 3-19 分部分项工程和单价措施项目清单与计价表

工程名称：

序号	项目编码	项目名称	项目特征描述	计量单位	工程量	金额（元）	
						综合单价	合价
1	040101003001	挖基坑土方	一、二类土，深 1.3m	m^3	46.1		
2	040103001001	填土	原土回填，密实度 95%	m^3	2.63		
3	040103002001	余方弃置	一、二类土，运距 2km	m^3	43.47		

【例 3-4】 某市政城郊工程，梯形沟槽断面示意图如图 3-18 所示，采用机械挖土。挖土深度为 4.5m。管径为 1200mm。排管长度为 600m。求该工程中的土石方工程部分的工程量（填土密实度 95%）。

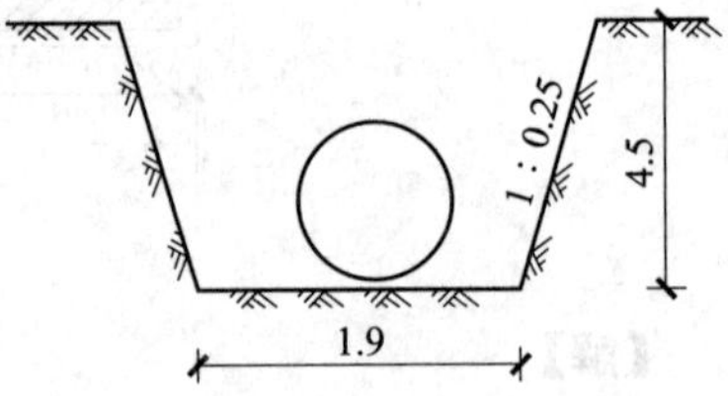

图 3-18 沟槽断面图（m）

【解】

（1）清单工程量

1）挖沟槽土方：

$$V_1=(1.9+4.5\times0.25\times2)\times600\times4.5=11205\ (m^3)$$

2）回填方：

$$V_3=\left[11205-\pi\left(\frac{1}{2}\right)^2\times600\right]=10734\ (m^3)$$

分部分项工程和单价措施项目清单与计价表见表 3-20。

表 3-20 分部分项工程和单价措施项目清单与计价表

工程名称：

序号	项目编码	项目名称	项目特征描述	计量单位	工程量	金额（元）	
						综合单价	合价
1	040101002001	挖沟槽土方	四类土，深 4.5m	m^3	11205		
2	040103001001	回填方	密实度 95%	m^3	10734		

（2）定额工程量

1）梯形沟槽挖土体积：

$$V_{wt}=L\times(b+H\times f)\times H\times 1.025$$

$$V_1=600\times(1.9+4.5\times 0.25)\times 4.5\times 1.025=8371.69\ (m^3)$$

2）梯形沟槽湿土排水体积：

$$V_{st}=L\times[b+(H-h)\times f]\times(H-h)\times 1.025$$

$$V_2=600\times[1.9+(4.5-1.2)\times 0.25]\times(4.5-1.2)\times 1.025=5530.39\ (m^3)$$

3）回填土工程量：

$$V_3=8371.69-\pi\left(\frac{1}{2}\right)^2\times 600=7900.69\ (m^3)$$

【例 3-5】　某排水工程，采用钢筋混凝土承插管，管径 $\phi600$。管道长度 100m，土方开挖深度平均为 3m，回填至原地面标高，余土外运。土方类别为三类土，采用人工开挖及回填，回填压实率为 95%（图 3-19）。试根据以下要求列出该管道土方工程的分部分项工程量清单。

（1）沟槽土方因工作面和放坡增加的工程量，并入清单土方工程量中：

（2）暂不考虑检查井等所增加土方的因素：

（3）混凝土管道外径为 $\phi720$，管道基础（不合垫层）每米混凝土工程量为 $0.227m^3$。

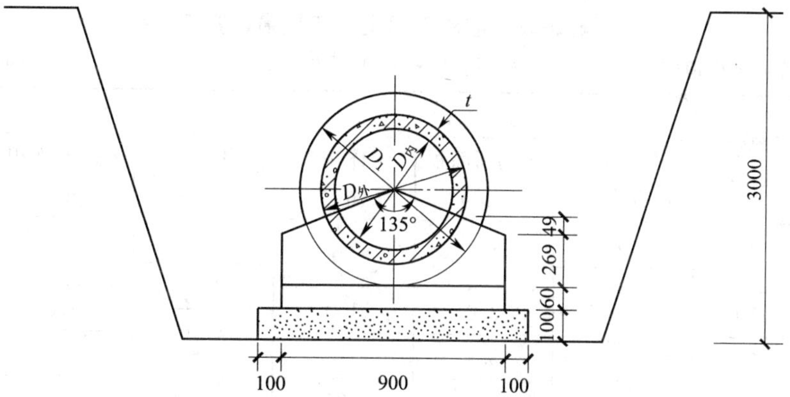

图 3-19　实例工程图

【解】

（1）挖沟槽土方：

$$(0.9+0.5\times 2+0.33\times 3)\times 3\times 100=867\ (m^3)$$

（2）回填方：

$$867-74.42=792.58\ (m^3)$$

（3）余方弃置：

$$(1.1\times 0.1+0.227+3.1416\times 0.36\times 0.36)\times 100=74.42\ (m^3)$$

分部分项工程和单价措施项目清单与计价表见表 3-21。

表 3-21 分部分项工程和单价措施项目清单与计价表

工程名称：某排水工程

序号	项目编码	项目名称	项目特征描述	计量单位	工程量	金额（元）	
						综合单价	合价
1	040101002001	挖沟槽土方	1. 土壤类别：三类土 2. 挖土深度：平均 3m	m^2	867		
2	040103001001	回填方	1. 密实度要求：95% 2. 填方材料品种：原土回填 3. 填方来源、运距：就地回填	m^2	792.58		
3	040103002001	余方弃置	1. 废弃料品种：土方 2. 运距：由投标单位自行考虑	m^2	74.42		

【例 3-6】 某市政道路整修工程，全长为 600m，路面修筑路宽度为 14m，路肩各宽 1m，土质为四类，余方运至 5km 处弃置点，填方要求密实度达到 95%。道路工程土方计算表见表 3-22。试编制土石方工程综合单价计算表。

表 3-22 道路工程土方工程量计算表

工程名称：某市道路工程　　标段：K0+000～K0+600　　第　页　共　页

桩号	距离（m）	挖土			填土		
		断面积（m^2）	平均断面积（m^2）	体积（m^3）	断面积（m^2）	平均断面积（m^2）	体积（m^3）
0+000		0			3.00		
	50		1.5	75		3.2	160
0+050		3.00			3.40		
	50		3.0	150		4.0	200
0+100		3.00			4.60		
	50		3.4	170		4.5	225
0+150		3.80			4.40		
	50		3.6	180		5.2	260
0+200		3.40			6.00		
	50		4.0	200		5.2	260
0+250		3.60			4.40		
	50		4.4	220		6.2	310
0+300		4.20			8.00		
	50		4.6	230		6.6	330
0+350		5.00			5.20		
	50		5.1	255		8.1	405
0+400		5.20			11.00		
	50		6.0	300			
0+450		6.80					
	50		4.8	240			
0+500		2.80					
	50		2.4	120			
0+550		2.00					
	50		6.8	340			
0+600		11.60					
合计				2480			2150

【解】

(1) 工程量清单编制

根据道路土方工程量计算表我们可以看到土方平衡后，有 330m²需要余土弃置。现编制表 3-23 所示的道路土方工程分部分项工程量清单与计价表。

表 3-23 分部分项工程和单价措施项目清单与计价表

工程名称：某市道路工程　　标段：K0+000～K0+600　　第 页 共 页

序号	项目编号	项目名称	项目特征描述	计量单位	工程数量	金额（元）		
						综合单价	合价	其中 暂估价
1	040101001001	挖一般土方	四类土	m^3	2480			
2	040103001001	填方	密实度 95%	m^3	2150			
3	040103002001	余方弃置	运距：5km	m^3	330			
合 计								

(2) 工程量清单计价

施工方案如下：

1) 挖土数量不大，拟用人工挖土。

2) 土方平衡部分场内运输考虑用手推车运土，从道路工程土方计算表中可看出运距在 200m 内。

3) 余方弃置拟用人工装车，自卸汽车运输。

4) 路基填土压实拟用路基碾压、碾压厚度每层不超过 30cm，并分层检验密实度，达到要求的密实度后再填筑上一层。

5) 路床碾压为保证质量按路面宽度每边加宽 30cm，路床碾压面积为：

$$(14+0.6)\times600=8760\ (m^2)。$$

6) 路肩整形碾压面积为：$2\times600=1200\ (m^2)$。

参照定额及管理费、利润的取定如下：

1) 定额拟按《全国统一市政工程预算定额》计取。

2) 管理费按直接费的 10%考虑，利润按直接费的 5%考虑。

工程量清单综合单价分析表见表 3-24～表 3-26，分部分项工程量清单与计价表见表 3-27。

表 3-24 综合单价分析表

工程名称：某市道路工程　　标段：K0＋000～K0＋600　　第 页 共 页

项目编码	040101001001	项目名称	挖一般土石方（四类土）			计量单位	m^3	工程量		2480	
清单综合单价组成明细											
定额编号	定额项目名称	定额单位	数量	单价				合价			
				人工费	材料费	机械费	管理费和利润	人工费	材料费	机械费	管理费和利润
1-3	人工挖路槽土方（四类土）	$100m^3$	0.01	1129.34	—	—	169.40	11.29	—	—	1.69
1-45	双轮斗车运土（运距50m以内）	$100m^3$	0.01	431.65	—	—	64.75	4.32	—	—	0.65
1-46	双轮斗车运土（增运距150m）	$100m^3$	0.01	85.39	—	—	20.27	2.56	—	—	0.61
人工单价		小计						18.17	—	—	2.95
22.47元/工日		未计价材料费						—			
清单项目综合单价								21.12			

注：“数量”栏为“投标方工程量÷招标方工程量÷定额单位数量”，如“0.01”为“2480÷2480÷100”。

表 3-25 综合单价分析表

工程名称：某市道路工程　　标段：K0＋000～K0＋600　　第 页 共 页

项目编码	040103001001	项目名称	填方（密实度95%）		计量单位		m^3		工程量		2150
清单综合单价组成明细											
定额编号	定额项目名称	定额单位	数量	单价				合价			
				人工费	材料费	机械费	管理费和利润	人工费	材料费	机械费	管理费和利润
1-359	填土压路机碾压（密实度95%）	$1000m^3$	0.001	134.82	6.75	1803.45	291.75	0.13	0.01	1.80	0.29
2-1	路床碾压检验	$100m^2$	0.035	8.09	—	73.69	12.27	0.28	—	2.58	0.43
2-2	路肩整形碾压	$100m^2$	0.006	38.65	—	7.91	6.98	0.23	—	0.05	0.04
人工单价		小计						0.64	0.01	4.43	0.76
22.47元/工日		未计价材料费						—			
清单项目综合单价								5.84			

注：“数量”栏为“投标方工程量÷招标方工程量÷定额单位数量”，如“0.01”为“2150÷2150÷100”。

表 3-26　综合单价分析表

工程名称：某市道路工程　　标段：K0＋000～K0＋600　　第　页　共　页

项目编码	040103001001	项目名称	余方弃置（运距 5km）	计量单位	m^3	工程量	330				
清单综合单价组成明细											
定额编号	定额项目名称	定额单位	数量	单价				合价			
				人工费	材料费	机械费	管理费和利润	人工费	材料费	机械费	管理费和利润
1-49	人工装汽车（土方）	$100m^3$	0.01	370.76	—	—	55.614	3.70	—	—	0.56
1-272	自卸汽车运土（运距 5km）	$1000m^3$	0.001	—	5.40	10691.79	1604.58	—	0.01	10.70	1.60
人工单价		小　计						3.70	0.01	10.70	2.16
22.47 元/工日		未计价材料费						—			
清单项目综合单价								16.57			

注：“数量”栏为“投标方工程量÷招标方工程量÷定额单位数量”，如“0.01”为“330÷330÷100”。

表 3-27　分部分项工程和单价措施项目清单与计价表

工程名称：某市道路工程　　标段：K0＋000～K0＋600　　第　页　共　页

序号	项目编号	项目名称	项目特征描述	计量单位	工程数量	金额（元）		
						综合单价	合价	其中
								暂估价
1	040101001001	挖一般土方	四类土	m^3	2480	21.12	52377.60	
2	040103001001	填方	密实度 95％	m^3	2150	5.84	12556.00	
3	040103002001	余方弃置	运距：5km	m^3	330	16.57	5468.10	
合　计							70401.70	

3.2　道路工程工程量计算及清单编制实例

3.2.1　道路工程清单工程量计算规则

1. 路基处理

路基处理工程量清单项目设置、项目特征描述的内容、计量单位及工程量计算规则，应按表3-28的规定执行。

表3-28　路基处理（编码：040201）

项目编码	项目名称	项目特征	计量单位	工程量计算规则	工程内容
040201001	预压地基	1. 排水竖井种类、断面尺寸、排列方式、间距、深度 2. 预压方法 3. 预压荷载、时间 4. 砂垫层厚度			1. 设置排水竖井、盲沟、滤水管 2. 铺设砂垫层、密封膜 3. 堆载、卸载或抽气设备安拆、抽真空 4. 材料运输
040201002	强夯地基	1. 夯击能量 2. 夯击遍数 3. 地耐力要求 4. 夯填材料种类	m^2	按设计图示尺寸以加固面积计算	1. 铺设夯填材料 2. 强夯 3. 夯填材料运输
040201003	振冲密实（不填料）	1. 地层情况 2. 振密深度 3. 孔距 4. 振冲器功率			1. 振冲加密 2. 泥浆运输
040201004	掺石灰	含灰量			1. 掺石灰 2. 夯实
040201005	掺干土	1. 密实度 2. 掺土率			1. 掺干土 2. 夯实
040201006	掺石	1. 材料品种、规格 2. 掺石率	m^3	按设计图示尺寸以体积计算	1. 掺石 2. 夯实
040201007	抛石挤淤	材料品种、规格			1. 抛石挤淤 2. 填塞垫平、压实

续表 3-28

项目编码	项目名称	项目特征	计量单位	工程量计算规则	工程内容
040201008	袋装砂井	1. 直径 2. 填充料品种 3. 深度	m	按设计图示尺寸以长度计算	1. 制作砂袋 2. 定位沉管 3. 下砂袋 4. 拔管
040201009	塑料排水板	材料品种、规格			1. 安装排水板 2. 沉管插板 3. 拔管
040201010	振冲桩（填料）	1. 地层情况 2. 空桩长度、桩长 3. 桩径 4. 填充材料种类	1. m 2. m^3	1. 以米计量，按设计图示尺寸以桩长计算 2. 以立方米计量，按设计桩截面乘以桩长以体积计算	1. 振冲成孔、填料、振实 2. 材料运输 3. 泥浆运输
040201011	砂石桩	1. 地层情况 2. 空桩长度、桩长 3. 桩径 4. 成孔方法 5. 材料种类、级配		1. 以米计量，按设计图示尺寸以桩长（包括桩尖）计算 2. 以立方米计量，按设计桩截面乘以桩长（包括桩尖）以体积计算	1. 成孔 2. 填充、振实 3. 材料运输

续表 3-28

项目编码	项目名称	项目特征	计量单位	工程量计算规则	工程内容
040201012	水泥粉煤灰碎石桩	1. 地层情况 2. 空桩长度、桩长 3. 桩径 4. 成孔方法 5. 混合料强度等级	m	按设计图示尺寸以桩长（包括桩尖）计算	1. 成孔 2. 混合料制作、灌注、养护 3. 材料运输
040201013	深层水泥搅拌桩	1. 地层情况 2. 空桩长度、桩长 3. 桩截面尺寸 4. 水泥强度等级、掺量		按设计图示尺寸以桩长计算	1. 预搅下钻、水泥浆制作、喷浆搅拌提升成桩 2. 材料运输
040201014	粉喷桩	1. 地层情况 2. 空桩长度、桩长 3. 桩径 4. 粉体种类、掺量 5. 水泥强度等级、石灰粉要求		按设计图示尺寸以桩长计算	1. 预搅下钻、喷粉搅拌提升成桩 2. 材料运输
040201015	高压水泥旋喷桩	1. 地层情况 2. 空桩长度、桩长 3. 桩截面 4. 旋喷类型、方法 5. 水泥强度等级、掺量			1. 成孔 2. 水泥浆制作、高压旋喷注浆 3. 材料运输
040201016	石灰桩	1. 地层情况 2. 空桩长度、桩长 3. 桩径 4. 成孔方法 5. 掺和料种类、配合比		按设计图示尺寸以桩长（包括桩尖）计算	1. 成孔 2. 混合料制作、运输、夯填
040201017	灰土（土）挤密桩	1. 地层情况 2. 空桩长度、桩长 3. 桩径 4. 成孔方法 5. 灰土级配			1. 成孔 2. 灰土拌和、运输、填充、夯实
040201018	柱锤冲扩桩	1. 地层情况 2. 空桩长度、桩长 3. 桩径 4. 成孔方法 5. 桩体材料种类、配合比		按设计图示尺寸以桩长计算	1. 安拔套管 2. 冲孔、填料、夯实 3. 桩体材料制作、运输

续表 3-28

项目编码	项目名称	项目特征	计量单位	工程量计算规则	工程内容
040201019	地基注浆	1. 地层情况 2. 成孔深度、间距 3. 浆液种类及配合比 4. 注浆方法 5. 水泥强度等级、用量	1. m 2. m^3	1. 以米计量，按设计图示尺寸以深度计算 2. 以立方米计量，按设计图示尺寸以加固体积计算	1. 成孔 2. 注浆导管制作、安装 3. 浆液制作、压浆 4. 材料运输
040201020	褥垫层	1. 厚度 2. 材料品种、规格及比例	1. m^2 2. m^3	1. 以平方米计量，按设计图示尺寸以铺设面积计算 2. 以立方米计量，按设计图示尺寸以铺设体积计算	1. 材料拌和、运输 2. 铺设 3. 压实
040201021	土工合成材料	1. 材料品种、规格 2. 搭接方式	m^2	按设计图示尺寸以面积计算	1. 基层整平 2. 铺设 3. 固定
040201022	排水沟、截水沟	1. 断面尺寸 2. 基础、垫层：材料品种、厚度 3. 砌体材料 4. 砂浆强度等级 5. 伸缩缝填塞 6. 盖板材质、规格	m	按设计图示以长度计算	1. 模板制作、安装、拆除 2. 基础、垫层铺筑 3. 混凝土拌和、运输、浇筑 4. 侧墙浇捣或砌筑 5. 勾缝、抹面 6. 盖板安装
040201023	盲沟	1. 材料品种、规格 2. 断面尺寸			铺筑

注：1. 地层情况按表 3-2 和表 3-6 的规定，并根据岩土工程勘察报告按单位工程各地层所占比例（包括范围值）进行描述。对无法准确描述的地层情况，可注明由投标人根据岩土工程勘察报告自行决定报价。

2. 项目特征中的桩长应包括桩尖，空桩长度=孔深－桩长，孔深为自然地面至设计桩底的深度。

3. 如采用碎石、粉煤灰、砂等作为路基处理的填方材料时，应按土石方工程中“回填方”项目编码列项。

4. 排水沟、截水沟清单项目中，当侧墙为混凝土时，还应描述侧墙的混凝土强度等级。

2. 道路基层

道路基层工程量清单项目设置、项目特征描述的内容、计量单位及工程量计算规则，应按表 3-29 的规定执行。

表 3-29　道路基层（编码：040202）

项目编码	项目名称	项目特征	计量单位	工程量计算规则	工程内容
040202001	路床（槽）整形	1. 部位 2. 范围	m^2	按设计道路底基层图示尺寸以面积计算，不扣除各类井所占面积	1. 放样 2. 整修路拱 3. 碾压成型
040202002	石灰稳定土	1. 含灰量 2. 厚度		按设计图示尺寸以面积计算，不扣除各类井所占面积	1. 拌和 2. 运输 3. 铺筑 4. 找平 5. 碾压 6. 养护
040202003	水泥稳定土	1. 水泥含量 2. 厚度			
040202004	石灰、粉煤灰、土	1. 配合比 2. 厚度			
040202005	石灰、碎石、土	1. 配合比 2. 碎石规格 3. 厚度			
040202006	石灰、粉煤灰、碎（砾）石	1. 配合比 2. 碎（砾）石规格 3. 厚度			
040202007	粉煤灰	厚度			
040202008	矿渣				
040202009	砂砾石	1. 石料规格 2. 厚度			
040202010	卵石				
040202011	碎石				
040202012	块石				
040202013	山皮石				
040202014	粉煤灰三渣	1. 配合比 2. 厚度			
040202015	水泥稳定碎（砾）石	1. 水泥含量 2. 石料规格 3. 厚度			
040202016	沥青稳定碎石	1. 沥青品种 2. 石料规格 3. 厚度			

注：1. 道路工程厚度应以压实后为准。

2. 道路基层设计截面如为梯形时，应按其截面平均宽度计算面积，并在项目特征中对截面参数加以描述。

3. 道路面层

道路面层工程量清单项目设置、项目特征描述的内容、计量单位及工程量计算规则，应按表 3-30 的规定执行。

表 3-30　道路面层（编码：040203）

项目编码	项目名称	项目特征	计量单位	工程量计算规则	工程内容
040203001	沥青表面处治	1. 沥青品种 2. 层数	m²	按设计图示尺寸以面积计算，不扣除各种井所占面积，带平石的面层应扣除平石所占面积	1. 喷油、布料 2. 碾压
040203002	沥青贯入式	1. 沥青品种 2. 石料规格 3. 厚度			1. 摊铺碎石 2. 喷油、布料 3. 碾压
040203003	透层、黏层	1. 材料品种 2. 喷油量			1. 清理下承面 2. 喷油、布料
040203004	封层	1. 材料品种 2. 喷油量 3. 厚度			1. 清理下承面 2. 喷油、布料 3. 压实
040203005	黑色碎石	1. 材料品种 2. 石料规格 3. 厚度			1. 清理下承面 2. 拌和、运输 3. 摊铺、整型 4. 压实
040203006	沥青混凝土	1. 沥青品种 2. 沥青混凝土种类 3. 石料粒料 4. 掺和料 5. 厚度			1. 清理下承面 2. 拌和、运输 3. 摊铺、整型 4. 压实
040203007	水泥混凝土	1. 混凝土强度等级 2. 掺和料 3. 厚度 4. 嵌缝材料			1. 模板制作、安装、拆除 2. 混凝土拌和、运输、浇筑 3. 拉毛 4. 压痕或刻防滑槽 5. 伸缝 6. 缩缝 7. 锯缝、嵌缝 8. 路面养护

续表 3-30

<table>
<tr><th>项目编码</th><th>项目名称</th><th>项目特征</th><th>计量单位</th><th>工程量计算规则</th><th>工程内容</th></tr>
<tr><td>040203008</td><td>块料面层</td><td>1. 块料品种、规格
2. 垫层：材料品种、厚度、强度等级</td><td rowspan="2">m^2</td><td rowspan="2">按设计图示尺寸以面积计算，不扣除各种井所占面积，带平石的面层应扣除平石所占面积</td><td>1. 铺筑垫层
2. 铺砌块料
3. 嵌缝、勾缝</td></tr>
<tr><td>040203009</td><td>弹性面层</td><td>1. 材料品种
2. 厚度</td><td>1. 配料
2. 铺贴</td></tr>
</table>

注：水泥混凝土路面中传力杆和拉杆的制作、安装应按“钢筋工程”中相关项目编码列项。

4. 人行道及其他

人行道及其他工程量清单项目设置、项目特征描述的内容、计量单位及工程量计算规则，应按表 3-31 的规定执行。

表 3-31　人行道及其他（编码：040204）

<table>
<tr><th>项目编码</th><th>项目名称</th><th>项目特征</th><th>计量单位</th><th>工程量计算规则</th><th>工程内容</th></tr>
<tr><td>040202001</td><td>人行道整形碾压</td><td>1. 部位
2. 范围</td><td rowspan="3">m^2</td><td>按设计人行道图示尺寸以面积计算，不扣除侧石、树池和各类井所占面积</td><td>1. 放样
2. 碾压</td></tr>
<tr><td>040202002</td><td>人行道块料铺设</td><td>1. 块料品种、规格
2. 基础、垫层：材料品种、厚度
3. 图形</td><td rowspan="2">按设计图示尺寸以面积计算，不扣除各类井所占面积，但应扣除侧石、树池所占面积</td><td>1. 基础、垫层铺筑
2. 块料铺设</td></tr>
<tr><td>040202003</td><td>现浇混凝土人行道及进口坡</td><td>1. 混凝土强度等级
2. 厚度
3. 基础、垫层：材料品种、厚度</td><td>1. 模板制作、安装、拆除
2. 基础、垫层铺筑
3. 混凝土拌和、运输、浇筑</td></tr>
<tr><td>040202004</td><td>安砌侧（平、缘）石</td><td>1. 材料品种、规格
2. 基础、垫层：材料品种、厚度</td><td>m</td><td>按设计图示中心线长度计算</td><td>1. 开槽
2. 基础、垫层铺筑
3. 侧（平、缘）石安砌</td></tr>
</table>

续表 3-31

项目编码	项目名称	项目特征	计量单位	工程量计算规则	工程内容
040202005	现浇侧（平、缘）石	1. 材料品种 2. 尺寸 3. 形状 4. 混凝土强度等级 5. 基础、垫层：材料品种、厚度	m	按设计图示中心线长度计算	1. 模板制作、安装、拆除 2. 开槽 3. 基础、垫层铺筑 4. 混凝土拌和、运输、浇筑
040202006	检查井升降	1. 材料品种 2. 检查井规格 3. 平均升（降）高度	座	按设计图示路面标高与原有的检查井发生正负高差的检查井的数量计算	1. 提升 2. 降低
040202007	树池砌筑	1. 材料品种、规格 2. 树池尺寸 3. 树池盖面材料品种	个	按设计图示数量计算	1. 基础、垫层铺筑 2. 树池砌筑 3. 盖面材料运输、安装
040202008	预制电缆沟铺设	1. 材料品种 2. 规格尺寸 3. 基础、垫层：材料品种、厚度 4. 盖板品种、规格	m	按设计图示中心线长度计算	1. 基础、垫层铺筑 2. 预制电缆沟安装 3. 盖板安装

5. 交通管理设施

交通管理设施工程量清单项目设置、项目特征描述的内容、计量单位及工程量计算规则，应按表 3-32 的规定执行。

表 3-32　交通管理设施（编码：040205）

项目编码	项目名称	项目特征	计量单位	工程量计算规则	工程内容
040205001	人（手）孔井	1. 材料品种 2. 规格尺寸 3. 盖板材质、规格 4. 基础、垫层：材料品种、厚度	座	按设计图示数量计算	1. 基础、垫层铺筑 2. 井身砌筑 3. 勾缝（抹面） 4. 井盖安装

续表 3-32

项目编码	项目名称	项目特征	计量单位	工程量计算规则	工程内容
040205002	电缆保护管	1. 材料品种 2. 规格	m	按设计图示以长度计算	敷设
040205003	标杆	1. 类型 2. 材质 3. 规格尺寸 4. 基础、垫层：材料品种、厚度 5. 油漆品种	根	按设计图示数量计算	1. 基础、垫层铺筑 2. 制作 3. 喷漆或镀锌 4. 底盘、拉盘、卡盘及杆件安装
040205004	标志板	1. 类型 2. 材质、规格尺寸 3. 板面反光膜等级	块		制作、安装
040205005	视线诱导器	1. 类型 2. 材料品种	只		安装
040205006	标线	1. 材料品种 2. 工艺 3. 线型	1. m 2. m^2	1. 以米计量，按设计图示以长度计算 2. 以平方米计量，按设计图示尺寸以面积计算	1. 清扫 2. 放样 3. 画线 4. 护线
040205007	标记	1. 材料品种 2. 类型 3. 规格尺寸	1. 个 2. m^2	1. 以个计量，按设计图示数量计算 2. 以平方米计量，按设计图示尺寸以面积计算	
040205008	横道线	1. 材料品种 2. 形式	m^2	按设计图示尺寸以面积计算	
040205009	清除标线	清除方法			清除

续表 3-32

项目编码	项目名称	项目特征	计量单位	工程量计算规则	工程内容
0402050010	环形检测线圈	1. 类型 2. 规格、型号	个	按设计图示数量计算	1. 安装 2. 调试
0402050011	值警亭	1. 类型 2. 规格 3. 基础、垫层：材料品种、厚度	座	按设计图示数量计算	1. 基础、垫层铺筑 2. 安装
0402050012	隔离护栏	1. 类型 2. 规格、型号 3. 材料品种 4. 基础、垫层：材料品种、厚度	m	按设计图示以长度计算	1. 基础、垫层铺筑 2. 制作、安装
0402050013	架空走线	1. 类型 2. 规格、型号	m	按设计图示以长度计算	架线
0402050014	信号灯	1. 类型 2. 灯架材质、规格 3. 基础、垫层：材料品种、厚度 4. 信号灯规格、型号、组数	套	按设计图示数量计算	1. 基础、垫层铺筑 2. 灯架制作、镀锌、喷漆 3. 底盘、拉盘、卡盘及杆件安装 4. 信号灯安装、调试
0402050015	设备控制机箱	1. 类型 2. 材质、规格尺寸 3. 基础、垫层：材料品种、厚度 4. 配置要求	台	按设计图示数量计算	1. 基础、垫层铺筑 2. 安装 3. 调试
0402050016	管内配线	1. 类型 2. 材质 3. 规格、型号	m	按设计图示以长度计算	配线
0402050017	防撞筒（墩）	1. 材料品种 2. 规格、型号	个	按设计图示数量计算	制作、安装
0402050018	警示柱	1. 类型 2. 材料品种 3. 规格、型号	根	按设计图示数量计算	制作、安装
0402050019	减速垄	1. 材料品种 2. 规格、型号	m	按设计图示以长度计算	制作、安装
0402050020	监控摄像机	1. 类型 2. 规格、型号 3. 支架形式 4. 防护罩要求	台	按设计图示数量计算	1. 安装 2. 调试

续表 3-32

项目编码	项目名称	项目特征	计量单位	工程量计算规则	工程内容
0402050021	数码相机	1. 规格、型号 2. 立杆材质、形式 3. 基础、垫层：材料品种、厚度	套	按设计图示数量计算	1. 基础、垫层铺筑 2. 安装 3. 调试
0402050022	道闸机	1. 类型 2. 规格、型号 3. 基础、垫层：材料品种、厚度			
0402050023	可变信息情报板	1. 类型 2. 规格、型号 3. 立（横）杆材质、形式 4. 配置要求 5. 基础、垫层：材料品种、厚度			
0402050024	交通智能系统调试	系统类别	系统		系统调试

注：1. 本表清单项目如发生破除混凝土路面、土石方开挖、回填夯实等，应分别按“拆除工程”及“土石方工程”中相关项目编码列项。

2. 除清单项目特殊注明外，各类垫层应按其他相关项目编码列项。

3. 立电杆按“路灯工程”中相关项目编码列项。

4. 值警亭按半成品现场安装考虑，实际采用砖砌等形式的，按现行国家标准《房屋建筑与装饰工程工程量计算规范》GB 50854—2013 中相关项目编码列项。

5. 与标杆相连的，用于安装标志板的配件应计入标志板清单项目内。

3. 2. 2 道路工程定额工程量计算规则

1. 道路工程定额一般规定

1）《全国统一市政工程预算定额》GYD—302—1999“道路工程”（以下简称“道路工程定额”）。包括路床（槽）整形、道路基层、道路面层、人行道侧缘石及其他，共四章 350 个子目。

2）道路工程定额适用于城镇基础设施中的新建和扩建工程。

3）道路工程中的排水项目，按《全国统一市政工程预算定额》GYD—306—1999“排水工程”相应定额执行。

4）道路工程定额中的工序、人工、机械、材料等均系综合取定。除另有规定者外，均不得调整。

5）道路工程定额的多合土项目按现场拌和考虑，部分多合土项目考虑了厂拌，如采用厂拌集中拌和，所增加的费用可按各省、自治区、直辖市有关规定执行。

6）道路工程定额凡使用石灰的子目，均不包括消解石灰的工作内容。编制预算中，应先计算出石灰总用量，然后套用消解石灰子目。

2. 路床（槽）整形工程量计算

(1) 定额工程量计算说明

1）路床（槽）整形包括路床（槽）整形、路基盲沟、基础弹软处理、铺筑垫层料等共计 39 个子目。

2）路床（槽）整形项目的内容，包括平均厚度 10cm 以内的人工挖高填低、整平路床，使之形成设计要求的纵横坡度，并应经压路机碾压密实。

3）边沟成型，综合考虑了边沟挖土的土类和边沟两侧边坡培整面积所需的挖土、培土、修整边坡及余土抛出沟外的全过程所需人工。边坡所出余土弃运路基 50m 以外。

4）混凝土滤管盲沟定额中不含滤管外滤层材料。

5）粉喷桩定额中，桩直径取定 50cm。

(2) 定额工程量计算规则

道路工程路床（槽）碾压宽度计算应按设计车行道宽度另计两侧加宽值，加宽值的宽度由各省、自治区、直辖市自行确定，以利于路基的压实。

3. 道路基层工程量计算

(1) 定额工程量计算说明

1）道路基层包括各种级配的多合土基层共计 195 个子目。

2）石灰土基、多合土基、多层次铺筑时，其基础顶层需进行养护。养护期按 7d 考虑。其用水量已综合在顶层多合土养护定额内，使用时不得重复计算用水量。

3）各种材料的底基层材料消耗中不包括水的使用量，当作为面层封顶时如需加水碾压，加水量由各省、自治区、直辖市自行确定。

4）多合土基层中各种材料是按常用的配合比编制的，当设计配合比与定额不符时，有关的材料消耗量可由各省、自治区、直辖市另行调整，但人工和机械台班的消耗不得调整。

5）石灰土基层中的石灰均为生石灰的消耗量。土为松方用量。

6）道路基层中设有“每增减”的子目，适用于压实厚度 20cm 以内。压实厚度在 20cm 以上应按两层结构层铺筑。

(2) 定额工程量计算规则

1）道路工程路基应按设计车行道宽度另计两侧加宽值，加宽值的宽度由各省、自治区、直辖市自行确定。

2）道路工程石灰土、多合土养护面积计算，按设计基层、顶层的面积计算。

3）道路基层计算不扣除各种井位所占的面积。

4）道路工程的侧缘（平）石、树池等项目以“延米”计算，包括各转弯处的弧形长度。

4. 道路面层工程量计算

(1) 定额工程量计算说明

1）道路面层包括简易路面、沥青表面处治、沥青混凝土路面及水泥混凝土路面等 71 个子目。

2）沥青混凝土路面、黑色碎石路面所需要的面层熟料实行定点搅拌时，其运至作业面所需的运费不包括在该项目中，需另行计算。

3）水泥混凝土路面，综合考虑了前台的运输工具不同所影响的工效及有筋无筋等不同的工效。施工中无论有筋无筋及出料机具如何均不换算。水泥混凝土路面中未包括钢筋用量。如设计有筋时，套用水泥混凝土路面钢筋制作项目。

4）水泥混凝土路面均按现场搅拌机搅拌。如实际施工与定额不符时，由各省、自治区、直辖市另行调整。

5）水泥混凝土路面定额中，不含真空吸水和路面刻防滑槽。

6）喷洒沥青油料定额中，分别列有石油沥青和乳化沥青两种油料，应根据设计要求套用相应项目。

(2) 定额工程量计算规则

1）水泥混凝土路面以平口为准，如设计为企口时，其用工量按道路工程定额相应项目乘以系数1.01。木材摊销量按本定额相应项目摊销量乘以系数1.051。

2）道路工程沥青混凝土、水泥混凝土及其他类型路面工程量以设计长乘以设计宽计算（包括转弯面积），不扣除各类井所占面积。

3）伸缩缝以面积为计量单位。此面积为缝的断面积，即设计宽×设计厚。

4）道路面层按设计图所示面积（带平石的面层应扣除平石面积）以“m^2”计算。

5. 人行道侧缘石及其他工程量计算

(1) 定额工程量计算说明

1）人行道侧缘石及其他包括人行道板、侧石（立缘石）、花砖安砌等45个子目。

2）人行道侧缘石及其他所采用的人行道板、侧石（立缘石）、花砖等砌料及垫层如与设计不同时，材料量可按设计要求另计其用量，但人工不变。

(2) 定额工程量计算规则　人行道板、异型彩色花砖安砌面积计算按实铺面积计算。

3.2.3 道路工程工程量计算与清单编制实例

【例3-7】 某道路K0+000～K0+800为水泥混凝土结构，道路两边铺侧缘石，路面宽度为15m，且路基两侧分别加宽0.5m。道路沿线有雨水井、检查井分别为35座、25座，其中检查井与雨水井均与设计图示标高产生正负高差，道路结构图如图3-20所示，试计算工程量。

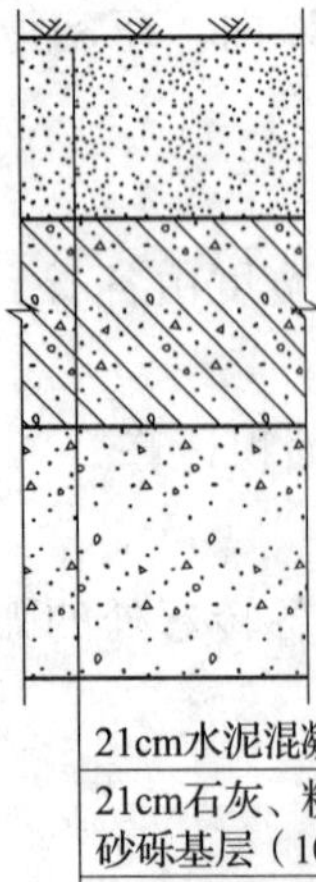

图3-20 道路结构图

【解】

(1) 清单工程量

1）卵石底基层面积：

$$800\times15=12000\ (m^2)$$

2）石灰、粉煤灰、沙砾基层面积：

$$800\times15=12000\ (m^2)$$

3）水泥混凝土面层面积：

$$800\times15=12000\ (m^2)$$

4）路缘石长度：

$$800\times2=1600\ (m)$$

5）雨水井与检查井的数量：60 座

分部分项工程和单价措施项目清单与计价表见表 3-33。

表 3-33 分部分项工程和单价措施项目清单与计价表

工程名称：

序号	项目编码	项目名称	项目特征描述	计量单位	工程量	金额（元）	
						综合单价	合价
1	040202009001	卵石	25cm 厚卵石底基层	m^2	12000		
2	040202006001	石灰、粉煤灰、砂砾	21cm 厚石灰、粉煤灰、砂砾基层（10：20：70）	m^2	12000		
3	040203005001	水泥混凝土	21cm 厚水泥混凝土面层	m^2	12000		
4	040204003001	安砌侧（平、缘）石	C30 混凝土缘石安砌	m	1600		
5	040504002001	混凝土检查井	C30 混凝土检查井	座	25		
6	040504003001	雨水口	C30 混凝土雨水进水井	座	35		

（2）定额工程量

1）卵石底基层面积：

$$(15+2\times0.5)\times800=12800\ (m^2)$$

2）石灰、粉煤灰、砂砾基层面积：

$$(15+2\times0.5)\times800=12800\ (m^2)$$

3）水泥混凝土面层面积：

$$800\times15=12000\ (m^2)$$

4）路缘石长度：

$$800\times2=1600\ (m)$$

5）雨水井与检查井的数量：60 座

【例 3-8】 某市道路结构示意图如图 3-21 所示，其道路全长为 1100m，路肩宽度为 1.5m，路面宽度为 12m，且路基每侧加宽值为 0.5m。为保证路面稳定性，我们在路面喷洒沥青涂料，在两侧铺设缘石，试计算道路工程量。

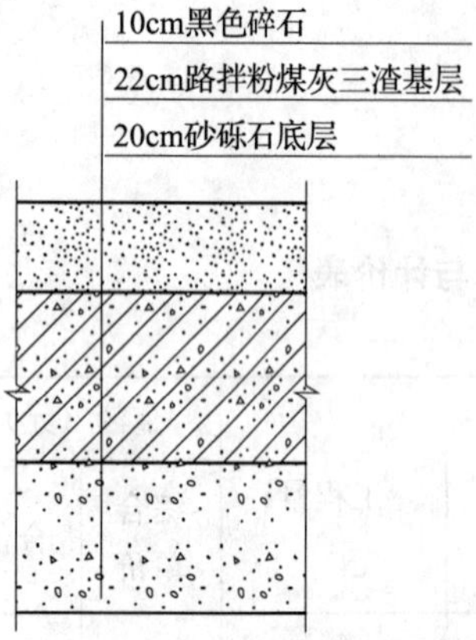

图 3-21 道路结构示意图

【解】

清单工程量

1）沥青涂料面积：

$$1100\times12=13200\ (m^2)$$

2）砂砾石底层面积：

$$1100\times12=13200\ (m^2)$$

3）路拌粉煤灰三渣基层面积：

$$1100\times12=13200\ (m^2)$$

4）黑色碎石路面面积：

$$1100\times12=13200\ (m^2)$$

5）侧缘石长度：

$$2\times1100=2200\ (m)$$

分部分项工程和单价措施项目清单与计价表见表 3-34。

表 3-34 分部分项工程和单价措施项目清单与计价表

工程名称：

序号	项目编码	项目名称	项目特征描述	计量单位	工程量	金额（元）	
						综合单价	合价
1	040202008001	砂砾石	20cm 厚砂砾石底层	m^2	13200		
2	0402020013001	粉煤灰三渣	22cm 厚路拌粉煤灰三渣基层	m^2	13200		
3	040203001001	沥青表面处治	路面喷洒沥青涂料	m^2	13200		
4	040203003001	黑色碎石	10cm 厚黑色碎石路面。石料最大路径 40mm	m^2	13200		
5	040204003001	安砌侧（平、缘）石	C30 混凝土缘石安砌	m	2200		

图 3-22 半路堑示意图

【例 3-9】 某道路全长 5350m，路面宽度为 18m，路基每侧加宽值为 0.5m。需要在全线范围内设置边沟，在 K2＋100～K2＋750 之间为半路堑，在挖方一侧要设置截水沟，试计算该道路的工程量。道路结构图、半路堑示意图如图 3-22、图 3-23 所示。

【解】

（1）清单工程量

1）碎石底层的面积：

$$5350\times18=96300\ (m^2)$$

2）水泥稳定碎石基层面积：

$$5350\times18=96300\ (m^2)$$

3）沥青混凝土面层的面积：

$$5350\times18=96300\ (m^2)$$

4）边沟的长度：

$$5350\times2=10700\ (m)$$

5）截水沟的长度：

$$2750-2100=650\ (m)$$

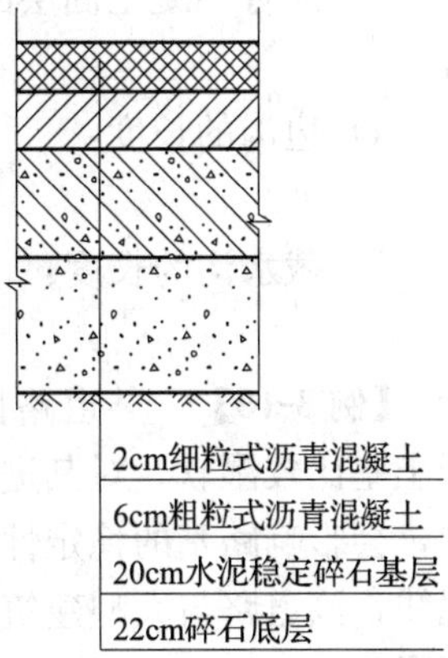

图 3-23 道路结构图

分部分项工程和单价措施项目清单与计价表见表 3-35。

表 3-35 分部分项工程和单价措施项目清单与计价表

工程名称：

序号	项目编码	项目名称	项目特征描述	计量单位	工程量	金额（元）	
						综合单价	合价
1	040202010001	碎石	22cm 厚碎石底层	m^2	96300		
2	040202004001	水泥稳定碎（砾）石	20cm 厚水泥稳定碎石基层	m^2	96300		
3	040203004001	沥青混凝土	6cm 厚粗粒式沥青混凝土	m^2	96300		
4	040203004001	沥青混凝土	2cm 厚细粒式沥青混凝土	m^2	96300		
5	040201013001	排水沟、截水沟	排水边沟，梯形断面	m	10700		
6	040201013002	排水沟、截水沟	截水沟，梯形断面	m	6500		

（2）定额工程量

1）碎石底层的面积：

$$5350\times(18+2\times0.5)=101650\ (m^2)$$

2）水泥稳定碎石基层面积：

$$5350\times(18+2\times0.5)=101650\ (m^2)$$

3）沥青混凝土面层的面积：

$$5350\times18=96300\ (m^2)$$

4）边沟的长度：

$$5350\times2m=10700\ (m)$$

5）截水沟的长度：

$$2750-2100=650\ (m)$$

【例 3-10】 某道路长为 2500m，路面宽度为 15m，其中 K0＋340～K0＋970 之间由于土基比较湿软，对其进行处理，采用砂井办法。在 K1＋320～K1＋950 之间由于排水困难，会影响路基的稳定性，采用盲沟排水。另外，每隔 100m 设置一标杆以引导驾驶员的视线，该道路与大型建筑物相邻时，竖立标志板以保证行人安全，共有 23 个此类建筑物。如图 3-24～图 3-27 所示，试计算该道路的工程量。

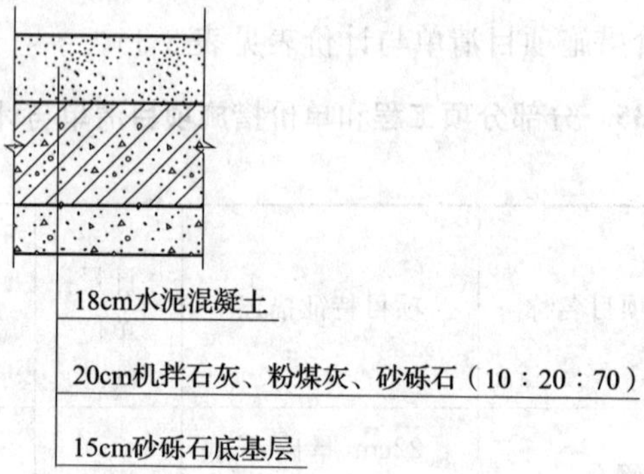

图 3-24 道路结构图

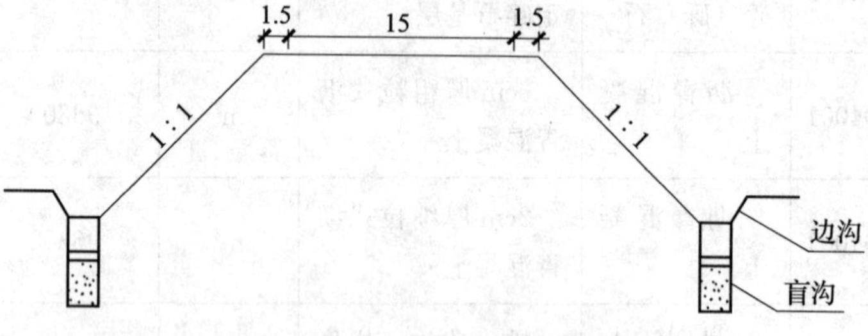

图 3-25 直沟布置图（cm）

图 3-26 标杆示意图

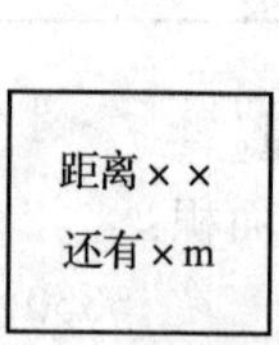

图 3-27 标志板示意图

【解】

(1) 清单工程量

1) 砂砾石底基层的面积：

$$2500\times15=37500\ (m^2)$$

2) 石灰、粉煤灰、砂砾石（10∶20∶70）基层的面积：

$$2500\times15=37500\ (m^2)$$

3) 水泥混凝土面层面积：

$$2500\times15=37500\ (m^2)$$

4) 砂井的长度：

$[(1.5\times2+1.5\times2+15)\div(2+0.1)+1]\times[(970-340)\div(2+0.1)+1]\times1.5=4967\ (m)$

5) 盲沟长度：

$$(1950-1320)\times2=1260\ (m)$$

6) 标杆套数：

$$2500\div100+1=26\ (套)$$

7) 标志板块数：23 块

分部分项工程和单价措施项目清单与计价表见表 3-36。

表 3-36 分部分项工程和单价措施项目清单与计价表

工程名称：

序号	项目编码	项目名称	项目特征描述	计量单位	工程量	金额（元）	
						综合单价	合价
1	040202009001	砂砾石	1. 砂砾石底基层 2. 15cm 厚	m^2	37500		
2	040202006001	石灰、粉煤灰、碎（砾）石	1. 机拌石灰、粉煤灰、砂砾石（10∶20∶70） 2. 20cm 厚	m^2	37500		
3	040203007001	水泥混凝土	1. 水泥混凝土面层 2. 18cm 厚	m^2	37500		
4	040201008001	袋装砂井	1. 直径 0.1m 砂井 2. 砂井间距 2m	m	4967		
5	040201023001	盲沟	碎石盲沟	m	1260		
6	040205003001	标杆	标杆	套	26		
7	040205004001	标志板	标志板	块	23		

（2）定额工程量

1）砂砾石底基层的面积：

$$2500\times(15+1.5\times2+2a)=(45000+5000a)\ (m^2)$$

2）石灰、粉煤灰、砂砾石（10：20：70）基层的面积：

$$2500\times(15+1.5\times2+2a)=(45000+5000a)\ (m^2)$$

3）水泥混凝土面层面积：

$$2500\times15=37500\ (m^2)$$

4）砂井的长度：

$$[(1.5\times2+1.5\times2+15+2a)\div(2+0.1)+1)]\times[(970-340)\div(2+0.1)+1]\times1.5$$
$$=(4967+430a)\ (m)$$

5）盲沟长度：

$$(1950-1320)\times2=1260\ (m)$$

6）标杆套数：

$$2500\div100+1=26\ (套)$$

7）标志板块数：23 块

注：a 为路基一侧加宽值。

【例 3-11】 某市区新建次干道道路工程，设计路段桩号为 K0＋100～K0＋240，在桩号 0＋180 处有一丁字路口（斜交）。该次干道主路设计横断面路幅宽度为 29m，其中车行道为 18m，两侧人行道宽度各为 5.5m。斜交道路设计横断面路幅宽度为 27m，其中车行道为 16m，两侧人行道宽度同主路。在人行道两侧共有 52 个 1m×1m 的石质块树池。道路路面结构层依次为：20cm 厚混凝土面层（抗折强度 4.0MPa）、18cm 厚 5%水泥稳定碎石基层、20cm 厚块石底层（人机配合施工），人行道采用 6cm 厚彩色异形人行道板，具体如图 3-28 所示。有关说明如下：

（1）该设计路段土路基已填筑至设计路基标高。

（2）6cm 厚彩色异形人行道板、12cm×37cm×100cm 花岗岩侧石及 10cm×20cm×100cm 花岗岩树池均按成品考虑，具体材料取定价：彩色异形人行道板 45 元/m^2、花岗岩侧石 80 元/m、花岗岩树池 20 元/m。

（3）水泥混凝土、水泥稳定碎石砂采用现场集中拌制，平均场内运距 70m，采用双轮车运输。

（4）混凝土路面考虑塑料膜养护，路面刻防滑槽。

（5）混凝土嵌缝材料为沥青木丝板。

（6）路面钢筋 $\phi10$ 以内 5.62t。

（7）斜交路口转角面积计算公式：$F=R^2\times\left(\tan\frac{\alpha}{2}-0.00873\alpha\right)$。

试计算该道路的工程量。

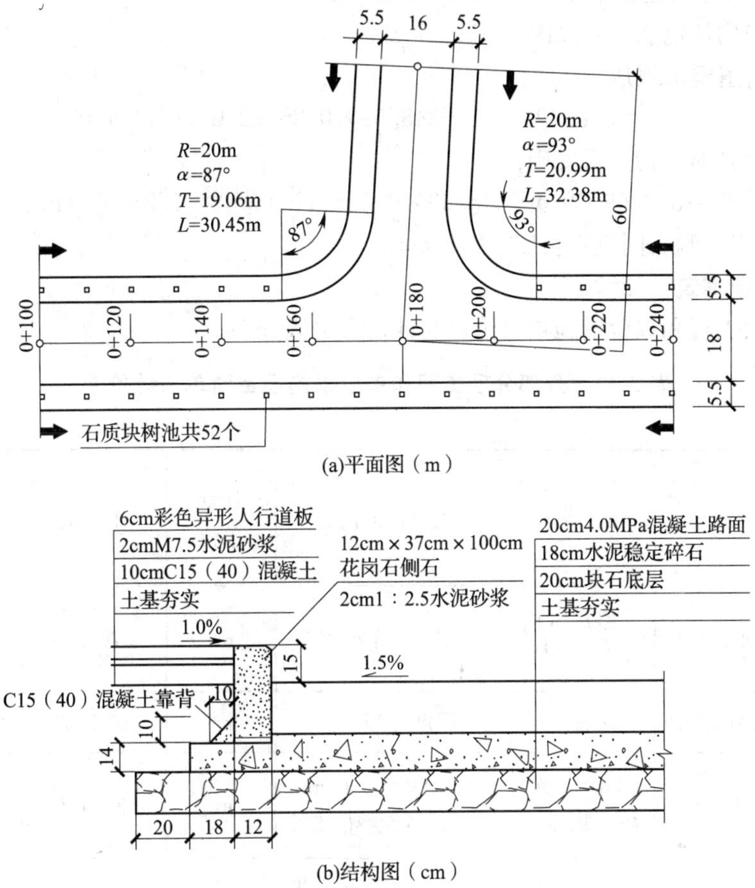

图 3-28　某市区新建次干道示意图

【解】

（1）道路面积：

$S_1=$（240－100）×18＋（60－9/sin87°）×16＋202×（tan87°/2－0.00873×87°）

＋202×（tan93°/2－0.00873×93°）

＝3508.34（m^2）

（2）侧石长度：

L＝140×2－（19.06＋20.99＋16/sin87°）＋30.45＋32.38

＋（60－9/sin87°－19.06）＋（60－9/sin87°－20.99）

＝348.69（m^2）

（3）路床（槽）整形：

S_2＝3508.34＋348.69×（0.12＋0.18＋0.2＋0.25）＝3769.86（m^2）

（4）20cm 块石基石：

S_3＝3508.34＋348.69×0.5＝3682.69（m^2）

（5）18cm 水泥稳定碎石基层：

S_4＝3508.34＋348.69×0.3×0.14/0.18＝3589.7（m^2）

（6）20cm 混凝土路面同道路面积：3508.34m^2。

（7）现浇构件钢筋 ϕ10 以内 5.62t。

（8）人行道整形碾压：

$$S_5=348.69\times5.5+348.69\times0.25=2004.97\ (m^2)$$

（9）彩色异形人行道板安砌：

$$S_6=348.69\times5.5-348.69\times0.12-1\times1\times52=1823.95\ (m^2)$$

（10）花岗岩侧石同侧石长度：348.69m^2。

（11）树池砌筑：52 个。

分部分项工程和单价措施项目清单与计价表见表 3-37。

表 3-37　分部分项工程和单价措施项目清单与计价表

工程名称：

序号	项目编码	项目名称	项目特征描述	计量单位	工程量	金额（元）	
						综合单价	合价
1	040202012001	路床（槽）整形	部位：车行道	m^2	3769.86		
2	040202012001	块石基层	厚度：20cm	m^2	3682.69		
3	010202015001	水泥稳定碎石基层	1. 厚度：18cm 2. 水泥掺量:5%	m^2	3589.7		
4	040203007001	混凝土路面	1. 混凝土抗折强度：4.0MPa 2. 厚度：20cm 3. 嵌缝材料：沥青木丝板嵌缝 4. 其他：路面刻防滑槽	m^2	3508.34		
5	040204002001	人行道整形碾压	部位：人行道	m^2	2004.97		
6	040204002001	彩色异形人行道板安砌	1. 块料品种、规格：6cm 厚彩色异形人行道板 2. 基础、垫层：2cmM10 水泥砂浆砌筑；10cm C10（40）混凝土垫层 3. 图形：无图形要求	m^2	1823.95		

续表 3-37

序号	项目编码	项目名称	项目特征描述	计量单位	工程量	金额（元）	
						综合单价	合价
7	040204004001	花岗岩侧石	1. 块料品种、规格：12cm×37cm×100cm 花岗岩侧石 2. 基础、垫层：2cm1：2.5 水泥砂浆铺筑；10cm×10cmC10（40）混凝土靠背	m^2	348.69		
8	040204007001	树池砌筑钢筋工程	1. 材料品种、规格：10cm×20cm×100cm 花岗岩 2. 树池规格：1m×1m 3. 树池盖面材料品种：无	个	52		
9	040901001001	现浇构件钢筋	1. 钢筋种类：圆钢 2. 钢筋规格：ϕ12	t	5.62		

【例 3-12】　某市一号道路工程 K0＋000～K0＋100 为沥青混凝土结构，K0＋100～K0＋135 为混凝土结构，车行道道路结构如图 3-29、人行道道路结构如图 3-30 所示。路面修筑宽度为 10m，路肩各宽 1m，为保证压实，每边各加 30cm。路面两边铺侧缘石。试编制工程量清单和工程量清单计价表。

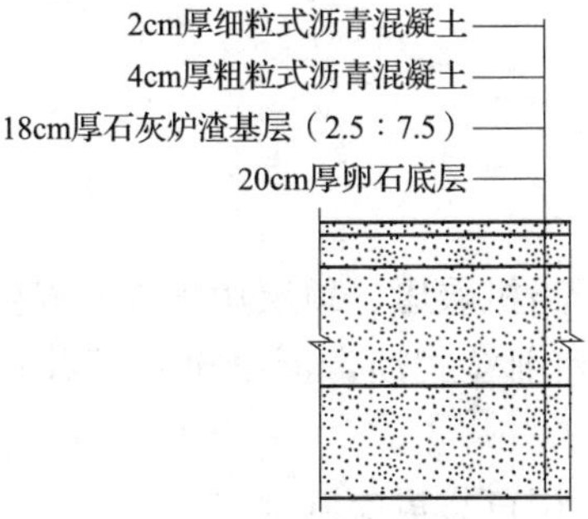

图 3-29　车行道道路结构图

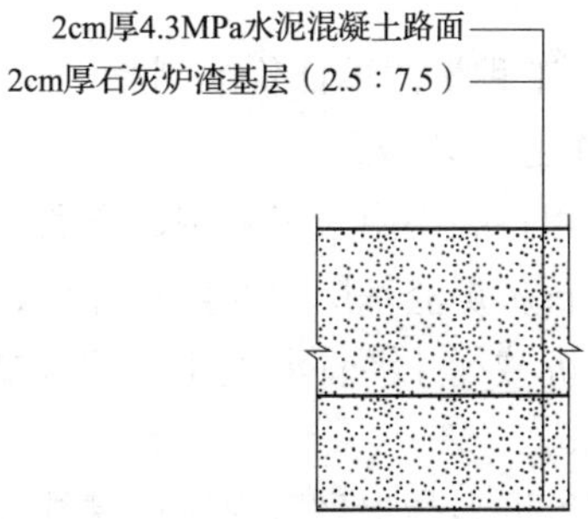

图 3-30　人行道道路结构图

【解】

（1）工程量清单编制

分部分项工程和单价措施项目清单与计价表见表 3-38。

表 3-38 分部分项工程和单价措施项目清单与计价表

工程名称：某市一号道路工程　　标段：K0＋000～K0＋135　　第 页 共 页

序号	项目编号	项目名称	项目特征描述	计量单位	工程量	金额（元）		
						综合单价	合价	其中 暂估价
1	040202010001	卵石	卵石厚 20cm	m^2	1000			
2	040202006001	石灰、粉煤灰、碎（砾）石	石灰炉渣 2.5：7.5 厚 20cm	m^2	350			
3	040202006002	石灰、粉煤灰、碎（砾）石	石灰炉渣 2.5：7.5 厚 18cm	m^2	1000			
4	040203006001	沥青混凝土	厚 4cm 最大粒径 5cm 石油沥青	m^2	1000			
5	040203006002	沥青混凝土	厚 2cm 最大粒径 3cm 石油沥青	m^2	1000			
6	040203007001	水泥混凝土	4.5MPa，厚 22cm	m^2	350			
7	040204004001	安砌侧（平、缘）石	安砌侧（平缘）石	m	270			
合　计								

（2）工程量清单计价编制

其施工方案如下：

1）卵石底层用人工铺装、压路机碾压。

2）石灰炉渣基层用拖拉机拌和、机械铺装、压路机碾压、顶层用洒水机养生。

3）机械铺摊沥青混凝土，粗粒式沥青混凝土和细粒式沥青混凝土用厂拌运到现场，运距 5km。

4）水泥混凝土采取现场机械拌和、人工筑铺、用草袋覆盖洒水养生。

5）设计侧缘石长 50cm。

6）采用切缝机钢锯片。

7）管理费费率为直接费的 14%，利率为直接费的 7%。

8）工程采用材料单价如表 3-39。

表 3-39 工程材料单价表

序号	材料名称	单价
1	粗粒式沥青混凝土	360 元/m^3
2	细粒式沥青混凝土	420 元/m^3
3	4.5MPa 水泥混凝土	170 元/m^3
4	侧缘石	5.0 元/片
5	切缝机钢锯片	23 元/片

分部分项工程量清单综合单价分析表，见表 3-40～表 3-46。分部分项工程和单价措施项目清单与计价表见表 3-47。

表 3-40 工程量清单综合单价分析表

工程名称：某市一号道路工程　　标段：K0＋000～K0＋100　　第 页 共 页

项目编码	040202010001	项目名称	卵石		计量单位	m^2	工程量	1000			
清单综合单价组成明细											
定额编号	定额名称	定额单位	数量	单价				合价			
				人工费	材料费	机械费	管理费和利润	人工费	材料费	机械费	管理费和利润
2-185	卵石	100m^2	0.011	272.79	1172.37	63.29	316.775	3.0	12.896	0.696	3.485
人工单价	小计							3.0	12.896	0.696	3.485
22.47（元/工日）	未计价材料费							11.74			
清单项目综合单价								31.82			
材料费明细	主要材料名称、规格、型号			单位		数量		单价（元）	合价（元）	暂估单价（元）	暂估合价（元）
	卵石、杂色			m^3		0.24		43.96	10.55		
	中粗砂			m^3		0.027		44.23	1.19		
	其他材料费							—		—	
	材料费小计							—	11.74	—	

注：“数量”栏为“投标方工程量÷招标方工程量÷定额单位数量”，如“0.011”为“1060÷1000÷100”。

表 3-41 工程量清单综合单价分析表

工程名称：某市一号道路工程　　标段：K0＋100～K0＋135　　第　页　共　页

项目编码	040202006001	项目名称	石灰、粉煤灰、碎（砾）石			计量单位	m²	工程量	350
清单综合单价组成明细									
定额编号	定额名称	定额单位	数量	单价				合价			
				人工费	材料费	机械费	管理费和利润	人工费	材料费	机械费	管理费和利润
2-151	石灰炉渣 2.5：7.5 厚 20cm	100m²	0.01	91.68	1748.98	157.89	419.7	0.917	17.49	1.58	4.2
2-177	顶层多合土养生	100m²	0.01	1.57	0.66	10.52	2.678	0.016	0.0066	0.1052	0.027
人工单价		小计						0.933	17.497	0.696	4.227
22.47（元/工日）		未计价材料费						16.82			
清单项目综合单价								40.17			

材料费明细	主要材料名称、规格、型号	单位	数量	单价（元）	合价（元）	暂估单价（元）	暂估合价（元）
	生石灰	t	0.06	120.00	7.2		
	炉渣	m³	0.24	39.97	9.59		
	水	m³	0.06	0.45	0.03		
	其他材料费			—		—	
	材料费小计			—	16.82	—	

注：“数量”栏为“投标方工程量÷招标方工程量÷定额单位数量”，如“0.01”为“350÷350÷100”。

表 3-42 工程量清单综合单价分析表

工程名称：某市一号道路工程　　标段：K0＋100～K0＋135　　第　页　共　页

项目编码	040202006002		项目名称	石灰、粉煤灰、碎（砾）石			计量单位	m³		工程量	1000
清单综合单价组成明细											
定额编号	定额名称	定额单位	数量	单价				合价			
				人工费	材料费	机械费	管理费和利润	人工费	材料费	机械费	管理费和利润
2-151	石灰炉渣 2.5∶7.5 厚 20cm	100m²	0.011	91.68	1748.98	157.89	419.7	0.917	17.49	1.58	4.2
2-152	石灰炉渣 2.5∶7.5 厚减 2cm	100m²	0.011	−2.92	−87.28	−0.83	−19.116	−0.064	−0.192	−0.018	−0.42
2-177	顶层多合土养生	100m²	0.011	1.57	0.66	10.52	2.678	0.0157	0.0066	0.1052	0.027
人工单价		小计						0.8687	17.29	1.6672	3.8
22.47（元/工日）		未计价材料费						16.02			
清单项目综合单价								39.65			
材料费明细	主要材料名称、规格、型号				单位	数量		单价（元）	合价（元）	暂估单价（元）	暂估合价（元）
	生石灰				t	0.06		120.00	7.2		
	中粗砂				m³	0.22		39.97	8.79		
	水				m³	0.06		0.45	0.03		
	其他材料费							—		—	
	材料费小计							—	16.02	—	

注：“数量”栏为“投标方工程量÷招标方工程量÷定额单位数量”，如“0.011”为“1060÷1000÷100”。

表 3-43 工程量清单综合单价分析表

工程名称：某市一号道路工程　　标段：K0＋000～K0＋100　　　　第　页　共　页

项目编码	040203006001	项目名称		沥青混凝土		计量单位		m^2	工程量		1000
清单综合单价组成明细											
定额编号	定额名称	定额单位	数量	单价				合价			
				人工费	材料费	机械费	管理费和利润	人工费	材料费	机械费	管理费和利润
2-267	粗粒式沥青混凝土路面	$100m^2$	0.01	49.43	12.30	146.72	43.77	0.49	0.123	1.47	0.437
2-249	喷洒沥青油料	$100m^2$	0.01	1.8	146.33	19.11	35.12	0.018	1.463	0.1911	0.351
人工单价		小计						0.508	1.586	1.6611	0.788
22.47（元/工日）		未计价材料费						14.4			
清单项目综合单价								18.94			

材料费明细	主要材料名称、规格、型号	单位	数量	单价（元）	合价（元）	暂估单价（元）	暂估合价（元）
	粗粒式沥青混凝土	m^3	0.04	360	14.4		
	其他材料费			—		—	
	材料费小计			—	14.4	—	

注：“数量”栏为“投标方工程量÷招标方工程量÷定额单位数量”，如“0.01”为“1000÷1000÷100”。

表 3-44 工程量清单综合单价分析表

工程名称：某市一号道路工程　　标段：K0＋100～K0＋100　　第 页 共 页

<table>
<tr><td>项目编码</td><td colspan="2">040203006002</td><td colspan="2">项目名称</td><td colspan="2">沥青混凝土</td><td colspan="2">计量单位</td><td>m²</td><td>工程量</td><td>1000</td></tr>
<tr><td colspan="12">清单综合单价组成明细</td></tr>
<tr><td rowspan="2">定额编号</td><td rowspan="2">定额名称</td><td rowspan="2">定额单位</td><td rowspan="2">数量</td><td colspan="4">单　价</td><td colspan="4">合　价</td></tr>
<tr><td>人工费</td><td>材料费</td><td>机械费</td><td>管理费和利润</td><td>人工费</td><td>材料费</td><td>机械费</td><td>管理费和利润</td></tr>
<tr><td>2-284</td><td>细粒式沥青混凝土</td><td>100m²</td><td>0.01</td><td>37.08</td><td>6.24</td><td>78.74</td><td>25.63</td><td>0.37</td><td>0.624</td><td>0.787</td><td>0.256</td></tr>
<tr><td></td><td></td><td></td><td></td><td></td><td></td><td></td><td></td><td></td><td></td><td></td><td></td></tr>
<tr><td></td><td></td><td></td><td></td><td></td><td></td><td></td><td></td><td></td><td></td><td></td><td></td></tr>
<tr><td></td><td></td><td></td><td></td><td></td><td></td><td></td><td></td><td></td><td></td><td></td><td></td></tr>
<tr><td></td><td></td><td></td><td></td><td></td><td></td><td></td><td></td><td></td><td></td><td></td><td></td></tr>
<tr><td></td><td></td><td></td><td></td><td></td><td></td><td></td><td></td><td></td><td></td><td></td><td></td></tr>
<tr><td></td><td></td><td></td><td></td><td></td><td></td><td></td><td></td><td></td><td></td><td></td><td></td></tr>
<tr><td colspan="2">人工单价</td><td colspan="6">小　计</td><td>0.37</td><td>0.624</td><td>0.787</td><td>0.256</td></tr>
<tr><td colspan="2">22.47（元/工日）</td><td colspan="6">未计价材料费</td><td colspan="4">8.4</td></tr>
<tr><td colspan="8">清单项目综合单价</td><td colspan="4">10.44</td></tr>
<tr><td rowspan="11">材料费明细</td><td colspan="3">主要材料名称、规格、型号</td><td>单位</td><td colspan="3">数量</td><td>单价（元）</td><td>合价（元）</td><td>暂估单价（元）</td><td>暂估合价（元）</td></tr>
<tr><td colspan="3">细（微）粒式沥青混凝土</td><td>m³</td><td colspan="3">0.02</td><td>420</td><td>8.4</td><td></td><td></td></tr>
<tr><td colspan="3"></td><td></td><td colspan="3"></td><td></td><td></td><td></td><td></td></tr>
<tr><td colspan="3"></td><td></td><td colspan="3"></td><td></td><td></td><td></td><td></td></tr>
<tr><td colspan="3"></td><td></td><td colspan="3"></td><td></td><td></td><td></td><td></td></tr>
<tr><td colspan="3"></td><td></td><td colspan="3"></td><td></td><td></td><td></td><td></td></tr>
<tr><td colspan="3"></td><td></td><td colspan="3"></td><td></td><td></td><td></td><td></td></tr>
<tr><td colspan="3"></td><td></td><td colspan="3"></td><td></td><td></td><td></td><td></td></tr>
<tr><td colspan="3"></td><td></td><td colspan="3"></td><td></td><td></td><td></td><td></td></tr>
<tr><td colspan="7">其他材料费</td><td>—</td><td></td><td>—</td><td></td></tr>
<tr><td colspan="7">材料费小计</td><td>—</td><td>8.4</td><td>—</td><td></td></tr>
</table>

注：“数量”栏为“投标方工程量÷招标方工程量÷定额单位数量”，如“0.01”为“1000÷1000÷100”。

表 3-45 工程量清单综合单价分析表

工程名称：某市一号道路工程　　标段：K0＋000～K0＋135　　第　页　共　页

项目编码	040203007001	项目名称	水泥混凝土	计量单位	m^2	工程量	350				
清单综合单价组成明细											
定额编号	定额名称	定额单位	数量	单价				合价			
				人工费	材料费	机械费	管理费和利润	人工费	材料费	机械费	管理费和利润
2-290	水泥混凝土路面	$100m^2$	0.01	814.54	138.65	92.52	219.6	8.145	1.3865	0.9252	2.196
2-294	伸缝	$100m^2$	0.007	77.75	756.66	—	175.23	0.544	5.3	—	1.227
2-298	锯缝机锯缝	$100m^2$	0.057	14.38	—	8.14	4.73	0.8197	—	0.464	0.2696
2-300	混凝土路面养护（草袋）	$100m^2$	0.01	25.84	106.59	—	27.81	0.258	1.066	—	0.278
人工单价		小计						9.7667	7.7525	1.3892	3.9706
22.47（元/工日）		未计价材料费						37.561			
清单项目综合单价								60.44			
材料费明细	主要材料名称、规格、型号			单位		数量		单价（元）	合价（元）	暂估单价（元）	暂估合价（元）
	4.5MPa 水泥混凝土			m^3		0.22		170	37.4		
	钢锯片			片		0.007		23	0.161		
	其他材料费							—		—	
	材料费小计							—	37.561	—	

注：“数量”栏为“投标方工程量÷招标方工程量÷定额单位数量”，如“0.01”为“350÷350÷100”。

表 3-46 工程量清单综合单价分析表

工程名称：某市一号道路工程　　标段：K0＋000～K0＋135　　第 页 共 页

项目编码	040204004001	项目名称	安砌侧（平、缘）石			计量单位	m	工程量		270	
清单综合单价组成明细											
定额编号	定额名称	定额单位	数量	单价				合价			
				人工费	材料费	机械费	管理费和利润	人工费	材料费	机械费	管理费和利润
2-331	砂垫层	$100m^2$	0.01	13.93	57.42	—	14.983	0.1393	0.5742	—	0.1498
2-334	混凝土缘石	100m	0.01	114.6	34.19	—	31.246	1.146	0.3419	—	0.3125
人工单价		小计						1.2853	0.9161	—	0.4623
22.47（元/工日）		未计价材料费						5.1			
清单项目综合单价								7.76			

材料费明细	主要材料名称、规格、型号	单位	数量	单价（元）	合价（元）	暂估单价（元）	暂估合价（元）
	混凝土侧石	m	1.02	5.00	5.1		
	其他材料费			—		—	
	材料费小计			—	5.1	—	

注：“数量”栏为“投标方工程量÷招标方工程量÷定额单位数量”，如“0.01”为“270÷270÷100”。

表 3-47 分部分项工程和单价措施项目清单与计价表

工程名称：某市一号道路工程　　标段：K0＋000～K0＋135　　　　　　第　页　共　页

序号	项目编号	项目名称	项目特征描述	计量单位	工程量	金额（元）		
						综合单价	合价	其中 暂估价
1	040202010001	卵石	卵石厚 20cm	m^2	1000	31.82	31820	
2	040202006001	石灰、粉煤灰、碎（砾）石	石灰炉渣2.5∶7.5厚 20cm	m^2	350	40.17	14059.5	
3	040202006002	石灰、粉煤灰、碎（砾）石	石灰炉渣2.5∶7.5厚 18cm	m^2	1000	39.65	39650	
4	040203006001	沥青混凝土	厚 4cm 最大粒径 5cm 石油沥青	m^2	1000	18.94	18940	
5	040203006002	沥青混凝土	厚 2cm 最大粒径 3cm 石油沥青	m^2	1000	10.44	10440	
6	040203007001	水泥混凝土	4.5MPa，厚 22cm	m^2	350	60.44	21154	
7	040204004001	安砌侧（平、缘）石	安砌侧（平缘）石	m	270	7.76	2095.2	
合　计							138158.7	

3.3 桥涵工程工程量计算及清单编制实例

3.3.1 桥涵工程清单工程量计算规则

1. 桩基

桩基工程量清单项目设置、项目特征描述的内容、计量单位及工程量计算规则，应按表3-48的规定执行。

表3-48 桩基（编码：040301）

项目编码	项目名称	项目特征	计量单位	工程量计算规则	工程内容
040301001	预制钢筋混凝土方桩	1. 地层情况 2. 送桩深度、桩长 3. 桩截面 4. 桩倾斜度 5. 混凝土强度等级	1. m 2. m^3 3. 根	1. 以米计量，按设计图示尺寸以桩长（包括桩尖）计算 2. 以立方米计量，按设计图示桩长（包括桩尖）乘以桩的断面积计算 3. 以根计量，按设计图示数量计算	1. 工作平台搭拆 2. 桩就位 3. 桩机移位 4. 沉桩 5. 接桩 6. 送桩
040301002	预制钢筋混凝土管桩	1. 地层情况 2. 送桩深度、桩长 3. 桩外径、壁厚 4. 桩倾斜度 5. 桩尖设置及类型 6. 混凝土强度等级 7. 填充材料种类			1. 工作平台搭拆 2. 桩就位 3. 桩机移位 4. 桩尖安装 5. 沉桩 6. 接桩 7. 送桩 8. 桩芯填充
040301003	钢管桩	1. 地层情况 2. 送桩深度、桩长 3. 材质 4. 管径、壁厚 5. 桩倾斜度 6. 填充材料种类 7. 防护材料种类	1. t 2. 根	1. 以吨计量，按设计图示尺寸以质量计算 2. 以根计量，按设计图示数量计算	1. 工作平台搭拆 2. 桩就位 3. 桩机移位 4. 沉桩 5. 接桩 6. 送桩 7. 切割钢管、精割盖帽 8. 管内取土、余土弃置 9. 管内填芯、刷防护材料

续表 3-48

项目编码	项目名称	项目特征	计量单位	工程量计算规则	工程内容
040301004	泥浆护壁成孔灌注桩	1. 地层情况 2. 空桩长度、桩长 3. 桩径 4. 成孔方法 5. 混凝土种类、强度等级	1. m 2. m^3 3. 根	1. 以米计量，按设计图示尺寸以桩长（包括桩尖）计算 2. 以立方米计量，按不同截面在桩长范围内以体积计算 3. 以根计量，按设计图示数量计算	1. 工作平台搭拆 2. 桩机移位 3. 护筒埋设 4. 成孔、固壁 5. 混凝土制作、运输、灌注、养护 6. 土方、废浆外运 7. 打桩场地硬化及泥浆池、泥浆沟
040301005	沉管灌注桩	1. 地层情况 2. 空桩长度、桩长 3. 复打长度 4. 桩径 5. 沉管方法 6. 桩尖类型 7. 混凝土种类、强度等级	1. m 2. m^3 3. 根	1. 以米计量，按设计图示尺寸以桩长（包括桩尖）计算 2. 以立方米计量，按设计图示桩长（包括桩尖）乘以桩的断面积计算 3. 以根计量，按设计图示数量计算	1. 工作平台搭拆 2. 桩机移位 3. 打（沉）拔钢管 4. 桩尖安装 5. 混凝土制作、运输、灌注、养护
040301006	干作业成孔灌注桩	1. 地层情况 2. 空桩长度、桩长 3. 桩径 4. 扩孔直径、高度 5. 成孔方法 6. 混凝土种类、强度等级			1. 工作平台搭拆 2. 桩机移位 3. 成孔、扩孔 4. 混凝土制作、运输、灌注、振捣、养护

续表 3-48

项目编码	项目名称	项目特征	计量单位	工程量计算规则	工程内容
040301007	挖孔桩土（石）方	1. 土（石）类别 2. 挖孔深度 3. 弃土（石）运距	m^3	按设计图示尺寸（含护壁）截面积乘以挖孔深度以立方米计算	1. 排地表水 2. 挖土、凿石 3. 基底钎探 4. 土（石）方外运
040301008	人工挖孔灌注桩	1. 桩芯长度 2. 桩芯直径、扩底直径、扩底高度 3. 护壁厚度、高度 4. 护壁材料种类、强度等级 5. 桩芯混凝土种类、强度等级	1. m^3 2. 根	1. 以立方米计量，按桩芯混凝土体积计算 2. 以根计量，按设计图示数量计算	1. 护壁制作、安装 2. 混凝土制作、运输、灌注、振捣、养护
040301009	钻孔压浆桩	1. 地层情况 2. 桩长 3. 钻孔直径 4. 骨料品种、规格 5. 水泥强度等级	1. m 2. 根	1. 以米计量，按设计图示尺寸以桩长计算 2. 以根计量，按设计图示数量计算	1. 钻孔、下注浆管、投放骨料 2. 浆液制作、运输、压浆
040301010	灌注桩后注浆	1. 注浆导管材料、规格 2. 注浆导管长度 3. 单孔注浆量 4. 水泥强度等级	孔	按设计图示以注浆孔数计算	1. 注浆导管制作、安装 2. 浆液制作、运输、压浆
040301011	截桩头	1. 桩类型 2. 桩头截面、高度 3. 混凝土强度等级 4. 有无钢筋	1. m^3 2. 根	1. 以立方米计量，按设计桩截面乘以桩头长度以体积计算 2. 以根计量，按设计图示数量计算	1. 截桩头 2. 凿平 3. 废料外运

续表 3-48

项目编码	项目名称	项目特征	计量单位	工程量计算规则	工程内容
040301012	声测管	1. 材质 2. 规格型号	1. t 2. m	1. 按设计图示尺寸以质量计算 2. 按设计图示尺寸以长度计算	1. 检测管截断、封头 2. 套管制作、焊接 3. 定位、固定

注：1. 地层情况按表 3-2 和表 3-6 的规定，并根据岩土工程勘察报告按单位工程各地层所占比例（包括范围值）进行描述。对无法准确描述的地层情况，可注明由投标人根据岩土工程勘察报告自行决定报价。

2. 各类混凝土预制桩以成品桩考虑，应包括成品桩购置费，如果用现场预制，应包括现场预制桩的所有费用。
3. 项目特征中的桩截面、混凝土强度等级、桩类型等可直接用标准图代号或设计桩型进行描述。
4. 打试验桩和打斜桩应按相应项目编码单独列项，并应在项目特征中注明试验桩或斜桩（斜率）。
5. 项目特征中的桩长应包括桩尖，空桩长度=孔深－桩长，孔深为自然地面至设计桩底的深度。
6. 泥浆护壁成孔灌注桩是指在泥浆护壁条件下成孔，采用水下灌注混凝土的桩。其成孔方法包括冲击钻成孔、冲抓锥成孔、回旋钻成孔、潜水钻成孔、泥浆护壁的旋挖成孔等。
7. 沉管灌注桩的沉管方法包括捶击沉管法、振动沉管法、振动冲击沉管法、内夯沉管法等。
8. 干作业成孔灌注桩是指不用泥浆护壁和套管护壁的情况下，用钻机成孔后，下钢筋笼，灌注混凝土的桩，适用于地下水位以上的土层使用。其成孔方法包括螺旋钻成孔、螺旋钻成孔扩底、干作业的旋挖成孔等。
9. 混凝土灌注桩的钢筋笼制作、安装，按“钢筋工程”中相关项目编码列项。
10. 本表工作内容未含桩基础的承载力检测、桩身完整性检测。

2. 基坑和边坡支护

基坑与边坡支护工程量清单项目设置、项目特征描述的内容、计量单位及工程量计算规则，应按表 3-49 的规定执行。

表 3-49 基坑与边坡支护（编码：040302）

项目编码	项目名称	项目特征	计量单位	工程量计算规则	工程内容
040302001	圆木桩	1. 地层情况 2. 桩长 3. 材质 4. 尾径 5. 桩倾斜度	1. m 2. 根	1. 以米计量，按设计图示尺寸以桩长（包括桩尖）计算 2. 以根计量，按设计图示数量计算	1. 工作平台搭拆 2. 桩机移位 3. 桩制作、运输、就位 4. 桩靴安装 5. 沉桩
040302002	预制钢筋混凝土板桩	1. 地层情况 2. 送桩深度、桩长 3. 桩截面 4. 混凝土强度等级	1. m^3 2. 根	1. 以立方米计量，按设计图示桩长（包括桩尖）乘以桩的断面积计算 2. 以根计量，按设计图示数量计算	1. 工作平台搭拆 2. 桩就位 3. 桩机移位 4. 沉桩 5. 接桩 6. 送桩

续表 3-49

项目编码	项目名称	项目特征	计量单位	工程量计算规则	工程内容
040302003	地下连续墙	1. 地层情况 2. 导墙类型、截面 3. 墙体厚度 4. 成槽深度 5. 混凝土种类、强度等级 6. 接头形式	m^3	按设计图示墙中心线长乘以厚度乘以槽深，以体积计算	1. 导墙挖填、制作、安装、拆除 2. 挖土成槽、固壁、清底置换 3. 混凝土制作、运输、灌注、养护 4. 接头处理 5. 土方、废浆外运 6. 打桩场地硬化及泥浆池、泥浆沟
040302004	咬合灌注桩	1. 地层情况 2. 桩长 3. 桩径 4. 混凝土种类、强度等级 5. 部位	1. m 2. 根	1. 以米计量，按设计图示尺寸以桩长计算 2. 以根计量，按设计图示数量计算	1. 桩机移位 2. 成孔、固壁 3. 混凝土制作、运输、灌注、养护 4. 套管压拔 5. 土方、废浆外运 6. 打桩场地硬化及泥浆池、泥浆沟
040302005	型钢水泥土搅拌墙	1. 深度 2. 桩径 3. 水泥掺量 4. 型钢材质、规格 5. 是否拔出	m^3	按设计图示尺寸以体积计算	1. 钻机移位 2. 钻进 3. 浆液制作、运输、压浆 4. 搅拌、成桩 5. 型钢插拔 6. 土方、废浆外运

续表 3-49

项目编码	项目名称	项目特征	计量单位	工程量计算规则	工程内容
040302006	锚杆（索）	1. 地层情况 2. 锚杆（索）类型、部位 3. 钻孔直径、深度 4. 杆体材料品种、规格、数量 5. 是否预应力 6. 浆液种类、强度等级	1. m 2. 根	1. 以米计量，按设计图示尺寸以钻孔深度计算 2. 以根计量，按设计图示数量计算	1. 钻孔、浆液制作、运输、压浆 2. 锚杆（索）制作、安装 3. 张拉锚固 4. 锚杆（索）施工平台搭设、拆除
040302007	土钉	1. 地层情况 2. 钻孔直径、深度 3. 置入方法 4. 杆体材料品种、规格、数量 5. 浆液种类、强度等级			1. 钻孔、浆液制作、运输、压浆 2. 土钉制作、安装 3. 土钉施工平台搭设、拆除
040302008	喷射混凝土	1. 部位 2. 厚度 3. 材料种类 4. 混凝土类别、强度等级	m^2	按设计图示尺寸以面积计算	1. 修整边坡 2. 混凝土制作、运输、喷射、养护 3. 钻排水孔、安装排水管 4. 喷射施工平台搭设、拆除

注：1. 地层情况按表 3-2 和表 3-6 的规定，并根据岩土工程勘察报告按单位工程各地层所占比例（包括范围值）进行描述。对无法准确描述的地层情况，可注明由投标人根据岩土工程勘察报告自行决定报价。

2. 地下连续墙和喷射混凝土的钢筋网制作、安装，按“钢筋工程”中相关项目编码列项。基坑与边坡支护的排桩按“桩基”中相关项目编码列项。水泥土墙、坑内加固按“道路工程”中“路基工程”中相关项目编码列项。混凝土挡土墙、桩顶冠梁、支撑体系按“隧道工程”中相关项目编码列项。

3. 现浇混凝土构件

现浇混凝土构件工程量清单项目设置、项目特征描述的内容、计量单位及工程量计算规则，应按表 3-50 的规定执行。

表 3-50　现浇混凝土构件（编码：040303）

项目编码	项目名称	项目特征	计量单位	工程量计算规则	工程内容
040303001	混凝土垫层	混凝土强度等级	m^3	按设计图示尺寸以体积计算	1. 模板制作、安装、拆除 2. 混凝土拌和、运输、浇筑 3. 养护
040303002	混凝土基础	1. 混凝土强度等级 2. 嵌料（毛石）比例			
040303003	混凝土承台	混凝土强度等级			
040303004	混凝土墩（台）帽	1. 部位 2. 混凝土强度等级			
040303005	混凝土墩（台）身				
040303006	混凝土支撑梁及横梁	1. 部位 2. 混凝土强度等级			
040303007	混凝土墩（台）盖梁				
040303008	混凝土拱桥拱座	混凝土强度等级			
040303009	混凝土拱桥拱肋				
040303010	混凝土拱上构件	1. 部位 2. 混凝土强度等级			
040303011	混凝土箱梁				
040303012	混凝土连续板	1. 部位 2. 结构形式 3. 混凝土强度等级			
040303013	混凝土板梁				
040303014	混凝土板拱	1. 部位 2. 混凝土强度等级			
040303015	混凝土挡墙墙身	1. 混凝土强度等级 2. 泄水孔材料品种、规格 3. 滤水层要求 4. 沉降缝要求			1. 模板制作、安装、拆除 2. 混凝土拌和、运输、浇筑 3. 养护 4. 抹灰 5. 泄水孔制作、安装 6. 滤水层铺筑 7. 沉降缝
040303016	混凝土挡墙压顶	1. 混凝土强度等级 2. 沉降缝要求			

续表 3-50

项目编码	项目名称	项目特征	计量单位	工程量计算规则	工程内容
040303017	混凝土楼梯	1. 结构形式 2. 底板厚度 3. 混凝土强度等级	1. m^2 2. m^3	1. 以平方米计量，按设计图示尺寸以水平投影面积计算 2. 以立方米计量，按设计图示尺寸以体积计算	1. 模板制作、安装、拆除 2. 混凝土拌和、运输、浇筑 3. 养护
040303018	混凝土防撞护栏	1. 断面 2. 混凝土强度等级	m	按设计图示尺寸以长度计算	
040303019	桥面铺装	1. 混凝土强度等级 2. 沥青品种 3. 沥青混凝土种类 4. 厚度 5. 配合比	m^2	按设计图示尺寸以面积计算	1. 模板制作、安装、拆除 2. 混凝土拌和、运输、浇筑 3. 养护 4. 沥青混凝土铺装 5. 碾压
040303020	混凝土桥头搭板	混凝土强度等级	m^3	按设计图示尺寸以体积计算	1. 模板制作、安装、拆除 2. 混凝土拌和、运输、浇筑 3. 养护
040303021	混凝土搭板枕梁				
040303022	混凝土桥塔身	1. 形状 2. 混凝土强度等级			
040303023	混凝土连系梁				
040303024	混凝土其他构件	1. 名称、部位 2. 混凝土强度等级			
040303025	钢管拱混凝土	混凝土强度等级			混凝土拌和、运输、压注

注：台帽、台盖梁均应包括耳墙、背墙。

4. 预制混凝土构件

预制混凝土构件工程量清单项目设置、项目特征描述的内容、计量单位及工程量计算规则，应按表 3-51 的规定执行。

表 3-51 预制混凝土构件（编码：040304）

项目编码	项目名称	项目特征	计量单位	工程量计算规则	工程内容
040304001	预制混凝土梁	1. 部位 2. 图集、图纸名称 3. 构件代号、名称 4. 混凝土强度等级 5. 砂浆强度等级	m^3	按设计图示尺寸以体积计算	1. 模板制作、安装、拆除 2. 混凝土拌和、运输、浇筑 3. 养护 4. 构件安装 5. 接头灌缝 6. 砂浆制作 7. 运输
040304002	预制混凝土柱				
040304003	预制混凝土板				
040304004	预制混凝土挡土墙墙身	1. 图集、图纸名称 2. 构件代号、名称 3. 结构形式 4. 混凝土强度等级 5. 泄水孔材料种类、规格 6. 滤水层要求 7. 砂浆强度等级			1. 模板制作、安装、拆除 2. 混凝土拌和、运输、浇筑 3. 养护 4. 构件安装 5. 接头灌缝 6. 泄水孔制作、安装 7. 滤水层铺设 8. 砂浆制作 9. 运输
040304005	预制混凝土其他构件	1. 部位 2. 图集、图纸名称 3. 构件代号、名称 4. 混凝土强度等级 5. 砂浆强度等级			1. 模板制作、安装、拆除 2. 混凝土拌和、运输、浇筑 3. 养护 4. 构件安装 5. 接头灌浆 6. 砂浆制作 7. 运输

5. 砌筑

砌筑工程量清单项目设置、项目特征描述的内容、计量单位及工程量计算规则，应按表 3-52 的规定执行。

表 3-52 砌筑（编码：040305）

项目编码	项目名称	项目特征	计量单位	工程量计算规则	工程内容
040305001	垫层	1. 材料品种、规格 2. 厚度	m^3	按设计图示尺寸以体积计算	垫层铺筑
040305002	干砌块料	1. 部位 2. 材料品种、规格 3. 泄水孔材料品种、规格 4. 滤水层要求 5. 沉降缝要求			1. 砌筑 2. 砌体勾缝 3. 砌体抹面 4. 泄水孔制作、安装 5. 滤层铺设 6. 沉降缝
040305003	浆砌块料	1. 部位 2. 材料品种、规格 3. 砂浆强度等级 4. 泄水孔材料品种、规格 5. 滤水层要求 6. 沉降缝要求			
040305004	砖砌体				
040305005	护坡	1. 材料品种 2. 结构形式 3. 厚度 4. 砂浆强度等级	m^2	按设计图示尺寸以面积计算	1. 修整边坡 2. 砌筑 3. 砌体勾缝 4. 砌体抹面

注：1. 干砌块料、浆砌块料和砖砌体应根据工程部位不同，分别设置清单编码。
2. 本表清单项目中“垫层”指碎石、块石等非混凝土类垫层。

6. 立交箱涵

立交箱涵工程量清单项目设置、项目特征描述的内容、计量单位及工程量计算规则，应按表 3-53 的规定执行。

表 3-53　立交箱涵（编码：040306）

项目编码	项目名称	项目特征	计量单位	工程量计算规则	工程内容
040306001	透水管	1. 材料品种、规格 2. 管道基础形式	m	按设计图示尺寸以长度计算	1. 基础铺筑 2. 管道铺设、安装
040306002	滑板	1. 混凝土强度等级 2. 石蜡层要求 3. 塑料薄膜品种、规格	m^3	按设计图示尺寸以体积计算	1. 模板制作、安装、拆除 2. 混凝土拌和、运输、浇筑 3. 养护 4. 涂石蜡层 5. 铺塑料薄膜
040306003	箱涵底板	1. 混凝土强度等级 2. 混凝土抗渗要求 3. 防水层工艺要求	m^3	按设计图示尺寸以体积计算	1. 模板制作、安装、拆除 2. 混凝土拌和、运输、浇筑 3. 养护 4. 防水层铺涂
040306004	箱涵侧墙				1. 模板制作、安装、拆除 2. 混凝土拌和、运输、浇筑 3. 养护 4. 防水砂浆 5. 防水层铺涂
040306005	箱涵顶板				
040306006	箱涵顶进	1. 断面 2. 长度 3. 弃土运距	kt·m	按设计图示尺寸以被顶箱涵的质量，乘以箱涵的位移距离分节累计计算	1. 顶进设备安装、拆除 2. 气垫安装、拆除 3. 气垫使用 4. 钢刃角制作、安装、拆除 5. 挖土实顶 6. 土方场内外运输 7. 中继间安装、拆除
040306007	箱涵接缝	1. 材质 2. 工艺要求	m	按设计图示止水带长度计算	接缝

注：除箱涵顶进土方外，顶进工作坑等土方应按“3.1　土石方工程”中相关项目编码列项。

7. 钢结构

钢结构工程量清单项目设置、项目特征描述的内容、计量单位及工程量计算规则，应按表3-54的规定执行。

表3-54 钢结构（编码：040307）

项目编码	项目名称	项目特征	计量单位	工程量计算规则	工程内容
040307001	钢箱梁	1. 材料品种、规格 2. 部位 3. 探伤要求 4. 防火要求 5. 补刷油漆品种、色彩、工艺要求	t	按设计图示尺寸以质量计算。不扣除孔眼的质量，焊条、铆钉、螺栓等不另增加质量	1. 拼装 2. 安装 3. 探伤 4. 涂刷防火涂料 5. 补刷油漆
040307002	钢板梁				
040307003	钢桁梁				
040307004	钢拱				
040307005	劲性钢结构				
040307006	钢结构叠合梁				
040307007	其他钢构件				
040307008	悬（斜拉）索	1. 材料品种、规格 2. 直径 3. 抗拉强度 4. 防护方式	t	按设计图示尺寸以质量计算	1. 拉索安装 2. 张拉、索力调整、锚固 3. 防护壳制作、安装
040307009	钢拉杆				1. 连接、紧锁件安装 2. 钢拉杆安装 3. 钢拉杆防腐 4. 钢拉杆防护壳制作、安装

8. 装饰

装饰工程量清单项目设置、项目特征描述的内容、计量单位及工程量计算规则，应按表3-55的规定执行。

表3-55 装饰（编码：040308）

项目编码	项目名称	项目特征	计量单位	工程量计算规则	工程内容
040308001	水泥砂浆抹面	1. 砂浆配合比 2. 部位 3. 厚度	m^2	按设计图示尺寸以面积计算	1. 基层清理 2. 砂浆抹面
040308002	剁斧石饰面	1. 材料 2. 部位 3. 形式 4. 厚度			1. 基层清理 2. 饰面

续表 3-55

项目编码	项目名称	项目特征	计量单位	工程量计算规则	工程内容
040308003	镶贴面层	1. 材质 2. 规格 3. 厚度 4. 部位	m^2	按设计图示尺寸以面积计算	1. 基层清理 2. 镶贴面层 3. 勾缝
040308004	涂料	1. 材料品种 2. 部位			1. 基层清理 2. 涂料涂刷
040308005	油漆	1. 材料品种 2. 部位 3. 工艺要求			1. 除锈 2. 刷油漆

注：如遇本清单项目缺项时，可按现行国家标准《房屋建筑与装饰工程工程量计算规范》GB 50854—2013 中相关项目编码列项。

9. 其他

其他工程量清单项目设置、项目特征描述的内容、计量单位及工程量计算规则，应按表 3-56 的规定执行。

表 3-56 其他（编码：040309）

项目编码	项目名称	项目特征	计量单位	工程量计算规则	工程内容
040309001	金属栏杆	1. 栏杆材质、规格 2. 油漆品种、工艺要求	1. t 2. m	1. 按设计图示尺寸以质量计算 2. 按设计图示尺寸以延长米计算	1. 制作、运输、安装 2. 除锈、刷油漆
040309002	石质栏杆	材料品种、规格	m	按设计图示尺寸以长度计算	制作、运输、安装
040309003	混凝土栏杆	1. 混凝土强度等级 2. 规格尺寸			
040309004	橡胶支座	1. 材质 2. 规格、型号 3. 形式	个	按设计图示数量计算	支座安装
040309005	钢支座	1. 规格、型号 2. 形式			
040309006	盆式支座	1. 材质 2. 承载力			
040309007	桥梁伸缩装置	1. 材料品种 2. 规格、型号 3. 混凝土种类 4. 混凝土强度等级	m	以米计量，按设计图示尺寸以延长米计算	1. 制作、安装 2. 混凝土拌和、运输、浇筑

续表 3-56

项目编码	项目名称	项目特征	计量单位	工程量计算规则	工程内容
040309008	隔声屏障	1. 材料品种 2. 结构形式 3. 油漆品种、工艺要求	m^2	按设计图示尺寸以面积计算	1. 制作、安装 2. 除锈、刷油漆
040309009	桥面排（泄）水管	1. 材料品种 2. 管径	m	按设计图示以长度计算	进水口、排（泄）水管制作、安装
040309010	防水层	1. 部位 2. 材料品种、规格 3. 工艺要求	m^2	按设计图示尺寸以面积计算	防水层铺涂

注：支座垫石混凝土按“现浇混凝土构件”中“混凝土基础”项目编码列项。

10. 相关问题及说明

1）清单项目各类预制桩均按成品构件编制，购置费用应计入综合单价中，如采用现场预制，包括预制构件制作的所有费用。

2）当以体积为计量单位计算混凝土工程量时，不扣除构件内钢筋、螺栓、预埋铁件、张拉孔道和单个面积≤0.3m^2的孔洞所占体积，但应扣除型钢混凝土构件中型钢所占体积。

3）桩基陆上工作平台搭拆工作内容包括在相应的清单项目中，若为水上工作平台搭拆，应按“措施项目”相关项目单独编码列项。

3.3.2 桥涵工程定额工程量计算规则

1. 桥涵工程定额一般规定

1）《全国统一市政工程预算定额》GYD—303—1999“桥涵工程”（以下简称“桥涵工程定额”），包括打桩工程、钻孔灌注桩工程、砌筑工程、钢筋工程、现浇混凝土工程、预制混凝土工程、立交箱涵工程、安装工程、临时工程及装饰工程，共十章591个子目。

2）桥涵工程定额适用范围：

①单跨100m以内的城镇桥梁工程。

②单跨5m以内的各种板涵、拱涵工程（圆管涵套用《全国统一市政工程预算定额》GYD—306—1999“排水工程”定额，其中管道铺设及基础项目人工、机械费乘以1.25系数）。

③穿越城市道路及铁路的立交箱涵工程。

3）桥涵工程定额有关说明：

①预制混凝土及钢筋混凝土构件均属现场预制，不适用于独立核算、执行产品出厂价格的构件厂所生产的构配件。

②桥涵工程定额中提升高度按原地面标高至梁底标高8m为界，若超过8m时，超过部分可另行计算超高费；桥涵工程定额河道水深取定为3m，若水深＞3m时，应另行计

算。当超高以及水深＞3m 时，超过部分增加费用的具体计算办法按各省、自治区、直辖市规定执行。

③桥涵工程定额中均未包括各类操作脚手架，发生时按《全国统一市政工程预算定额》GYD—301—1999“通用项目”相应定额执行。

④桥涵工程定额未包括的预制构件场内、场外运输，可按各省、自治区、直辖市的有关规定计算。

2. 打桩工程工程量计算

(1) 定额工程量计算说明

1）打桩工程定额内容包括打木制桩、打钢筋混凝土桩、打钢管桩、送桩、接桩等项目共 12 节 107 个子目。

2）定额中土质类别均按甲级土考虑。各省、自治区、直辖市可按本地区土质类别进行调整。

3）打桩工程定额均为打直桩，如打斜桩（包括俯打、仰打）斜率在 1∶6 以内时，人工乘以 1.33，机械乘以 1.43。

4）打桩工程定额均考虑在已搭置的支架平台上操作，但不包括支架平台，其支架平台的搭设与拆除应按临时工程有关项目计算。

5）陆上打桩采用履带式柴油打桩机时，不计陆上工作平台费，可计 20cm 碎石垫层，面积按陆上工作平台面积计算。

6）船上打桩定额按两艘船只拼搭、捆绑考虑。

7）打板桩定额中，均已包括打、拔导向桩内容，不得重复计算。

8）陆上、支架上、船上打桩定额中均未包括运桩。

9）送桩定额按送 4m 为界，如实际超过 4m 时，按相应定额乘以下列调整系数：

①送桩 5m 以内乘以系数 1.2。

②送桩 6m 以内乘以系数 1.5。

③送桩 7m 以内乘以系数 2.0。

④送桩 7m 以上，以调整后 7m 为基础，每超过 1m 递增系数 0.75。

10）打桩机械的安装、拆除按临时工程有关项目计算。打桩机械场外运输费按机械台班费用定额计算。

(2) 定额工程量计算规则

1）打桩：

①钢筋混凝土方桩、板桩按桩长度（包括桩尖长度）乘以桩横断面面积计算。

②钢筋混凝土管桩按桩长度（包括桩尖长度）乘以桩横断面面积，减去空心部分体积计算。

③钢管桩按成品桩考虑，以“吨”计算。

2）焊接桩型钢用量可按实调整。

3）送桩：

①陆上打桩时，以原地面平均标高增加 1m 为界线，界线以下至设计桩顶标高之间的打桩实体积为送桩工程量。

②支架上打桩时，以当地施工期间的最高潮水位增加 0.5m 为界线，界线以下至设计

桩顶标高之间的打桩实体积为送桩工程量。

③船上打桩时，以当地施工期间的平均水位增加1m为界线，界线以下至设计桩顶标高之间的打桩实体积为送桩工程量。

3. 钻孔灌注桩工程工程量计算

(1) 定额工程量计算说明

1) 钻孔灌注桩工程定额包括埋设护筒，人工挖孔、卷扬机带冲抓锥、冲击钻机、回旋钻机四种成孔方式及灌注混凝土等项目共7节104个子目。

2) 钻孔灌注桩工程定额适用于桥涵工程钻孔灌注桩基础工程。

3) 定额钻孔土质分为8种：

①砂土：粒径不大于2mm的砂类土，包括淤泥、轻亚黏土。

②黏土：亚黏土、黏土、黄土，包括土状风化。

③砂砾：粒径2～20mm的角砾、圆砾含量不大于50%，包括礓石黏土及粒状风化。

④砾石：粒径2～20mm的角砾、圆砾含量大于50%，有时还包括粒径为20～200mm的碎石、卵石，其含量在50%以内，包括块状风化。

⑤卵石：粒径20～200mm的碎石、卵石含量大于10%，有时还包括块石、漂石，其含量在10%以内，包括块状风化。

⑥软石：各种松软、胶结不紧、节理较多的岩石及较坚硬的块石土、漂石土。

⑦次坚石：硬的各类岩石，包括粒径大于500mm、含量大于10%的较坚硬的块石、漂石。

⑧坚石：坚硬的各类岩石，包括粒径大于1000mm、含量大于10%的坚硬的块石、漂石。

4) 成孔定额按孔径、深度和土质划分项目，若超过定额使用范围时，应另行计算。

5) 埋设钢护筒定额中钢护筒按摊销量计算，若在深水作业时，钢护筒无法拔出时，经建设单位签证后，可按钢护筒实际用量（或参考表3-57重量）减去定额数量一次增列计算，但该部分不得计取除税金外的其他费用。

表3-57　钢护筒摊销量计算参考值

桩径（mm）	800	1000	1200	1500	2000
每米护筒重量（kg/m）	155.06	184.87	285.93	345.09	554.6

6) 灌注桩混凝土均考虑混凝土水下施工，按机械搅拌，在工作平台上导管倾注混凝土。定额中已包括设备（如导管等）摊销及扩孔增加的混凝土数量，不得另行计算。

7) 定额中未包括：钻机场外运输、截除余桩、废泥浆处理及外运，其费用可另行计算。

8) 定额中不包括在钻孔中遇到障碍必须清除的工作，发生时另行计算。

9) 泥浆制作定额按普通泥浆考虑，若需采用膨润土，各省、自治区、直辖市可作相应调整。

(2) 定额工程量计算规则

1) 灌注桩成孔工程量按设计入土深度计算。定额中的孔深指护筒顶至桩底的深度。成孔定额中同一孔内的不同土质，不论其所在的深度如何，均执行总孔深定额。

2）人工挖桩孔土方工程量按护壁外缘包围的面积乘以深度计算。

3）灌注桩水下混凝土工程量按设计桩长增加 1.0m 乘以设计横断面面积计算。

4）灌注桩工作平台按照临时工程有关项目计算。

5）钻孔灌注桩钢筋笼按设计图纸计算，套用钢筋工程有关项目。

6）钻孔灌注桩需使用预埋铁件时，套用钢筋工程有关项目。

4. 砌筑工程工程量计算

（1）定额工程量计算说明

1）砌筑工程定额包括浆砌块石、料石、混凝土预制块和砖砌体等项目共 5 节 21 个子目。

2）砌筑工程定额适用于砌筑高度在 8m 以内的桥涵砌筑工程，未列的砌筑项目，按第一册“通用项目”相应定额执行。

3）砌筑定额中未包括垫层、拱背和台背的填充项目，如发生上述项目，可套用有关定额。

4）拱圈底模定额中不包括拱盔和支架，可按临时工程相应定额执行。

5）定额中调制砂浆，均按砂浆拌和机拌和，如采用人工拌制时，定额不予调整。

（2）定额工程量计算规则

1）砌筑工程量按设计砌体尺寸以立方米体积计算，嵌入砌体中的钢管、沉降缝、伸缩缝以及单孔面积 $0.3m^3$ 以内的预留孔所占体积不予扣除。

2）拱圈底模工程量按模板接触砌体的面积计算。

5. 钢筋工程工程量计算

（1）定额工程量计算说明

1）钢筋工程定额包括桥涵工程各种钢筋、高强钢丝、钢绞线、预埋铁件的制作安装等项目共 4 节 27 个子目。

2）定额中钢筋按 $\phi 10$ 以下及 $\phi 10$ 以上两种分列，$\phi 10$ 以下采用 Q235 钢，$\phi 10$ 以上采用 16 锰钢，钢板均按 Q235 钢计列，预应力筋采用 HRB500 级钢、钢绞线和高强钢丝。因设计要求采用钢材与定额不符时，可予调整。

3）因束道长度不等，故定额中未列锚具数量，但已包括锚具安装的人工费。

4）先张法预应力筋制作、安装定额，未包括张拉台座，该部分可由各省、自治区、直辖市视具体情况另行规定。

5）压浆管道定额中的铁皮管、波纹管均已包括套管及三通管安装费用，但未包括三通管费用，可另行计算。

6）定额中钢绞线按 $\phi 15.24$、束长在 40m 以内考虑，如规格不同或束长超过 40m 时，应另行计算。

（2）定额工程量计算规则

1）钢筋按设计数量套用相应定额计算（损耗已包括在定额中）。设计未包括施工用筋经建设单位同意后可另计。

2）T 型梁连接钢板项目按设计图纸，以“t”为单位计算。

3）锚具工程量按设计用量乘以下列系数计算。锥形锚为 1.05；OVM 锚为 1.05；墩头锚为 1.00。

4）管道压浆不扣除钢筋体积。

6. 现浇混凝土工程工程量计算

（1）定额工程量计算说明

1）现浇混凝土工程定额包括基础、墩、台、柱、梁、桥面、接缝等项目共14节76个子目。

2）现浇混凝土工程定额适用于桥涵工程现浇各种混凝土构筑物。

3）现浇混凝土工程定额中嵌石混凝土的块石含量如与设计不同时，可以换算，但人工及机械不得调整。

4）钢筋工程中定额中均未包括预埋铁件，如设计要求预埋铁件时，可按设计用量套用有关项目。

5）承台分有底模和无底模两种，应按不同的施工方法套用定额相应项目。

6）定额中混凝土按常用强度等级列出，如设计要求不同时可以换算。

7）定额中模板以木模、工具式钢模为主（除防撞护栏采用定型钢模外）。若采用其他类型模板时，允许各省、自治区、直辖市进行调整。

8）现浇梁、板等模板定额中均已包括铺筑底模内容，但未包括支架部分。如发生时可套用临时工程有关项目。

（2）定额工程量计算规则

1）混凝土工程量按设计尺寸以实体积计算（不包括空心板、梁的空心体积），不扣除钢筋、铁丝、铁件、预留压浆孔道和螺栓所占的体积。

2）模板工程量按模板接触混凝土的面积计算。

3）现浇混凝土墙、板上单孔面积在0.3m^{2}以内的孔洞体积不予扣除，洞侧壁模板面积亦不再计算；单孔面积在0.3m^{2}以上时，应予扣除，洞侧壁模板面积并入墙、板模板工程量之内计算。

7. 预制混凝土工程工程量计算

（1）定额工程量计算说明

1）预制混凝土工程定额包括预制桩、柱、板、梁及小型构件等项目共8节44个子目。

2）预制混凝土工程定额适用于桥涵工程现场制作的预制构件。

3）预制混凝土工程定额中均未包括预埋铁件，如设计要求预埋铁件时，可按设计用量套用钢筋工程中有关项目。

4）定额不包括地模、胎模费用，需要时可按临时工程中有关定额计算。胎、地模的占用面积可由各省、自治区、直辖市另行规定。

（2）定额工程量计算规则

1）混凝土工程量计算：

①预制桩工程量按桩长度（包括桩尖长度）乘以桩横断面面积计算。

②预制空心构件按设计图尺寸扣除空心体积，以实体积计算。空心板梁的堵头板体积不计入工程量内，其消耗量已在定额中考虑。

③预制空心板梁，凡采用橡胶囊做内模的，考虑其压缩变形因素，可增加混凝土数量。当梁长在16m以内时，可按设计计算体积增加7%；若梁长大于16m时，则增加9%计算。如设计图已注明考虑橡胶囊变形时，不得再增加计算。

④预应力混凝土构件的封锚混凝土数量并入构件混凝土工程量计算。

2）模板工程量计算：

①预制构件中预应力混凝土构件及T形梁、I形梁、双曲拱、桁架拱等构件均按模板接触混凝土的面积（包括侧模、底模）计算。

②灯柱、端柱、栏杆等小型构件按平面投影面积计算。

③预制构件中非预应力构件按模板接触混凝土的面积计算，不包括胎、地模。

④空心板梁中空心部分，桥涵工程定额均采用橡胶囊抽拔，其摊销量已包括在定额中，不再计算空心部分模板工程量。

⑤空心板中空心部分，可按模板接触混凝土的面积计算工程量。

3）预制构件中的钢筋混凝土桩、梁及小型构件，可按混凝土定额基价的2%计算其运输、堆放、安装损耗，但该部分不计材料用量。

8. 立交箱涵工程工程量计算

(1) 定额工程量计算说明

1）立交箱涵工程定额包括箱涵制作、顶进、箱涵内挖土等项目共7节36个子目。

2）立交箱涵工程定额适用于穿越城市道路及铁路的立交箱涵顶进工程及现浇箱涵工程。

3）定额顶进土质按Ⅰ、Ⅱ类土考虑，若实际土质与定额不同时，可由各省、自治区、直辖市进行调整。

4）定额中未包括箱涵顶进的后靠背设施等，其发生费用另行计算。

5）定额中未包括深基坑开挖、支撑及井点降水的工作内容，可套用有关定额计算。

6）立交桥引道的结构及路面铺筑工程，根据施工方法套用有关定额计算。

(2) 定额工程量计算规则

1）箱涵滑板下的肋楞，其工程量并入滑板内计算。

2）箱涵混凝土工程量，不扣除单孔面积0.3m^2以下的预留孔洞体积。

3）顶柱、中继间护套及挖土支架均属专用周转性金属构件，定额中已按摊销量计列，不得重复计算。

4）箱涵顶进定额分空项、无中继间实土顶和有中继间实土顶三类，其工程量计算如下：

①空顶工程量按空顶的单节箱涵重量乘以箱涵位移距离计算。

②实土顶工程量按被顶箱涵的重量乘以箱涵位移距离分段累计计算。

5）气垫只考虑在预制箱涵底板上使用，按箱涵底面积计算。气垫的使用天数由施工组织设计确定，但采用气垫后在套用顶进定额时应乘以系数0.7。

9. 安装工程工程量计算

(1) 定额工程量计算说明

1）安装工程定额包括安装排架立柱、墩台管节、板、梁、小型构件、栏杆扶手、支座、伸缩缝等项目共13节90个子目。

2）安装工程定额适用于桥涵工程混凝土构件的安装等项目。

3）小型构件安装已包括150m场内运输，其他构件均未包括场内运输。

4）安装预制构件定额中，均未包括脚手架，如需要用脚手架时，可套用第一册“通用项目”相应定额项目。

5）安装预制构件，应根据施工现场具体情况，采用合理的施工方法，套用相应定额。

6）除安装梁分陆上、水上安装外，其他构件安装均未考虑船上吊装，发生时可增计船只费用。

（2）定额工程量计算规则

1）定额安装预制构件以“m^3”为计量单位的，均按构件混凝土实体积（不包括空心部分）计算。

2）驳船不包括进出场费，其吨位单价由各省、自治区、直辖市确定。

10. 临时工程工程量计算

（1）定额工程量计算说明

1）临时工程定额内容包括桩基础支架平台、木垛、支架的搭拆，打桩机械、船排、万能杆件的组拆，挂篮的安拆和推移，胎地模的筑拆及桩顶混凝土凿除等项目共 10 节 40 个子目。

2）临时工程定额支架平台适用于陆上、支架上打桩及钻孔灌注桩。支架平台分陆上平台与水上平台两类，其划分范围由各省、自治区、直辖市根据当地的地形条件和特点确定。

3）桥涵拱盔、支架均不包括底模及地基加固在内。

4）组装、拆卸船排定额中未包括压舱费用。压舱材料取定为大石块，并按船排总吨位的 30%计取（包括装、卸在内 150m 的二次运输费）。

5）打桩机械锤重的选择见表 3-58。

表 3-58　打桩机械锤重的选择

桩类别	桩长度（m）	桩截面积（S/m^2）或管径 ϕ（mm）	柴油桩机锤重（kg）
钢筋混凝土方桩及板桩	$L\leqslant 8.00$	$S\leqslant 0.05$	600
	$L\leqslant 8.00$	$0.05<S\leqslant 0.105$	1200
	$8.00<L\leqslant 16.00$	$0.105<S\leqslant 0.125$	1800
	$16.00<L\leqslant 24.00$	$0.125<S\leqslant 0.160$	2500
	$24.00<L\leqslant 28.00$	$0.160<S\leqslant 0.225$	4000
	$28.00<L\leqslant 32.00$	$0.225<S\leqslant 0.250$	5000
	$32.00<L\leqslant 40.00$	$0.250<S\leqslant 0.300$	7000
钢筋混凝土管桩	$L\leqslant 25.00$	$\phi 400$	2500
	$L\leqslant 25.00$	$\phi 550$	4000
	$L\leqslant 25.00$	$\phi 600$	5000
	$L\leqslant 50.00$	$\phi 600$	7000
	$L\leqslant 25.00$	$\phi 800$	5000
	$L\leqslant 50.00$	$\phi 800$	7000
	$L\leqslant 25.00$	$\phi 1000$	7000
	$L\leqslant 50.00$	$\phi 1000$	8000

注：钻孔灌注桩工作平台按孔径 $\phi\leqslant 1000$mm，套用锤重 1800kg 打桩工作平台；$\phi>1000$mm，套用锤重 2500kg 打桩工作平台。

6）搭、拆水上工作平台定额中，已综合考虑了组装、拆卸船排及组装、拆卸打拔桩架工作内容，不得重复计算。

（2）定额工程量计算规则

1）搭拆打桩工作平台面积计算。

①桥梁打桩：　$F=N_1F_1+N_2F_2$　(3-15)

每座桥台（桥墩）：　$F_1=(5.5+A+2.5)\times(6.5+D)$　(3-16)

每条通道：　$F_2=6.5\times[L-(6.5+D)]$　(3-17)

②钻孔灌注桩：　$F=N_1F_1+N_2F_2$　(3-18)

每座桥台（桥墩）：　$F_1=(A+6.5)\times(6.5+D)$　(3-19)

每条通道：　$F_2=6.5\times[L-(6.5+D)]$　(3-20)

式中　F——工作平台总面积（m^2）；

F_1——每座桥台（桥墩）工作平台面积（m^2）；

F_2——桥台至桥墩间或桥墩至桥墩间通道工作平台面积（m^2）；

N_1——桥台和桥墩总数量；

N_2——通道总数量；

D——二排桩之间距离（m）；

L——桥梁跨径或护岸的第一根桩中心至最后一根桩中心之间的距离（m）；

A——桥台（桥墩）每排桩的第一根桩中心至最后一根桩中心之间的距离（m）。

2）凡台与墩或墩与墩之间不能连续施工时（如不能断航、断交通或拆迁工作不能配合），每个墩、台可计一次组装、拆卸柴油打桩架及设备运输费。

3）桥涵拱盔、支架空间体积计算。

①桥涵拱盔体积按起拱线以上弓形侧面积乘以（桥宽+2m）计算。

②桥涵支架体积为结构底至原地面（水上支架为水上支架平台顶面）平均标高乘以纵向距离再乘以（桥宽+2m）计算。

11．装饰工程工程量计算

（1）定额工程量计算说明

1）装饰工程定额包括砂浆抹面、水刷石、剁斧石、拉毛、水磨石、镶贴面层、涂料、油漆等项目共8节46个子目。

2）装饰工程定额适用于桥、涵构筑物的装饰项目。

3）镶贴面层定额中，贴面材料与定额不同时，可以调整换算，但人工与机械台班消耗量不变。

4）水质涂料不分面层类别，均按本定额计算，由于涂料种类繁多，如采用其他涂料时，可以调整换算。

5）水泥白石子浆抹灰定额，均未包括颜料费用，如设计需要颜料调制时，应增加颜料费用。

6）油漆定额按手工操作计取，如采用喷漆时，应另行计算。定额中油漆种类与实际不同时，可以调整换算。

7）定额中均未包括施工脚手架，发生时可按《全国统一市政工程预算定额》GYD—301—1999“通用项目”相应定额执行。

(2) 定额工程量计算规则

除金属面油漆以"t"计算外，其余项目均按装饰面积计算。

3.3.3 桥涵工程工程量计算与清单编制实例

【例 3-13】 某梁桥重力式桥墩各部尺寸如图 3-31 所示，采用 C20 混凝土浇筑，石料最大粒径 20mm，计算墩帽、墩身及基础的工程量。

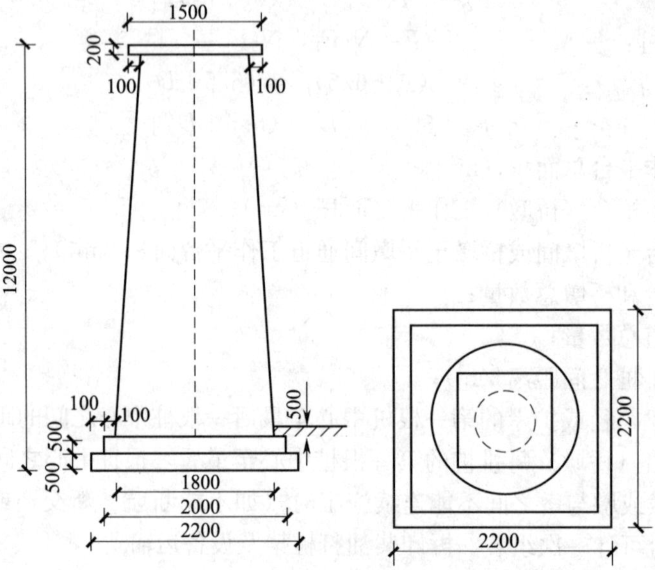

图 3-31 桥墩各部尺寸

【解】

(1) 清单工程量

1) 混凝土墩（台）帽：

$$V_1=1.5\times1.5\times0.2=0.45\ (\mathrm{m}^3)$$

2) 混凝土墩（台）身：

$$V_2=\frac{1}{3}\times3.14\times(12-0.2-0.5\times2)\times(0.65^2+0.9^2+0.65\times0.9)=20.55\ (\mathrm{m}^3)$$

3) 混凝土基础：

$$V_3=(2\times2+2.2\times2.2)\times0.5=4.42\ (\mathrm{m}^3)$$

分部分项工程和单价措施项目清单与计价表见表 3-59。

表 3-59 分部分项工程和单价措施项目清单与计价表

工程名称：

序号	项目编码	项目名称	项目特征描述	计量单位	工程量	金额（元）	
						综合单价	合价
1	040303004001	混凝土墩（台）帽	墩帽，C20 混凝土，石料最大粒径 20mm	m^3	0.45		

续表 3-59

序号	项目编码	项目名称	项目特征描述	计量单位	工程量	金额（元）	
						综合单价	合价
2	040303005001	混凝土墩（台）身	墩身，C20 混凝土，石料最大粒径 20mm	m^3	20.55		
3	040303002001	混凝土基础	C20 混凝土，石料最大粒径 20mm	m^3	4.42		

（2）定额工程量

定额工程量同清单工程量。

【例 3-14】 某涵洞总长为 22m，采用箱涵形式，其箱涵底板表面为水泥混凝土板，厚度为 25cm，C20 混凝土箱涵侧墙厚 45cm，C20 混凝土顶板厚 35cm。箱涵洞示意图如图 3-32 所示。试计算各部分工程量。

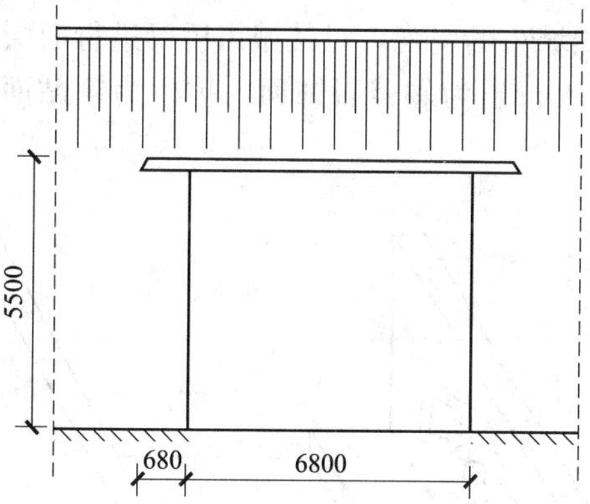

图 3-32 箱涵洞

【解】

（1）清单工程量

1）箱涵底板：

$$V_1=6.8\times22\times0.25=37.4\ (m^3)$$

2）箱涵侧墙：

$$V_2=22\times5.5\times0.45=54.45\ (m^3)$$

$$V=2V_2=2\times54.45=108.9\ (m^3)$$

3）箱涵顶板：

$$V=(6.8+0.68\times2)\times0.35\times22=62.83\ (m^3)$$

分部分项工程和单价措施项目清单与计价表见表 3-60。

表 3-60 分部分项工程和单价措施项目清单与计价表

工程名称：

序号	项目编码	项目名称	项目特征描述	计量单位	工程量	金额（元）	
						综合单价	合价
1	040306002001	箱涵底板	箱涵底板表面为水泥混凝土板，厚度为20cm	m^3	37.4		
2	040306003001	箱涵侧墙	侧墙厚 50cm，C20混凝土	m^3	108.9		
3	040306004001	箱涵顶板	顶板厚 30cm，C20混凝土	m^3	62.83		

（2）定额工程量

定额工程量同清单工程量。

【例 3-15】 为了增加城市的美观，对某城市桥梁进行面层装饰如图 3-33 所示，其行车道采用水泥砂浆抹面，人行道为剁斧石饰面，护栏为镶贴面层，计算各种饰料的工程量。

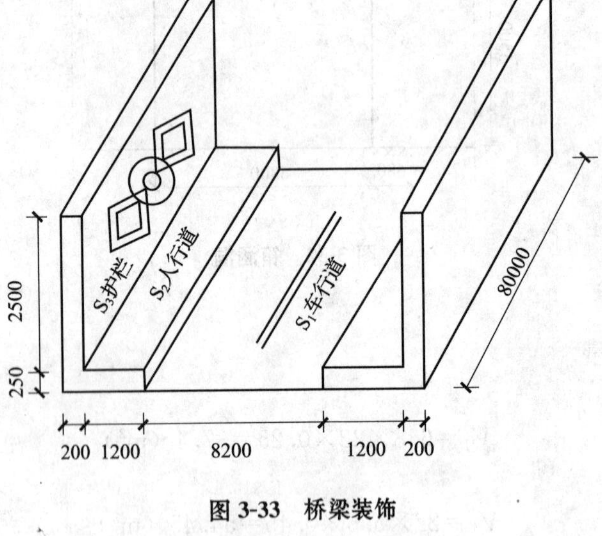

图 3-33 桥梁装饰

【解】

（1）清单工程量

1）水泥砂浆抹面：

$$S_1=8.2\times80=656\ (m^2)$$

2）剁斧石砌面：

$$S_2=2\times1.2\times80+4\times1.2\times0.25+2\times0.25\times80=233.2\ (m^2)$$

3）镶贴面层：

$$S_3=2\times2.5\times80+2\times0.2\times80+4\times0.2\times(2.5+0.25)=434.2\ (m^2)$$

分部分项工程和单价措施项目清单与计价表见表3-61。

表3-61　分部分项工程和单价措施项目清单与计价表

工程名称：

序号	项目编码	项目名称	项目特征描述	计量单位	工程量	金额（元）	
						综合单价	合价
1	040308001001	水泥砂浆抹面	行车道采用水泥砂浆抹面	m^2	656		
2	040308002001	剁斧石砌面	人行道为剁斧石饰面	m^2	233.2		
3	040308003001	镶贴面层	护栏为镶贴面层	m^2	434.2		

（2）定额工程量

定额工程量同清单工程量。

【例3-16】　某桥梁重力式桥台，台身采用M10水泥砂浆砌块石，台帽采用M10水泥砂浆砌料石，如图3-34工程所示，共2个台座，长度12m。ϕ100PVC泄水管安装间距3m。50×50级配碎石反滤层、泄水孔进口二层土工布包裹。试列出该桥梁台身及台帽工程的分部分项工程量清单（不考虑基础及勾缝等内容）。

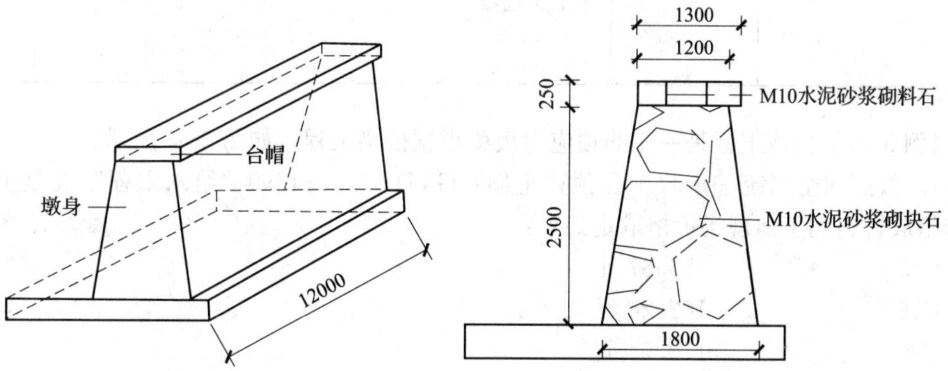

图3-34　实例工程图

【解】

（1）混凝土墩（台）帽：

$$1.3\times0.25\times12\times2=7.8\ (m^3)$$

（2）混凝土墩（台）身：

$$(1.8+1.2)\div2\times2.5\times12\times2=90\ (m^3)$$

分部分项工程和单价措施项目清单与计价表见表3-62。

表 3-62 分部分项工程和单价措施项目清单与计价表

工程名称：某桥梁工程

序号	项目编码	项目名称	项目特征描述	计量单位	工程量	金额（元）	
						综合单价	合价
1	040303004001	混凝土墩（台）帽	1. 部位：台帽 2. 材料品种、规格：块石 3. 砂浆强度等级：M10 水泥砂浆	m^3	7.8		
2	040303005001	混凝土墩（台）身	1. 部位：台身 2. 材料品种、规格：料石 3. 砂浆强度等级：M10 水泥砂浆 4. 泄水孔材料品种、规格：ϕ100PVC 泄水管 5. 滤水层要求：50×50 级配碎石反滤层、泄水孔进口二层土工布包裹	m^3	90		

【例 3-17】 该工程是一座非预应力板梁小型桥梁工程，如图 3-35 所示。

1. 按照《全国统一市政工程预算定额》GYD—305—1999“给水工程”混凝土每立方米组成材料到工地现场价格取定如下：

C10　　156.87 元

C15　　162.24 元

C20　　170.64 元

C25　　181.62 元

C30　　198.60 元

2. 管理费费率为 10%，利率为 5%，均以直接费为基础。

【解】

《建设工程工程量清单计价规范》GB 50500—2008 计算方法，采用《全国统一市政工程预算定额》GYD—305—1999“给水工程”。

（1）工程量清单编制

分部分项工程和单价措施项目清单与计价表见表 3-63。

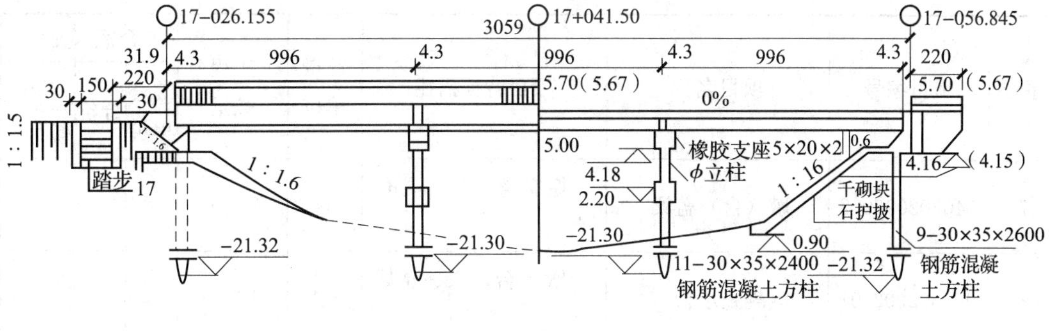

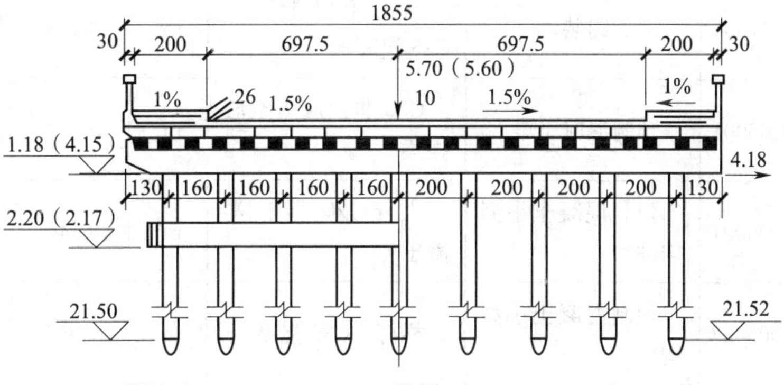

图 3-35 桥梁示意图

表 3-63 分部分项工程和单价措施项目清单与计价表

工程名称：小型桥梁工程　　　　标段：　　　　第 页 共 页

序号	项目编号	项目名称	项目特征描述	计量单位	工程数量	金额（元）		
						综合单价	合价	其中 暂估价
1	040101003001	挖基坑土方	三类土，2m 以内	m^3	36.00			
2	040101006001	挖淤泥	人工挖淤泥	m^3	153.60			
3	040103001001	填土	回填基坑，密实度 95%	m^3	1589.00			
4	040103002001	余方弃置	淤泥运距 100m	m^3	153.60			
5	040301003001	钢筋混凝土方桩	C30 混凝土，墩、台基桩 30×50	m^3	944.00			
6	040302006001	墩（台）盖梁	台盖梁，C30 混凝土	m^3	38.00			

续表 3-63

序号	项目编号	项目名称	项目特征描述	计量单位	工程数量	金额（元）		
						综合单价	合价	其中
								暂估价
7	040302006002	墩（台）盖梁	墩盖梁，C30 混凝土	m^3	25.00			
8	040302002001	混凝土承台	墩承台，C30 混凝土	m^3	17.40			
9	040302004001	墩（台）身	墩柱，C20 混凝土	m^3	8.6			
10	040302017001	桥面铺装	车行道厚 145cm，C25 混凝土	m^3	61.9			
11	040303003001	预制混凝土梁	C30 非预应力空心板梁	m^3	166.14			
12	040303005001	预制混凝土小型构件	人行道板，C25 混凝土	m^3	6.40			
13	040303005002	预制混凝土小型构件	栏杆，C30 混凝土	m^3	4.60			
14	040303005003	预制混凝土小型构件	端墙端柱，C30 混凝土	m^3	6.81			
15	040303005004	预制混凝土小型构件	侧缘石，C25 混凝土	m^3	10.10			
16	040304002001	浆砌块料	踏步料石 30×20×100，M10 砂浆	m^3	12.00			
17	040305005001	护坡	M10 水泥砂浆砌块石护坡，厚 40cm	m^2	60.00			
18	040305005002	护坡	干砌块石护坡，厚 40cm	m^2	320.00			
19	040308001001	水泥砂浆抹面	人行道水泥砂浆抹面 1∶2，分格	m^2	120.00			
20	040309002001	橡胶支座	板式，每个 630cm^3	个	216.00			
21	040309006001	桥梁伸缩装置	橡胶伸缩缝	m	39.85			
22	040309006002	桥梁伸缩装置	沥青麻丝伸缩缝	m	28.08			
合计								

（2）工程量清单计价编制

分部分项工程量清单综合单价分析表，见表 3-64～表 3-85，分部分项工程和单价措施项目清单与计价表见表 3-86。

表 3-64 综合单价分析表（一）

工程名称：小型桥梁工程　　　　标段：　　　　第 页 共 页

项目编码	040101003001		项目名称	挖基坑土方		计量单位	m³	工程量		36.00	
清单综合单价组成明细											
定额编号	定额名称	定额单位	数量	单价				合价			
				人工费	材料费	机械费	管理费和利润	人工费	材料费	机械费	管理费和利润
1-20	人工挖基坑土方	100m³	0.01	1429.09	—	—	214.36	14.29	—	—	2.144
1-45	人工装运土方	100m³	0.01	431.65	—	—	64.748	4.32	—	—	0.65
1-46	人工装运土方，运距增50m	100m³	0.01	85.39	—	—	12.81	0.85	—	—	0.128
人工单价		小计						19.46	—	—	2.922
22.47（元/工日）		未计价材料费									
清单项目综合单价								22.38			

材料费明细	主要材料名称、规格、型号	单位	数量	单价（元）	合价（元）	暂估单价（元）	暂估合价（元）
	其他材料费						
	材料费小计						

注："数量"栏为"投标方（定额）工程量÷招标方（清单）工程量÷定额单位数量"，如"0.01"为"36÷36÷100"。

表 3-65 综合单价分析表（二）

工程名称：小型桥梁工程　　　　标段：　　　　第　页共　页

项目编码	040101006001	项目名称	挖淤泥	计量单位	m^3	工程量	153.60				
清单综合单价组成明细											
定额编号	定额名称	定额单位	数量	单价				合价			
				人工费	材料费	机械费	管理费和利润	人工费	材料费	机械费	管理费和利润
1-50	人工挖淤泥	$100m^3$	0.01	2255.76	—	—	338.36	22.56	—	—	3.38
人工单价		小计						22.56			3.38
22.47（元/工日）		未计价材料费									
清单项目综合单价								25.94			

材料费明细	主要材料名称、规格、型号	单位	数量	单价（元）	合价（元）	暂估单价（元）	暂估合价（元）
	其他材料费						
	材料费小计						

注：“数量”栏为“投标方（定额）工程量÷招标方（清单）工程量÷定额单位数量”，如“0.01”为“153.6÷153.6÷100”。

表 3-66 综合单价分析表（三）

工程名称：小型桥梁工程　　　　　　　　标段：　　　　　　　　　　　　第　页　共　页

项目编码	040103001001	项目名称	填土	计量单位	m^3	工程量	1589.00				
清单综合单价组成明细											
定额编号	定额名称	定额单位	数量	单价				合价			
				人工费	材料费	机械费	管理费和利润	人工费	材料费	机械费	管理费和利润
1-56	填土夯实	$100m^3$	0.01	891.69	0.70	—	133.85	8.917	0.01	—	1.339
1-47	机动翻斗车运土	$100m^3$	0.01	338.62	—	699.20	155.67	3.386	—	6.992	1.557
人工单价		小计						12.31	0.01	6.992	2.896
22.47（元/工日）		未计价材料费									
清单项目综合单价								22.21			
材料费明细	主要材料名称、规格、型号			单位		数量		单价（元）	合价（元）	暂估单价（元）	暂估合价（元）
	水			m^3		0.016		0.45	0.0072		
	其他材料费							—		—	
	材料费小计							—	0.0072	—	

注：“数量”栏为“投标方（定额）工程量÷招标方（清单）工程量÷定额单位数量”，如“0.01”为“1589.00÷1589.00÷100”。

表 3-67 综合单价分析表（四）

工程名称：小型桥梁工程　　　　标段：　　　　第　页　共　页

项目编码	040105002001	项目名称		余方弃置		计量单位		m³	工程量		153.60
清单综合单价组成明细											
定额编号	定额名称	定额单位	数量	单价				合价			
				人工费	材料费	机械费	管理费和利润	人工费	材料费	机械费	管理费和利润
1-51	人工运淤泥，运距20m以内	100m³	0.01	698.14	—	—	104.72	6.981	—	—	1.047
1-52	人工运淤泥，运距每增加20m	100m³	0.01	337.50	—	—	50.625	3.375	—	—	0.506
人工单价		小计						10.356	—	—	1.553
22.47（元/工日）		未计价材料费									
清单项目综合单价								11.91			
材料费明细	主要材料名称、规格、型号			单位		数量		单价（元）	合价（元）	暂估单价（元）	暂估合价（元）
	其他材料费							—		—	
	材料费小计							—		—	

注：“数量”栏为“投标方（定额）工程量÷招标方（清单）工程量÷定额单位数量”，如“0.01”为“153.60÷153.60÷100”。

表 3-68 综合单价分析表（五）

工程名称：小型桥梁工程　　　　标段：　　　　第　页　共　页

项目编码	040301003001	项目名称	钢筋混凝土方桩	计量单位	m^3	工程量	944.00

清单综合单价组成明细											
定额编号	定额名称	定额单位	数量	单价				合价			
				人工费	材料费	机械费	管理费和利润	人工费	材料费	机械费	管理费和利润
3-514	水上支架	$100m^2$	0.007	4029.77	4771.55	8315.54	2567.53	28.21	33.40	58.21	17.973
3-336	方桩	$10m^3$	0.012	421.31	44.85	258.01	108.626	5.06	0.54	3.10	1.30
3-23	打钢筋混凝土方桩（24m以内）	$10m^3$	0.005	199.31	65.36	1609.13	281.07	1.00	0.33	8.05	1.405
3-26	打钢筋混凝土方桩（28m以内）	$10m^3$	0.006	122.46	84.92	1636.23	276.542	0.73	0.51	9.82	1.659
3-60	浆锚接桩	个	0.042	12.36	90.42	134.49	35.59	0.52	3.80	5.65	1.495

续表 3-68

定额编号	定额名称	定额单位	数量	单价				合价			
				人工费	材料费	机械费	管理费和利润	人工费	材料费	机械费	管理费和利润
3-75	送桩（8m）以内	$10m^3$	0.0004	581.75	176.39	1982.49	411.095	0.23	0.07	0.79	0.16
补2	钢筋混凝土桩运输（150m以内）	$10m^3$	0.012	—	—	—	—	0.76	1.80	0.90	0.519
补1	凿预制桩桩头混凝土	个	0.042	—	—	—	—	0.29	—	—	0.044
人工单价		小计						36.8	40.45	86.52	24.555
22.47（元/工日）		未计价材料费						23.83			
清单项目综合单价								212.155			

	主要材料名称、规格、型号	单位	数量	单价（元）	合价（元）	暂估单价（元）	暂估合价（元）
材料费明细	混凝土 C30	m^3	0.12	198.60	23.83		
	其他材料费			—		—	
	材料费小计			—	23.83	—	

注："数量"栏为"投标方（定额）工程量÷招标方（清单）工程量÷定额单位数量"，如"0.0007"为"701.72÷944÷100"。

表 3-69 综合单价分析表（六）

工程名称：小型桥梁工程　　　　标段：　　　　第　页　共　页

项目编码	040302006001	项目名称	墩（台）盖梁	计量单位		m^3		工程量		38.00	
清单综合单价组成明细											
定额编号	定额名称	定额单位	数量	单价				合价			
				人工费	材料费	机械费	管理费和利润	人工费	材料费	机械费	管理费和利润
3-288	混凝土台盖梁	10m^2	0.1	369.63	20.34	251.00	96.15	36.96	2.034	25.1	9.615
3-261	桥台混凝土垫层	10m^3	0.00903	297.28	2.58	214.14	77.1	2.684	0.0233	1.934	0.696
3-260	桥台碎石垫层	10m^3	0.00903	146.73	558.99	—	105.86	1.325	5.048	—	0.956
人工单价		小计						40.969	7.1053	27.034	11.267
22.47（元/工日）		未计价材料费						216.56			
清单项目综合单价								302.94			
材料费明细	主要材料名称、规格、型号			单位		数量		单价（元）	合价（元）	暂估单价（元）	暂估合价（元）
	混凝土 C30			m^3		1.015		198.60	201.58		
	混凝土 C15			m^3		0.0917		162.24	14.877		
	其他材料费							—		—	
	材料费小计							—	216.56	—	

注："数量"栏为"投标方（定额）工程量÷招标方（清单）工程量÷定额单位数量"，如"0.00903"为"3.43÷38÷100"。

表 3-70 综合单价分析表（七）

工程名称：小型桥梁工程 标段： 第 页 共 页

项目编码	040301006002	项目名称	墩（台）盖梁	计量单位	m^3	工程量	25.00				
清单综合单价组成明细											
定额编号	定额名称	定额单位	数量	单价				合价			
				人工费	材料费	机械费	管理费和利润	人工费	材料费	机械费	管理费和利润
3-286	混凝土墩盖梁	$10m^3$	0.1	375.25	20.02	259.48	98.213	37.52	2.002	25.948	9.82
人工单价	小计							37.52	2.002	25.948	9.82
22.47（元/工日）	未计价材料费							201.58			
清单项目综合单价								276.87			
材料费明细	主要材料名称、规格、型号			单位	数量	单价（元）	合价（元）	暂估单价（元）	暂估合价（元）		
	混凝土 C30			m^3	1.015	198.60	201.58				
	其他材料费					—		—			
	材料费小计					—	201.58	—			

注：“数量”栏为“投标方（定额）工程量÷招标方（清单）工程量÷定额单位数量”，如“0.1”为“25÷25÷10”。

表 3-71 综合单价分析表（八）

工程名称：小型桥梁工程　　　　标段：　　　　第　页　共　页

项目编码	040302006002	项目名称	混凝土承台	计量单位	m^3	工程量	17.40				
清单综合单价组成明细											
定额编号	定额名称	定额单位	数量	单价				合价			
				人工费	材料费	机械费	管理费和利润	人工费	材料费	机械费	管理费和利润
3-265	混凝土承台	$10m^3$	0.1	320.20	22.87	222.99	84.909	32.02	2.287	22.299	8.491
人工单价		小计						32.02	2.287	22.299	8.491
22.47（元/工日）		未计价材料费						201.58			
清单项目综合单价								266.68			
材料费明细	主要材料名称、规格、型号				单位	数量		单价（元）	合价（元）	暂估单价（元）	暂估合价（元）
	混凝土 C30				m^3	1.015		198.60	201.58		
	其他材料费							—		—	
	材料费小计							—	201.58	—	

注：“数量”栏为“投标方（定额）工程量÷招标方（清单）工程量÷定额单位数量”，如“0.1”为“17.4÷17.4÷10”。

表 3-72 综合单价分析表（九）

工程名称：小型桥梁工程　　　　标段：　　　　第　页　共　页

项目编码	040302004001	项目名称	墩（台）身	计量单位	m^3	工程量	8.6				
清单综合单价组成明细											
定额编号	定额名称	定额单位	数量	单价				合价			
				人工费	材料费	机械费	管理费和利润	人工费	材料费	机械费	管理费和利润
3-280	混凝土柱式墩台身	$10m^3$	0.1	399.74	7.65	281.96	103.4	39.974	0.765	28.196	10.34
人工单价		小计						39.974	0.765	28.196	10.34
22.47（元/工日）		未计价材料费						173.20			
清单项目综合单价								252.48			

材料费明细	主要材料名称、规格、型号	单位	数量	单价（元）	合价（元）	暂估单价（元）	暂估合价（元）
	混凝土 C20	m^3	1.015	170.64	173.20		
	其他材料费			—		—	
	材料费小计			—	173.20	—	

注：“数量”栏为“投标方（定额）工程量÷招标方（清单）工程量÷定额单位数量”，如“0.1”为“8.6÷8.6÷10”。

表 3-73 工程量清单综合单价分析表（十）

工程名称：小型桥梁工程　　　　标段：　　　　第　页　共　页

项目编码	040302004001	项目名称	桥面铺装	计量单位	m^2	工程量	61.9				
清单综合单价组成明细											
定额编号	定额名称	定额单位	数量	单价				合价			
				人工费	材料费	机械费	管理费和利润	人工费	材料费	机械费	管理费和利润
3-331	车行道桥面混凝土铺装	$10m^3$	0.1	455.47	347.88	145.96	949.31	45.547	34.788	14.596	94.931
人工单价		小计						45.547	34.788	14.596	94.931
22.47（元/工日）		未计价材料费						184.34			
清单项目综合单价								374.21			
材料费明细	主要材料名称、规格、型号			单位		数量		单价（元）	合价（元）	暂估单价（元）	暂估合价（元）
	混凝土 C25			m^3		1.015		181.62	184.34		
	其他材料费							—		—	
	材料费小计							—	184.34	—	

注：“数量”栏为“投标方（定额）工程量÷招标方（清单）工程量÷定额单位数量”，如“0.1”为“61.9÷61.9÷10”。

表 3-74 综合单价分析表（十一）

工程名称：小型桥梁工程　　　　标段：　　　　第　页共　页

<table>
<tr><td>项目编码</td><td>040302017001</td><td>项目名称</td><td colspan="2">预制混凝土梁</td><td colspan="2">计量单位</td><td>m³</td><td colspan="2">工程量</td><td colspan="2">166.14</td></tr>
<tr><td colspan="12">清单综合单价组成明细</td></tr>
<tr><td rowspan="2">定额编号</td><td rowspan="2">定额名称</td><td rowspan="2">定额单位</td><td rowspan="2">数量</td><td colspan="4">单价</td><td colspan="4">合价</td></tr>
<tr><td>人工费</td><td>材料费</td><td>机械费</td><td>管理费和利润</td><td>人工费</td><td>材料费</td><td>机械费</td><td>管理费和利润</td></tr>
<tr><td>3-356</td><td>非预应力混凝土空心板梁</td><td>10m³</td><td>0.1</td><td>414.80</td><td>58.50</td><td>255.06</td><td>109.25</td><td>41.48</td><td>5.85</td><td>25.51</td><td>10.93</td></tr>
<tr><td>3-431</td><td>安装板梁（L≤10m）</td><td>10m³</td><td>0.1</td><td>45.39</td><td>—</td><td>272.94</td><td>74.75</td><td>4.54</td><td>—</td><td>27.29</td><td>7.48</td></tr>
<tr><td>3-323</td><td>板梁底砂浆及勾缝</td><td>10m³</td><td>0.0307</td><td>51.68</td><td>1.86</td><td>—</td><td>8.03</td><td>1.59</td><td>0.057</td><td>—</td><td>0.247</td></tr>
<tr><td>补 2</td><td>非预应力空心板梁运输</td><td>10m³</td><td>0.1</td><td>62.98</td><td>150.23</td><td>74.99</td><td>43.23</td><td>6.30</td><td>15.02</td><td>7.50</td><td>4.32</td></tr>
<tr><td></td><td></td><td></td><td></td><td></td><td></td><td></td><td></td><td></td><td></td><td></td><td></td></tr>
<tr><td></td><td></td><td></td><td></td><td></td><td></td><td></td><td></td><td></td><td></td><td></td><td></td></tr>
<tr><td></td><td></td><td></td><td></td><td></td><td></td><td></td><td></td><td></td><td></td><td></td><td></td></tr>
<tr><td></td><td></td><td></td><td></td><td></td><td></td><td></td><td></td><td></td><td></td><td></td><td></td></tr>
<tr><td colspan="2">人工单价</td><td colspan="6">小　计</td><td>53.91</td><td>20.93</td><td>60.3</td><td>22.977</td></tr>
<tr><td colspan="2">22.47（元/工日）</td><td colspan="6">未计价材料费</td><td colspan="4">202.72</td></tr>
<tr><td colspan="8">清单项目综合单价</td><td colspan="4">360.84</td></tr>
<tr><td rowspan="9">材料费明细</td><td colspan="4">主要材料名称、规格、型号</td><td>单位</td><td colspan="2">数量</td><td>单价（元）</td><td>合价（元）</td><td>暂估单价（元）</td><td>暂估合价（元）</td></tr>
<tr><td colspan="4">混凝土 C30</td><td>m³</td><td colspan="2">1.015</td><td>198.60</td><td>201.58</td><td></td><td></td></tr>
<tr><td colspan="4">混凝土 C20</td><td>m³</td><td colspan="2">0.0067</td><td>170.64</td><td>1.14</td><td></td><td></td></tr>
<tr><td colspan="4"></td><td></td><td colspan="2"></td><td></td><td></td><td></td><td></td></tr>
<tr><td colspan="4"></td><td></td><td colspan="2"></td><td></td><td></td><td></td><td></td></tr>
<tr><td colspan="4"></td><td></td><td colspan="2"></td><td></td><td></td><td></td><td></td></tr>
<tr><td colspan="4"></td><td></td><td colspan="2"></td><td></td><td></td><td></td><td></td></tr>
<tr><td colspan="7">其他材料费</td><td>—</td><td></td><td>—</td><td></td></tr>
<tr><td colspan="7">材料费小计</td><td>—</td><td>202.72</td><td>—</td><td></td></tr>
</table>

注：“数量”栏为“投标方（定额）工程量÷招标方（清单）工程量÷定额单位数量”，如“0.0307”为“51÷166.14÷10”。

表 3-75 综合单价分析表（十二）

工程名称：小型桥梁工程　　　　标段：　　　　第　页　共　页

项目编码	040303005001	项目名称	预制混凝土小型构件	计量单位	m³	工程量	6.40				
清单综合单价组成明细											
定额编号	定额名称	定额单位	数量	单价				合价			
				人工费	材料费	机械费	管理费和利润	人工费	材料费	机械费	管理费和利润
3-372	预制C25混凝土人行道板	10m³	0.1	570.51	12.97	145.96	21.89	57.05	1.30	14.60	2.19
3-475	安装混凝土人行道板	10m³	0.1	358.62	—	—	53.79	35.86	—	—	5.38
1-634	预制人行道板运输，运距50m	10m³	0.1	107.18	—	—	16.08	10.72	—	—	1.61
1-635	预制人行道板运输，运距100m	10m³	0.1	10.34	—	—	1.55	1.03	—	—	0.16
人工单价		小计						104.66	1.30	14.6	9.34
22.47（元/工日）		未计价材料费						185.25			
清单项目综合单价								315.15			
材料费明细	主要材料名称、规格、型号			单位		数量		单价（元）	合价（元）	暂估单价（元）	暂估合价（元）
	混凝土 C25			m³		1.02		181.62	185.25		
	其他材料费							—		—	
	材料费小计							—	185.25	—	

注：“数量”栏为“投标方（定额）工程量÷招标方（清单）工程量÷定额单位数量”，如“0.1”为“6.4÷6.4÷10”。

表 3-76 综合单价分析表（十三）

工程名称：小型桥梁工程　　　　标段：　　　　第 页 共 页

项目编码	040303005002	项目名称	预制混凝土小型构件	计量单位	m³	工程量	4.60				
清单综合单价组成明细											
定额编号	定额名称	定额单位	数量	单价				合价			
				人工费	材料费	机械费	管理费和利润	人工费	材料费	机械费	管理费和利润
3-374	预制C30混凝土栏杆	10m³	0.1	871.39	97.54	145.96	167.23	87.14	9.75	14.60	16.72
3-478	安装混凝土栏杆	10m³	0.1	492.09	291.65	293.24	161.55	49.21	29.17	29.32	16.16
1-634	预制人行道板运输，运距50m	10m³	0.1	107.18	—	—	16.08	10.72	—	—	1.61
1-635	预制人行道板运输，运距100m	10m³	0.1	10.34	—	—	1.55	1.03	—	—	0.16
人工单价		小计						148.1	38.92	43.92	34.65
22.47（元/工日）		未计价材料费						202.57			
清单项目综合单价								468.16			

材料费明细	主要材料名称、规格、型号	单位	数量	单价（元）	合价（元）	暂估单价（元）	暂估合价（元）
	混凝土C30	m³	1.02	198.60	202.57		
	其他材料费			—		—	
	材料费小计			—	202.57	—	

注：“数量”栏为“投标方（定额）工程量÷招标方（清单）工程量÷定额单位数量”，如“0.1”为“4.60÷4.60÷10”。

表 3-77　综合单价分析表（十四）

工程名称：小型桥梁工程　　　　标段：　　　　第　页　共　页

项目编码	040303005003	项目名称	预制混凝土小型构件	计量单位	m^3	工程量	6.81

清单综合单价组成明细											
定额编号	定额名称	定额单位	数量	单价				合价			
				人工费	材料费	机械费	管理费和利润	人工费	材料费	机械费	管理费和利润
3-374	预制C30混凝土栏杆	$10m^3$	0.1	871.39	97.54	145.96	167.23	87.14	9.75	14.60	16.72
3-474	安装混凝土端柱	$10m^3$	0.1	447.83	455.75	408.05	196.75	44.78	45.58	40.81	19.68
1-634	预制人行道板运输，运距50m	$10m^3$	0.1	107.18	—	—	16.08	10.72	—	—	1.61
1-635	预制人行道板运输，运距100m	$10m^3$	0.1	10.34	—	—	1.55	1.03	—	—	0.16
人工单价		小计						143.67	55.33	54.78	38.17
22.47（元/工日）		未计价材料费						202.57			
清单项目综合单价								494.52			

材料费明细	主要材料名称、规格、型号	单位	数量	单价（元）	合价（元）	暂估单价（元）	暂估合价（元）
	混凝土 C30	m^3	1.02	198.60	202.57		
	其他材料费			—		—	
	材料费小计			—	202.57	—	

注："数量"栏为"投标方（定额）工程量÷招标方（清单）工程量÷定额单位数量"，如"0.1"为"6.81÷6.81÷10"。

表 3-78 工综合单价分析表（十五）

工程名称：小型桥梁工程　　标段：　　第 页 共 页

项目编码	040303005004	项目名称	预制混凝土小型构件	计量单位	m³	工程量	10.10				
清单综合单价组成明细											
定额编号	定额名称	定额单位	数量	单价				合价			
				人工费	材料费	机械费	管理费和利润	人工费	材料费	机械费	管理费和利润
3-372	预制C25混凝土侧缘石	10m³	0.1	570.51	127.97	145.96	126.67	57.05	12.80	14.60	12.67
3-476	安装混凝土侧缘石	10m³	0.1	387.61	—	—	58.14	38.76	—	—	5.81
1-634	预制人行道板运输，运距50m	10m³	0.1	107.18	—	—	16.08	10.72	—	—	1.61
1-635	预制人行道板运输，运距100m	10m³	0.1	10.34	—	—	1.55	1.03	—	—	0.16
人工单价		小计						107.56	12.8	14.6	20.25
22.47（元/工日）		未计价材料费						184.34			
清单项目综合单价								339.55			
材料费明细	主要材料名称、规格、型号			单位		数量		单价（元）	合价（元）	暂估单价（元）	暂估合价（元）
	混凝土 C25			m³		1.015		181.62	184.34		
	其他材料费							—		—	
	材料费小计							—	184.34	—	

注：“数量”栏为“投标方（定额）工程量÷招标方（清单）工程量÷定额单位数量”，如“0.1”为“10.10÷10.10÷10”。

表 3-79 综合单价分析表（十六）

工程名称：小型桥梁工程　　　　标段：　　　　第 页 共 页

项目编码	040304002001	项目名称	浆砌块料	计量单位	m³	工程量	12.00				
清单综合单价组成明细											
定额编号	定额名称	定额单位	数量	单价				合价			
				人工费	材料费	机械费	管理费和利润	人工费	材料费	机械费	管理费和利润
1-703	浆砌料石台阶	10m³	0.1	625.56	770.67	—	209.44	62.56	77.07	—	20.94
1-705	浆砌料石面勾平缝	100m²	0.05	141.11	156.71	—	44.67	14.11	15.67	—	4.47
人工单价		小计						76.67	92.74	—	25.43
22.47（元/工日）		未计价材料费									
清单项目综合单价								194.84			
材料费明细	主要材料名称、规格、型号			单位		数量		单价（元）	合价（元）	暂估单价（元）	暂估合价（元）
	料石			m³		0.91		65.10	59.24		
	水泥砂浆 M10			m³		0.19		102.65	19.5		
	水			m³		0.42		0.45	0.19		
	草袋			个		2.46		2.32	5.71		
	其他材料费							—		—	
	材料费小计							—	84.64	—	

注：“数量”栏为“投标方（定额）工程量÷招标方（清单）工程量÷定额单位数量”，如“0.1”为“12÷12÷10”。

表 3-80 综合单价分析表（十七）

工程名称：小型桥梁工程　　　　标段：　　　　第 页 共 页

项目编码	040305005001	项目名称	护坡	计量单位	m^2	工程量	60.00				
清单综合单价组成明细											
定额编号	定额名称	定额单位	数量	单价				合价			
				人工费	材料费	机械费	管理费和利润	人工费	材料费	机械费	管理费和利润
1-697	浆砌块石护坡（厚40cm）	$10m^3$	0.04	260.20	855.47	26.60	171.34	10.41	34.22	1.06	6.85
1-714	浆砌块石面勾平缝	$100m^2$	0.01	142.01	170.06	—	46.8	1.42	1.70	—	0.47
人工单价		小计						11.83	35.92	1.06	7.32
22.47（元/工日）		未计价材料费									
清单项目综合单价								56.13			

材料费明细	主要材料名称、规格、型号	单位	数量	单价（元）	合价（元）	暂估单价（元）	暂估合价（元）
	块石	m^3	0.47	41.00	19.27		
	水泥砂浆 M10	m^3	0.15	102.65	15.40		
	水	m^3	0.12	0.45	0.05		
	草袋	个	0.49	2.32	1.14		
	其他材料费			—		—	
	材料费小计			—	35.86	—	

注：“数量”栏为“投标方（定额）工程量÷招标方（清单）工程量÷定额单位数量”，如“0.04”为“24÷60÷10”。

表 3-81 综合单价分析表（十八）

工程名称：小型桥梁工程　　　　标段：　　　　第　页　共　页

项目编码	040305005002	项目名称	护坡	计量单位	m^2	工程量	320.00				
清单综合单价组成明细											
定额编号	定额名称	定额单位	数量	单价				合价			
				人工费	材料费	机械费	管理费和利润	人工费	材料费	机械费	管理费和利润
1-691	干砌块石护坡（厚40cm）	$10m^3$	0.04	230.54	478.06	—	106.29	9.22	19.12	—	4.25
1-713	干砌块石面勾平缝	$100m^2$	0.01	154.14	170.06	—	48.63	1.54	1.7	—	0.49
人工单价		小计						10.76	20.82	—	4.74
22.47（元/工日）		未计价材料费									
清单项目综合单价								36.32			

材料费明细	主要材料名称、规格、型号	单位	数量	单价（元）	合价（元）	暂估单价（元）	暂估合价（元）
	块石	m^3	0.47	41.00	19.27		
	水泥砂浆 M10	m^3	0.005	102.65	0.51		
	水	m^3	0.059	0.45	0.023		
	草袋	个	0.49	2.32	1.14		
	其他材料费			—		—	
	材料费小计			—	20.94	—	

注：“数量”栏为“投标方（定额）工程量÷招标方（清单）工程量÷定额单位数量”，如“0.04”为“128÷320÷10”。

表 3-82 综合单价分析表（十九）

工程名称：小型桥梁工程 标段： 第 页 共 页

项目编码	040308001001	项目名称	水泥砂浆抹面	计量单位	m^2	工程量	120.00				
清单综合单价组成明细											
定额编号	定额名称	定额单位	数量	单价				合价			
				人工费	材料费	机械费	管理费和利润	人工费	材料费	机械费	管理费和利润
3-546	水泥砂浆抹面，分格	$100m^2$	0.01	219.08	437.25	30.67	103.05	2.19	4.37	0.31	1.03
人工单价	小计							2.19	4.37	0.31	1.03
22.47（元/工日）	未计价材料费										
清单项目综合单价								7.90			

	主要材料名称、规格、型号	单位	数量	单价（元）	合价（元）	暂估单价（元）	暂估合价（元）
材料费明细	素水泥浆	m^3	0.001	467.02	0.47		
	水泥砂浆 1∶2	m^3	0.02	189.17	3.78		
	水	m^3	0.03	0.45	0.01		
	其他材料费			—		—	
	材料费小计			—	4.26	—	

注：“数量”栏为“投标方（定额）工程量÷招标方（清单）工程量÷定额单位数量”，如“0.01”为“120÷120÷10”。

表 3-83　综合单价分析表（二十）

工程名称：小型桥梁工程　　　　标段：　　　　第　页　共　页

项目编码	0403096002001	项目名称	橡胶支座	计量单位	个	工程量	216				
清单综合单价组成明细											
定额编号	定额名称	定额单位	数量	单价				合价			
				人工费	材料费	机械费	管理费和利润	人工费	材料费	机械费	管理费和利润
3-484	安装板式橡胶支座	$10cm^2$	0.3	0.45	121.00	—	18.22	0.01	36.30	—	5.47
人工单价		小　计						0.01	36.30	—	5.47
22.47（元/工日）		未计价材料费									
清单项目综合单价								41.78			
材料费明细	主要材料名称、规格、型号			单位		数量		单价（元）	合价（元）	暂估单价（元）	暂估合价（元）
	板式橡胶支座			$10cm^2$		0.3		121.00	36.30		
	其他材料费							—		—	
	材料费小计							—	36.30	—	

注：“数量”栏为“投标方（定额）工程量÷招标方（清单）工程量÷定额单位数量”，如“0.3”为“630÷216÷10”。

表 3-84 综合单价分析表（二十一）

工程名称：小型桥梁工程　　　　标段：　　　　第　页　共　页

项目编码	040309006001	项目名称		桥梁伸缩装置		计量单位		m	工程量		39.85
清单综合单价组成明细											
定额编号	定额名称	定额单位	数量	单价				合价			
				人工费	材料费	机械费	管理费和利润	人工费	材料费	机械费	管理费和利润
3-498	安装橡胶伸缩缝	10m	0.1	215.49	75.68	98.34	58.43	21.55	7.57	9.83	5.84
人工单价		小计						21.55	7.57	9.83	5.84
22.47（元/工日）		未计价材料费						10.50			
清单项目综合单价								55.29			
材料费明细	主要材料名称、规格、型号				单位		数量	单价（元）	合价（元）	暂估单价（元）	暂估合价（元）
	橡胶板伸缩缝				m		1.00	10.50	10.50		
	其他材料费							—		—	
	材料费小计							—	10.50	—	

注：“数量”栏为“投标方（定额）工程量÷招标方（清单）工程量÷定额单位数量”，如“0.1”为“39.85÷39.85÷10”。

表 3-85　综合单价分析表（二十二）

工程名称：小型桥梁工程　　　　标段：　　　　第　页　共　页

项目编码	0403096006002	项目名称	桥梁伸缩装置	计量单位	m	工程量	28.08				
清单综合单价组成明细											
定额编号	定额名称	定额单位	数量	单价				合价			
				人工费	材料费	机械费	管理费和利润	人工费	材料费	机械费	管理费和利润
3-500	安装沥青麻丝伸缩缝	10m	0.1	43.14	17.84	—	9.15	4.31	1.78	—	0.92
人工单价		小计						4.31	1.78	—	0.92
22.47（元/工日）		未计价材料费									
清单项目综合单价								7.01			
材料费明细	主要材料名称、规格、型号			单位	数量			单价（元）	合价（元）	暂估单价（元）	暂估合价（元）
	石油沥青 30 号			kg	0.16			1.40	0.22		
	油浸麻丝			kg	0.15			10.40	1.56		
	其他材料费							—		—	
	材料费小计							—	1.78	—	

注：“数量”栏为“投标方（定额）工程量÷招标方（清单）工程量÷定额单位数量”，如“0.1”为“28.08÷28.08÷10”。

表 3-86　分部分项工程和单价措施项目清单与计价表

工程名称：小型桥梁工程　　　　标段：　　　　第　页　共　页

序号	项目编号	项目名称	项目特征描述	计量单位	工程数量	金额（元）		
						综合单价	合价	其中 暂估价
1	040101003001	挖基坑土方	三类土，2m以内	m^3	36.00	22.38	949.68	
2	040101006001	挖淤泥	人工挖淤泥	m^3	153.60	25.94	3984.38	
3	040103001001	填土	回填基坑，密实度95%	m^3	1589.00	22.21	35291.69	
4	040103002001	余方弃置	淤泥运距100m	m^3	153.60	11.91	1829.38	
5	040301003001	钢筋混凝土方桩	C30混凝土，墩、台基桩30×50	m^3	944.00	212.155	200274.32	
6	040302006001	墩（台）盖梁	台盖梁，C30混凝土	m^3	38.00	302.94	11511.72	
7	040302006002	墩（台）盖梁	墩盖梁，C30混凝土	m^3	25.00	276.87	6921.75	
8	040302002001	混凝土承台	墩承台，C30混凝土	m^3	17.40	266.68	4640.23	
9	040302004001	墩（台）身	墩柱，C20混凝土	m^3	8.6	252.48	2171.33	
10	040302017001	桥面铺装	车行道厚145cm，C25混凝土	m^3	61.9	374.21	23163.60	
11	040303003001	预制混凝土梁	C30非预应力空心板梁	m^3	166.14	360.84	59949.96	
12	040303005001	预制混凝土小型构件	人行道板，C25混凝土	m^3	6.40	315.15	2016.96	
13	040303005002	预制混凝土小型构件	栏杆，C30混凝土	m^3	4.60	468.16	2153.54	
14	040303005003	预制混凝土小型构件	端墙端柱，C30混凝土	m^3	6.81	494.52	3367.68	

续表 3-86

序号	项目编号	项目名称	项目特征描述	计量单位	工程数量	金额（元）		
						综合单价	合价	其中 暂估价
15	040303005004	预制混凝土小型构件	侧缘石，C25 混凝土	m^3	10.10	339.55	3429.46	
16	040304002001	浆砌块料	踏步料石 30×20×100，M10 砂浆	m^3	12.00	194.84	2338.08	
17	040305005001	护坡	M10 水泥砂浆砌块石护坡，厚 40cm	m^2	60.00	56.13	3367.8	
18	040305005002	护坡	干砌块石护坡，厚 40cm	m^2	320.00	36.32	11622.4	
19	040308001001	水泥砂浆抹面	人行道水泥砂浆抹面 1∶2，分格	m^2	120.00	7.9	948	
20	040309002001	橡胶支座	板式，每个 $630cm^3$	个	216.00	41.78	9024.48	
21	040309006001	桥梁伸缩装置	橡胶伸缩缝	m	39.85	55.29	2203.31	
22	040309006002	桥梁伸缩装置	沥青麻丝伸缩缝	m	28.08	7.01	196.84	
合　计							391356.6	

3.4 隧道工程工程量计算及清单编制实例

3.4.1 隧道工程清单工程量计算规则

1. 隧道岩石开挖

隧道岩石开挖工程量清单项目设置、项目特征描述的内容、计量单位及工程量计算规则，应按表 3-87 的规定执行。

表 3-87 隧道岩石开挖（编码：040401）

项目编码	项目名称	项目特征	计量单位	工程量计算规则	工程内容
040401001	平洞开挖	1. 岩石类别 2. 开挖断面 3. 爆破要求 4. 弃渣运距	m^3	按设计图示结构断面尺寸乘以长度以体积计算	1. 爆破或机械开挖 2. 施工面排水 3. 出碴 4. 弃渣场内堆放、运输 5. 弃渣外运
040401002	斜井开挖				
040401003	竖井开挖				
040401004	地沟开挖	1. 断面尺寸 2. 岩石类别 3. 爆破要求 4. 弃渣运距			
040401005	小导管	1. 类型 2. 材料品种 3. 管径、长度	m	按设计图示尺寸以长度计算	1. 制作 2. 布眼 3. 钻孔 4. 安装
040401006	管棚				
040401007	注浆	1. 浆液种类 2. 配合比	m^3	按设计注浆量以体积计算	1. 浆液制作 2. 钻孔注浆 3. 堵孔

注：弃渣运距可以不描述，但应注明由投标人根据施工现场实际情况自行考虑决定报价。

2. 岩石隧道衬砌

岩石隧道衬砌工程量清单项目设置、项目特征描述的内容、计量单位及工程量计算规则，应按表 3-88 的规定执行。

表 3-88 岩石隧道衬砌（编码：040402）

项目编码	项目名称	项目特征	计量单位	工程量计算规则	工程内容
040402001	混凝土仰拱衬砌	1. 拱跨径 2. 部位 3. 厚度 4. 混凝土强度等级	m^3	按设计图示尺寸以体积计算	1. 模板制作、安装、拆除 2. 混凝土拌和、运输、浇筑 3. 养护
040402002	混凝土顶拱衬砌				
040402003	混凝土边墙衬砌	1. 部位 2. 厚度 3. 混凝土强度等级			
040402004	混凝土竖井衬砌	1. 厚度 2. 混凝土强度等级			
040402005	混凝土沟道	1. 断面尺寸 2. 混凝土强度等级			

续表 3-88

项目编码	项目名称	项目特征	计量单位	工程量计算规则	工程内容
040402006	拱部喷射混凝土	1. 结构形式 2. 厚度 3. 混凝土强度等级 4. 掺加材料品种、用量	m^2	按设计图示尺寸以面积计算	1. 清洗基层 2. 混凝土拌和、运输、浇筑、喷射 3. 收回弹料 4. 喷射施工平台搭设、拆除
040402007	边墙喷射混凝土				
040402008	拱圈砌筑	1. 断面尺寸 2. 材料品种、规格 3. 砂浆强度等级	m^3	按设计图示尺寸以体积计算	1. 砌筑 2. 勾缝 3. 抹灰
040402009	边墙砌筑	1. 厚度 2. 材料品种、规格 3. 砂浆强度等级			
040402010	砌筑沟道	1. 断面尺寸 2. 材料品种、规格 3. 砂浆强度等级			
040402011	洞门砌筑	1. 形状 2. 材料品种、规格 3. 砂浆强度等级			
040402012	锚杆	1. 直径 2. 长度 3. 锚杆类型 4. 砂浆强度等级	t	按设计图示尺寸以质量计算	1. 钻孔 2. 锚杆制作、安装 3. 压浆
040402013	充填压浆	1. 部位 2. 浆液成分强度	m^3	按设计图示尺寸以体积计算	1. 打孔、安装 2. 压浆
040402014	仰拱填充	1. 填充材料 2. 规格 3. 强度等级		按设计图示回填尺寸以体积计算	1. 配料 2. 填充

续表 3-88

项目编码	项目名称	项目特征	计量单位	工程量计算规则	工程内容
040402015	透水管	1. 材质 2. 规格	m	按设计图示尺寸以长度计算	安装
040402016	沟道盖板	1. 材质 2. 规格尺寸 3. 强度等级			制作、安装
040402017	变形缝	1. 类别 2. 材料品种、规格 3. 工艺要求			
040402018	施工缝				
040402019	柔性防水层	材料品种、规格	m^2	按设计图示尺寸以面积计算	铺设

注：遇本表清单项目未列的砌筑构筑物时，应按“桥涵工程”中相关项目编码列项。

3. 盾构掘进

盾构掘进工程量清单项目设置、项目特征描述的内容、计量单位及工程量计算规则，应按表 3-89 的规定执行。

表 3-89 盾构掘进（编码：040403）

项目编码	项目名称	项目特征	计量单位	工程量计算规则	工程内容
040403001	盾构吊装及吊拆	1. 直径 2. 规格型号 3. 始发方式	台·次	按设计图示数量计算	1. 盾构机安装、拆除 2. 车架安装、拆除 3. 管线连接、调试、拆除
040403002	盾构掘进	1. 直径 2. 规格 3. 形式 4. 掘进施工段类别 5. 密封舱材料品种 6. 弃土（浆）运距	m	按设计图示掘进长度计算	1. 掘进 2. 管片拼装 3. 密封舱添加材料 4. 负环管片拆除 5. 隧道内管线路铺设、拆除 6. 泥浆制作 7. 泥浆处理 8. 土方、废浆外运

续表 3-89

项目编码	项目名称	项目特征	计量单位	工程量计算规则	工程内容
040403003	衬砌壁后压浆	1. 浆液品种 2. 配合比	m^3	按管片外径和盾构壳体外径所形成的充填体积计算	1. 制浆 2. 送浆 3. 压浆 4. 封堵 5. 清洗 6. 运输
040403004	预制钢筋混凝土管片	1. 直径 2. 厚度 3. 宽度 4. 混凝土强度等级		按设计图示尺寸以体积计算	1. 运输 2. 试拼装 3. 安装
040403005	管片设置密封条	1. 管片直径、宽度、厚度 2. 密封条材料 3. 密封条规格	环	按设计图示数量计算	密封条安装
040403006	隧道洞口柔性接缝环	1. 材料 2. 规格 3. 部位 4. 混凝土强度等级	m	按设计图示以隧道管片外径周长计算	1. 制作、安装临时防水环板 2. 制作、安装、拆除临时止水缝 3. 拆除临时钢环板 4. 拆除洞口环管片 5. 安装钢环板 6. 柔性接缝环 7. 洞口钢筋混凝土环圈
040403007	管片嵌缝	1. 直径 2. 材料 3. 规格	环	按设计图示数量计算	1. 管片嵌缝槽表面处理、配料嵌缝 2. 管片手孔封堵

续表 3-89

项目编码	项目名称	项目特征	计量单位	工程量计算规则	工程内容
040403008	盾构机调头	1. 直径 2. 规格型号 3. 始发方式	台·次	按设计图示数量计算	1. 钢板、基座铺设 2. 盾构拆卸 3. 盾构调头、平行移运定位 4. 盾构拼装 5. 连接管线、调试
040403009	盾构机转场运输	1. 直径 2. 规格型号 3. 始发方式			1. 盾构机安装、拆除 2. 车架安装、拆除 3. 盾构机、车架转场运输
0404030010	盾构基座	1. 材质 2. 规格 3. 部位	t	按设计图示尺寸以质量计算	1. 制作 2. 安装 3. 拆除

注：1. 衬砌壁后压浆清单项目在编制工程量清单时，其工程数量可为暂估量，结算时按现场签证数量计算。

2. 盾构基座系指常用的钢结构，如果是钢筋混凝土结构，应按“沉管隧道”中相关项目进行列项。

3. 钢筋混凝土管片按成品编制，购置费用应计入综合单价中。

4. 管节顶升、旁通道

管节顶升、旁通道工程量清单项目设置、项目特征描述的内容、计量单位及工程量计算规则，应按表 3-90 的规定执行。

表 3-90　管节顶升、旁通道（编码：040404）

项目编码	项目名称	项目特征	计量单位	工程量计算规则	工程内容
040404001	钢筋混凝土顶升管节	1. 材质 2. 混凝土强度等级	m^3	按设计图示尺寸以体积计算	1. 钢模板制作 2. 混凝土拌和、运输、浇筑 3. 养护 4. 管节试拼装 5. 管节场内外运输

续表 3-90

项目编码	项目名称	项目特征	计量单位	工程量计算规则	工程内容
040404002	垂直顶升设备安装、拆除	规格、型号	套	按设计图示数量计算	1. 基座制作和拆除 2. 车架、设备吊装就位 3. 拆除、堆放
040404003	管节垂直顶升	1. 断面 2. 强度 3. 材质	m	按设计图示以顶升长度计算	1. 管节吊运 2. 首节顶升 3. 中间节顶升 4. 尾节顶升
040404004	安装止水框、连系梁	材质	t	按设计图示尺寸以质量计算	制作、安装
040404005	阴极保护装置	1. 型号 2. 规格	组	按设计图示数量计算	1. 恒电位仪安装 2. 阳极安装 3. 阴极安装 4. 参变电极安装 5. 电缆敷设 6. 接线盒安装
040404006	安装取、排水头	1. 部位 2. 尺寸	个		1. 顶升口揭顶盖 2. 取排水头部安装

续表 3-90

项目编码	项目名称	项目特征	计量单位	工程量计算规则	工程内容
040404007	隧道内旁通道开挖	1. 土壤类别 2. 土体加固方式	m^3	按设计图示尺寸以体积计算	1. 土体加固 2. 支护 3. 土方暗挖 4. 土方运输
040404008	旁通道结构混凝土	1. 断面 2. 混凝土强度等级			1. 模板制作、安装 2. 混凝土拌和、运输、浇筑 3. 洞门接口防水
040404009	隧道内集水井	1. 部位 2. 材料 3. 形式	座	按设计图示数量计算	1. 拆除管片建集水井 2. 不拆管片建集水井
040404010	防爆门	1. 形式 2. 断面	扇		1. 防爆门制作 2. 防爆门安装
040404011	钢筋混凝土复合管片	1. 图集、图纸名称 2. 构件代号、名称 3. 材质 4. 混凝土强度等级	m^3	按设计图示尺寸以体积计算	1. 构件制作 2. 试拼装 3. 运输、安装
040404012	钢管片	1. 材质 2. 探伤要求	t	按设计图示以质量计算	1. 钢管片制作 2. 试拼装 3. 探伤 4. 运输、安装

5. 隧道沉井

隧道沉井工程量清单项目设置、项目特征描述的内容、计量单位及工程量计算规则，应按表 3-91 的规定执行。

表 3-91　隧道沉井（编码：040405）

项目编码	项目名称	项目特征	计量单位	工程量计算规则	工程内容
040405001	沉井井壁混凝土	1. 形状 2. 规格 3. 混凝土强度等级	m^3	按设计尺寸以外围井筒混凝土体积计算	1. 模板制作、安装、拆除 2. 刃脚、框架、井壁混凝土浇筑 3. 养护
040405002	沉井下沉	1. 下沉深度 2. 弃土运距		按设计图示井壁外围面积乘以下沉深度以体积计算	1. 垫层凿除 2. 排水挖土下沉 3. 不排水下沉 4. 触变泥浆制作、输送 5. 弃土外运
040405003	沉井混凝土封底	混凝土强度等级	m^3	按设计图示尺寸以体积计算	1. 混凝土干封底 2. 混凝土水下封底
040405004	沉井混凝土底板	混凝土强度等级			1. 模板制作、安装、拆除 2. 混凝土拌和、运输、浇筑 3. 养护
040405005	沉井填心	材料品种			1. 排水沉井填心 2. 不排水沉井填心
040405006	沉井混凝土隔墙	混凝土强度等级			1. 模板制作、安装、拆除 2. 混凝土拌和、运输、浇筑 3. 养护
040405007	钢封门	1. 材质 2. 尺寸	t	按设计图示尺寸以质量计算	1. 钢封门安装 2. 钢封门拆除

注：沉井垫层按“桥涵工程”中相关项目编码列项。

6. 混凝土结构

混凝土结构工程量清单项目设置、项目特征描述的内容、计量单位及工程量计算规则，应按表 3-92 的规定执行。

表 3-92 混凝土结构（编码：040406）

项目编码	项目名称	项目特征	计量单位	工程量计算规则	工程内容
040406001	混凝土地梁	1. 类别、部位 2. 混凝土强度等级	m^3	按设计图示尺寸以体积计算	1. 模板制作、安装、拆除 2. 混凝土拌和、运输、浇筑 3. 养护
040406002	混凝土底板				
040406003	混凝土柱				
040406004	混凝土墙				
040406005	混凝土梁				
040406006	混凝土平台、顶板	1. 类别、部位 2. 混凝土强度等级	m^3	按设计图示尺寸以体积计算	1. 模板制作、安装、拆除 2. 混凝土拌和、运输、浇筑 3. 养护
040406007	圆隧道内架空路面	1. 厚度 2. 混凝土强度等级			
040406008	隧道内其他结构混凝土	1. 部位、名称 2. 混凝土强度等级			

注：1. 隧道洞内道路路面铺装应按“道路工程”相关清单项目编码列项。
2. 隧道洞内顶部和边墙内衬的装饰按“桥涵工程”相关清单项目编码列项。
3. 隧道内其他结构混凝土包括楼梯、电缆沟、车道侧石等。
4. 垫层、基础应按“桥涵工程”相关清单项目编码列项。
5. 隧道内衬弓形底板、侧墙、支承墙应按“混凝土结构”中的“混凝土底板”、“混凝土墙”的相关清单项目编码列项，并在项目特征中描述其类别、部位。

7. 沉管隧道

沉管隧道工程量清单项目设置、项目特征描述的内容、计量单位及工程量计算规则，应按表 3-93 的规定执行。

表 3-93 沉管隧道（编码：040407）

项目编码	项目名称	项目特征	计量单位	工程量计算规则	工程内容
040407001	预制沉管底垫层	1. 材料品种、规格 2. 厚度	m^3	按设计图示沉管底面积乘以厚度以体积计算	1. 场地平整 2. 垫层铺设
040407002	预制沉管钢底板	1. 材质 2. 厚度	t	按设计图示尺寸以质量计算	钢底板制作、铺设

续表 3-93

项目编码	项目名称	项目特征	计量单位	工程量计算规则	工程内容
040407003	预制沉管混凝土板底	混凝土强度等级	m^3	按设计图示尺寸以体积计算	1. 模板制作、安装、拆除 2. 混凝土拌和、运输、浇筑 3. 养护 4. 底板预埋注浆管
040407004	预制沉管混凝土侧墙				1. 模板制作、安装、拆除 2. 混凝土拌和、运输、浇筑 3. 养护
040407005	预制沉管混凝土顶板				
040407006	沉管外壁防锚层	1. 材质品种 2. 规格	m^2	按设计图示尺寸以面积计算	铺设沉管外壁防锚层
040407007	鼻托垂直剪力键	材质	t	按设计图示尺寸以质量计算	1. 钢剪力键制作 2. 剪力键安装
040407008	端头钢壳	1. 材质、规格 2. 强度			1. 端头钢壳制作 2. 端头钢壳安装 3. 混凝土浇筑
040407009	端头钢封门	1. 材质 2. 尺寸			1. 端头钢封门制作 2. 端头钢封门安装 3. 端头钢封门拆除
040407010	沉管管段浮运临时供电系统	规格	套	按设计图示管段数量计算	1. 发电机安装、拆除 2. 配电箱安装、拆除 3. 电缆安装、拆除 4. 灯具安装、拆除

续表 3-93

项目编码	项目名称	项目特征	计量单位	工程量计算规则	工程内容
040407011	沉管管段浮运临时供排水系统	规格	套	按设计图示管段数量计算	1. 泵阀安装、拆除 2. 管路安装、拆除
040407012	沉管管段浮运临时通风系统				1. 进排风机安装、拆除 2. 风管路安装、拆除
040407013	航道疏浚	1. 河床土质 2. 工况等级 3. 疏浚深度	m^3	按河床原断面与管段浮运时设计断面之差以体积计算	1. 挖泥船开收工 2. 航道疏浚挖泥 3. 土方驳运、卸泥
040407014	沉管河床基槽开挖	1. 河床土质 2. 工况等级 3. 挖土深度		按河床原断面与槽设计断面之差以体积计算	1. 挖泥船开收工 2. 沉管基槽挖泥 3. 沉管基槽清淤 4. 土方驳运、卸泥
040407015	钢筋混凝土块沉石	1. 工况等级 2. 沉石深度		按设计图示尺寸以体积计算	1. 预制钢筋混凝土块 2. 装船、驳运、定位沉石 3. 水下铺平石块
040407016	基槽抛铺碎石	1. 工况等级 2. 石料厚度 3. 沉石深度			1. 石料装运 2. 定位抛石、水下铺平石块

续表 3-93

项目编码	项目名称	项目特征	计量单位	工程量计算规则	工程内容
040407017	沉管管节浮运	1. 单节管段质量 2. 管段浮运距离	kt·m	按设计图示尺寸和要求以沉管管节质量和浮运距离的复合单位计算	1. 干坞放水 2. 管段起浮定位 3. 管段浮运 4. 加载水箱制作、安装、拆除 5. 系缆柱制作、安装、拆除
040407018	管段沉放连接	1. 单节管段重量 2. 管段下沉深度	节	按设计图示数量计算	1. 管段定位 2. 管段压水下沉 3. 管段端面对接 4. 管节拉合
040407019	砂肋软体排覆盖	1. 材料品种 2. 规格	m^2	按设计图示尺寸以沉管顶面积加侧面外表面积计算	水下覆盖软体排
040407020	沉管水下压石		m^3	按设计图示尺寸以顶、侧压石的体积计算	1. 装石船开收工 2. 定位抛石、卸石 3. 水下铺石
040407021	沉管接缝处理	1. 接缝连接形式 2. 接缝长度	条	按设计图示数量计算	1. 按缝拉合 2. 安装止水带 3. 安装止水钢板 4. 混凝土拌和、运输、浇筑
040407022	沉管底部压浆固封充填	1. 压浆材料 2. 压浆要求	m^3	按设计图示尺寸以体积计算	1. 制浆 2. 管底压浆 3. 封孔

3.4.2 隧道工程定额工程量计算规则

1. 隧道工程定额一般规定

1)《全国统一市政工程预算定额》GYD—304—1999“隧道工程”(以下简称“隧道工程定额”),由岩石隧道和软土隧道两大部分组成,包括隧道开挖与出渣、临时工程、隧道内衬、隧道沉井、盾构法掘进、垂直顶升、地下连续墙、地下混凝土结构、地基加固、监测及金属构件制作,共十章544个子目。

2)岩石隧道适用于城镇管辖范围内新建和扩建的各种车行隧道、人行隧道、给水排水隧道及电缆(公用事业)隧道等工程。软土隧道适用于城镇管辖范围内新建和扩建的各种车行隧道、人行隧道、越江隧道、地铁隧道、给水排水隧道及电缆(公用事业)隧道等工程。

3)岩石隧道、次坚石岩石类别为Ⅶ至Ⅷ级,强度系数 $f=4\sim8$;普坚石岩石类别为Ⅸ至Ⅹ级,$f=8\sim12$;特坚石类别为Ⅺ至Ⅻ级,$f=12\sim18$;$f<4$ 及 $f>18$ 未编入隧道工程定额,如实际发生,可另编补充定额。软土隧道的围护土层指沿海地区细颗粒的软弱冲击土层,按土壤分类包括黏土、亚黏土、淤泥质亚黏土、淤泥质黏土、亚砂土、粉砂土和细砂。

4)隧道工程定额按现有的施工方法、机械化程度及合理的劳动组织进行编制。除各章节另有规定外,均不得因具体工程的施工方法与定额不同而调整变更。

5)隧道工程定额除岩石隧道井下掘进按每工日7h,软土隧道盾构掘进、垂直顶升按每工日6h外,其他均按每工日8h工作制计算。

6)隧道掘进下井津贴未列入定额,各地可根据定额用工和当地劳动保护标准,计算下井特殊津贴费,或调整隧道掘进人工工资单价。

7)隧道工程定额中的现浇混凝土工程,岩石隧道采用现场拌制混凝土;软土隧道采用商品混凝土,预制混凝土构件采用厂拌混凝土。若实际采用混凝土与定额不同时,按各地规定调整。

8)隧道工程定额中钢筋用量均不包括预埋铁件,预埋铁件按实另计。

9)岩石隧道硐内其他工程,采用其他分册或其他全国统一定额的项目,其人工、机械乘以1.2系数。

10)隧道内装饰工程套用有关定额相应项目。

2. 隧道开挖与出渣工程量计算

(1)定额工程量计算说明

1)平硐全断面开挖 $4m^2$ 以内和斜井、竖井全断面开挖 $5m^2$ 以内的最小断面不得小于 $2m^2$;如果实际施工中,断面小于 $2m^2$ 和平硐全断面开挖的断面大于 $100m^2$,斜井全断面开挖的断面大于 $20m^2$,竖井全断面开挖断面大于 $25m^2$ 时,各省、自治区、直辖市可另编补充定额。

2)平硐全断面开挖的坡度在5°以内;斜井全断面开挖的坡度在15°~30°范围内。平硐开挖与出渣定额,适用于独头开挖和出渣长度在500m内的隧道。斜井和竖井开挖与出渣定额,适用于长度在50m内的隧道。硐内地沟开挖定额,只适用于硐内独立开挖的地沟,非独立开挖地沟不得执行本定额。

3)开挖定额均按光面爆破制定,如采用一般爆破开挖时,其开挖定额应乘以系数

0.935。

4）平硐各断面开挖的施工方法，斜井的上行和下行开挖，竖井的正井和反井开挖，均已综合考虑，施工方法不同时，不得换算。

5）爆破材料仓库的选址由公安部门确定，2km内爆破材料的领退运输用工已包括在定额内，超过2km时，其运输费用另行计算。

6）出渣定额中，岩石类别已综合取定，石质不同时不予调整。

7）平硐出渣"人力、机械装渣，轻轨斗车运输"子目中，重车上坡，坡度在2.5%以内的工效降低因素已综合在定额内，实际在2.5%以内的不同坡度，定额不得换算。

8）斜井出渣定额，是按向上出渣制定的；若采用向下出渣时，可执行本定额；若从斜井底通过平硐出渣时，其平硐段的运输应执行相应的平硐出渣定额。

9）斜井和竖井出渣定额，均包括硐口外50m内的人工推斗车运输；若出硐口后运距超过50m，运输方式也与本运输方式相同时，超过部分可执行平硐出渣、轻轨斗车运输，每增加50m运距的定额；若出硐后，改变了运输方式，应执行相应的运输定额。

10）定额是按无地下水制定的（不含施工湿式作业积水），如果施工出现地下水时，积水的排水费和施工的防水措施费，另行计算。

11）隧道施工中出现塌方和溶洞时，由于塌方和溶洞造成的损失（含停工、窝工）及处理塌方和溶洞发生的费用，另行计算。

12）隧道工程硐口的明槽开挖执行《全国统一市政工程预算定额》GYD—301—1999"通用项目"土石方工程的相应开挖定额。

13）各开挖子目，是按电力起爆编制的。若采用火雷管导火索起爆时，可按如下规定换算：电雷管换为火雷管，数量不变，将子目中的两种胶质线扣除，换为导火索，导火索的长度按每个雷管2.12m计算。

（2）定额工程量计算规则

1）隧道的平硐、斜井和竖井开挖与出渣工程量，按设计图开挖断面尺寸，另加允许超挖量以"m^3"计算。本定额光面爆破允许超挖量：拱部为15cm，边墙为10cm。若采用一般爆破，其允许超挖量：拱部为20cm，边墙为15cm。

2）隧道内地沟的开挖和出渣工程量，按设计断面尺寸，以"m^3"计算，不得另行计算允许超挖量。

3）平硐出渣的运距，按装渣重心至卸渣重心的直线距离计算。若平硐的轴线为曲线时，硐内段的运距按相应的轴线长度计算。

4）斜井出渣的运距，按装渣重心至斜井口摘钩点的斜距离计算。

5）竖井的提升运距，按装渣重心至井口吊斗摘钩点的垂直距离计算。

3. 临时工程工程量计算

（1）定额工程量计算说明

1）临时工程定额适用于隧道硐内施工所用的通风、供水、压风、照明、动力管线以及轻便轨道线路的临时性工程。

2）定额按年摊销量计算，一年内不足一年按一年计算；超过一年按每增一季定额增加；不足一季（3个月）按一季计算（不分月）。

（2）定额工程量计算规则

1）粘胶布通风筒及铁风筒按每一硐口施工长度减 30m 计算。

2）风、水钢管按硐长加 100m 计算。

3）照明线路按硐长计算，如施工组织设计规定需要安双排照明时，应按实际双线部分增加。

4）动力线路按硐长加 50m 计算。

5）轻便轨道以施工组织设计所布置的起、止点为准，定额为单线，如实际为双线应加倍计算，对所设置的道岔，每处按相应轨道折合 30m 计算。

6）硐长＝主硐＋支硐（均以硐口断面为起止点，不含明槽）。

4. 隧道内衬工程量计算

（1）定额工程量计算说明

1）现浇混凝土及钢筋混凝土边墙、拱部均考虑了施工操作平台。竖井采用的脚手架，已综合考虑在定额内，不另计算。喷射混凝土定额中未考虑喷射操作平台费用，如施工中需搭设操作平台时，执行喷射平台定额。

2）混凝土及钢筋混凝土边墙、拱部衬砌，已综合了先拱后墙、先墙后拱的衬砌比例，因素不同时，不另计算。墙如为弧形时，其弧形段每 $10m^3$ 衬砌体积按相应定额增加人工 1.3 工日。

3）定额中的模板是以钢拱架、钢模板计算的，如实际施工的拱架及模板不同时，可按各地区规定执行。

4）定额中的钢筋是以机制手绑、机制电焊综合考虑的（包括钢筋除锈），实际施工不同时，不做调整。

5）料石砌拱部，不分拱跨大小和拱体厚度均执行本定额。

6）隧道内衬施工中，凡处理地震、涌水、流沙、坍塌等特殊情况所采取的必要措施，必须做好签证和隐蔽验收手续，所增加的人工、材料、机械等费用，另行计算。

7）定额中，采用混凝土输送泵浇筑混凝土或商品混凝土时，按各地区的规定执行。

（2）定额工程量计算规则

1）隧道内衬现浇混凝土和石料衬砌的工程量，按施工图所示尺寸加允许超挖量（拱部为 15cm，边墙为 10cm）以“m^3”计算，混凝土部分不扣除 $0.3m^3$ 以内孔洞所占体积。

2）隧道衬砌边墙与拱部连接时，以拱部起拱点的连线为分界线，以下为边墙，以上为拱部。边墙底部的扩大部分工程量（含附壁水沟），应并入相应厚度边墙体积内计算。拱部两端支座，先拱后墙的扩大部分工程量，应并入拱部体积内计算。

3）喷射混凝土数量及厚度按设计图计算，不另增加超挖、填平补齐的数量。

4）喷射混凝土定额配合比，按各地区规定的配合比执行。

5）混凝土初喷 5cm 为基本层，每增 5cm 按增加定额计算，不足 5cm 按 5cm 计算，若做临时支护可按一个基本层计算。

6）喷射混凝土定额已包括混合料 200m 运输，超过 200m 时，材料运费另计。运输吨位按初喷 5cm 拱部 $26t/100m^2$，边墙 $23t/100m^2$；每增厚 5cm 拱部 $16t/100m^2$，边墙 $14t/100m^2$。

7）锚杆按 $\phi22$ 计算，若实际不同时，定额人工、机械应按表 3-94 中所列的系数进行调整，锚杆按净重计算不加损耗。

表 3-94 人工机械系数调整

锚杆直径	ϕ28	ϕ25	ϕ22	ϕ20	ϕ18	ϕ26
调整系数	0.62	0.78	1	1.21	1.49	1.89

8）钢筋工程量按图示尺寸以“t”计算。现浇混凝土中固定钢筋位置的支撑钢筋、双层钢筋用的架立筋（铁马），伸出构件的锚固钢筋均按钢筋计算，并入钢筋工程量内。钢筋的搭接用量：设计图纸已注明的钢筋接头，按图纸规定计算；设计图纸未注明的通长钢筋接头，ϕ25 以内的，每 8m 计算 1 个接头，ϕ25 以上的，每 6m 计算 1 个接头，搭接长度按《市政工程工程量计算规范》GB 50857—2013 计算。

9）模板工程量按模板与混凝土的接触面积以“m^2”计算。

5. 隧道沉井工程量计算

（1）定额工程量计算说明

1）隧道沉井预算定额包括沉井制作、沉井下沉、封底、钢封门安拆等共 13 节 45 个子目。

2）隧道沉井预算定额适用于软土隧道工程中采用沉井方法施工的盾构工作井及暗埋段连续沉井。

3）沉井定额按矩形和圆形综合取定，无论采用何种形状的沉井，定额不做调整。

4）定额中列有几种沉井下沉方法，套用何种沉井下沉定额由批准的施工组织设计确定。挖土下沉不包括土方外运费，水力出土不包括砌筑集水坑及排泥水处理。

5）水力机械出土下沉及钻吸法吸泥下沉等子目均包括井内、外管路及附属设备的费用。

（2）定额工程量计算规则

1）沉井工程的井点布置及工程量，按批准的施工组织设计计算，执行《全国统一市政工程预算定额》GYD—301—1999“通用项目”相应定额。

2）基坑开挖的底部尺寸，按沉井外壁每侧加宽 2.0m 计算，执行《全国统一市政工程预算定额》GYD—301—1999“通用项目”中的基坑挖土定额。

3）沉井基坑砂垫层及刃脚基础垫层工程量按批准的施工组织设计计算。

4）刃脚的计算高度，从刃脚踏面至井壁外凸口计算，如沉井井壁没有外凸口时，则从刃脚踏面至底板顶面为准。底板下的地梁并入底板计算。框架梁的工程量包括切入井壁部分的体积。井壁、隔墙或底板混凝土中，不扣除单孔面积 0.3m^3 以内的孔洞所占体积。

5）沉井制作的脚手架安、拆，不论分几次下沉，其工程量均按井壁中心线周长与隔墙长度之和乘以井高计算。

6）沉井下沉的土方工程量，按沉井外壁所围的面积乘以下沉深度（预制时刃脚底面至下沉后设计刃脚底面的高度），并分别乘以土方回淤系数计算。回淤系数：排水下沉深度大于 10m 为 1.05；不排水下沉深度大于 15m 为 1.02。

7）沉井触变泥浆的工程量，按刃脚外凸口的水平面积乘以高度计算。

8）沉井砂石料填心、混凝土封底的工程量；按设计图纸或批准的施工组织设计计算。

9）钢封门安、拆工程量，按施工图用量计算。钢封门制作费另计，拆除后应回收70%的主材原值。

6. 盾构法掘进工程量计算

(1) 定额工程量计算说明

1）盾构法掘进定额包括盾构掘进、衬砌拼装、压浆、管片制作、防水涂料、柔性接缝环、施工管线路拆除以及负环管片拆除等共33节139个子目。

2）盾构法掘进定额适用于采用国产盾构掘进机，在地面沉降达到中等程度（盾构在砖砌建筑物下穿越时允许发生结构裂缝）的软土地区隧道施工。

3）盾构及车架安装是指现场吊装及试运行，适用于ϕ7000以内的隧道施工，拆除是指拆卸装车。ϕ7000以上盾构及车架安拆按实计算。盾构及车架场外运输费按实另计。

4）盾构掘进机选型，应根据地质报告、隧道复土层厚度、地表沉降量要求及掘进机技术性能等条件，由批准的施工组织设计确定。

5）盾构掘进在穿越不同区域土层时，根据地质报告确定的盾构正掘面含砂性土的比例，按表3-95中的系数调整该区域的人工、机械费（不含盾构的折旧及大修理费）。

6）盾构掘进在穿越密集建筑群、古文物建筑或堤防、重要管线时，对地表升降有特殊要求者，按表3-96中的系数调整该区域的掘进人工、机械费（不含盾构的折旧及大修理费）。

表3-95 盾构掘进在穿越不同区域土层时的调整系数

盾构正掘面土质	隧道横截面含砂性土比例	调整系数
一般软黏土	≤25%	1.0
黏土夹层砂	25%～50%	1.2
砂性土（干式出土盾构掘进）	>50%	1.5
砂性土（水力出土盾构掘进）	>50%	1.3

表3-96 盾构掘进在穿越对地表升降有特殊要求时的调整系数

盾构直径（mm）	允许地表升降量（mm）			
	±250	±200	±150	±100
$\phi \geqslant 7000$	1.0	1.1	1.2	—
$\phi < 7000$	—	—	1.0	1.2

注：1. 允许地表升降量是指复土层厚度大于1倍盾构直径处的轴线上方地表升降量。
2. 如第5）、6）条所列两种情况同时发生时，调整系数相加减1计算。

7）采用干式出土掘进，其土方以吊出井口装车止。采用水力出土掘进，其排放的泥浆水以送至沉淀池止，水力出土所需的地面部分取水、排水的土建及土方外运费用另计。水力出土掘进用水按取用自然水源考虑，不计水费，若采用其他水源需计算水费时可另计。

8）盾构掘进定额中已综合考虑了管片的宽度和成环块数等因素，执行定额时不得调整。

9）盾构掘进定额中含贯通测量费用，不包括设置平面控制网、高程控制网、过江水准及方向、高程传递等测量，如发生时费用另计。

10）预制混凝土管片采用高精度钢模和高强度等级混凝土，定额中已含钢模摊销费，管片预制场地费另计，管片场外运输费另计。

(2) 定额工程量计算规则

1）掘进过程中的施工阶段划分。

①负环段掘进：从拼装后靠管片起至盾尾离开出洞井内壁止。

②出洞段掘进：从盾尾离开出洞井内壁至盾尾离开出洞井内壁 40m 止。

③正常段掘进：从出洞段掘进结束至进洞段掘进开始的全段掘进。

④进洞段掘进：按盾构切口距进洞井外壁 5 倍盾构直径的长度计算。

2）掘进定额中盾构机按摊销考虑，若遇下列情况时，可将定额中盾构掘进机台班内的折旧费和大修理费扣除，保留其他费用作为盾构使用费台班进入定额，盾构掘进机费用按不同情况另行计算。

①顶端封闭采用垂直顶升方法施工的给水排水隧道。

②单位工程掘进长度不大于 800m 的隧道。

③采用进口或其他类型盾构机掘进的隧道。

④由建设单位提供盾构机掘进的隧道。

3）衬砌压浆量根据盾尾间隙，由施工组织设计确定。

4）柔性接缝环适合于盾构工作井洞门与圆隧道接缝处理，长度按管片中心圆周长计算。

5）预制混凝土管片工程量按实体积加 1%损耗计算，管片试拼装以每 100 环管片拼装 1 组（3 环）计算。

7. 垂直顶升工程量计算

(1) 定额工程量计算说明

1）垂直顶升预算定额包括顶升管节、复合管片制作、垂直顶升设备安拆、管节垂直顶升、阴极保护安装及滩地揭顶盖等共 6 节 21 个子目。

2）垂直顶升预算定额适用于管节外壁断面小于 $4m^2$、每座顶升高度小于 10m 的不出土垂直顶升。

3）预制管节制作混凝土已包括内模摊销费及管节制成后的外壁涂料。管节中的钢筋已归入顶升钢壳制作的子目中。

4）阴极保护安装不包括恒电位仪、阳极、参比电极的原值。

5）滩地揭顶盖只适用于滩地水深不超过 0.5m 的区域，本定额未包括进出水口的围护工程，发生时可套用相应定额计算。

(2) 定额工程量计算规则

1）复合管片不分直径，管节不分大小，均执行本定额。

2）顶升车架及顶升设备的安拆，以每顶升一组出口为安拆一次计算。顶升车架制作费按顶升一组摊销 50%计算。

3）顶升管节外壁如需压浆时，则套用分块压浆定额计算。

4）垂直顶升管节试拼装工程量按所需顶升的管节数计算。

8. 地下连续墙工程量计算

(1) 定额工程量计算说明

1）地下连续墙预算定额包括导墙、挖土成槽、钢筋笼制作吊装、锁口管吊拔、浇捣连续墙混凝土、大型支撑基坑土方及大型支撑安装、拆除等共7节29个子目。

2）地下连续墙预算定额适用于在黏土、砂土及冲填土等软土层地下连续墙工程，以及采用大型支撑围护的基坑土方工程。

3）地下连续墙成槽的护壁泥浆采用比重为1.055的普通泥浆。若需取用重晶石泥浆可按不同比重泥浆单价进行调整。护壁泥浆使用后的废浆处理另行计算。

4）钢筋笼制作包括台模摊销费，定额中预埋件用量与实际用量有差异时允许调整。

5）大型支撑基坑开挖定额适用于地下连续墙、混凝土板桩、钢板桩等作围护的跨度大于8m的深基坑开挖。定额中已包括湿土排水，若需采用井点降水或支撑安拆需打拔中心稳定桩等，其费用另行计算。

6）大型支撑基坑开挖由于场地狭小只能单面施工时，挖土机械按表3-97调整。

表3-97 挖土机械单面施工

宽　度	两边停机施工	单边停机施工
基坑宽15m内	15t	25t
基坑宽15m外	25t	40t

(2) 定额工程量计算规则

1）地下连续墙成槽土方量按连续墙设计长度、宽度和槽深（加超深0.5m）计算。混凝土浇筑量同连续墙成槽土方量。

2）锁口管及清底置换以段为单位（段指槽壁单元槽段），锁口管吊拔按连续墙段数加1段计算，定额中已包括锁口管的摊销费用。

9. 地下混凝土结构工程量计算

(1) 定额工程量计算说明

1）地下混凝土结构预算定额包括护坡、地梁、底板、墙、柱、梁、平台、顶板、楼梯、电缆沟、侧石、弓形底板、支承墙、内衬侧墙及顶内衬、行车道槽形板以及隧道内车道等地下混凝土结构共11节58个子目。

2）地下混凝土结构预算定额适用于地下铁道车站、隧道暗埋段、引道段沉井内部结构、隧道内路面及现浇内衬混凝土工程。

3）定额中混凝土浇捣未含脚手架费用。

4）圆形隧道路面以大型槽形板作底模，如采用其他形式时定额允许调整。

5）隧道内衬施工未包括各种滑模、台车及操作平台费用，可另行计算。

(2) 定额工程量计算规则

1）现浇混凝土工程量按施工图计算，不扣除单孔面积0.3m^3以内的孔洞所占体积。

2）有梁板的柱高，自柱基础顶面至梁、板顶面计算，梁高以设计高度为准。梁与柱交接，梁长算至柱侧面（即柱间净长）。

3）结构定额中未列预埋件费用，可另行计算。

4）隧道路面沉降缝、变形缝按《全国统一市政工程预算定额》GYD—302—1999“道路工程”相应定额执行，其人工、机械乘以系数1.1。

10. 地基加固、监测工程量计算

（1）定额工程量计算说明

1）地基加固、监测定额分为地基加固和监测两部分共7节59个子目。地基加固包括分层注浆、压密注浆、双重管和三重管高压旋喷；监测包括地表和地下监测孔布置、监控测试等。

2）地基加固、监测定额按软土地层建筑地下构筑物时采用的地基加固方法和监测手段进行编制。地基加固是控制地表沉降，提高土体承载力，降低土体渗透系数的一个手段，适用于深基坑底部稳定、隧道暗挖法施工和其他建筑物基础加固等。监测是地下构筑物建造时，反映施工对周围建筑群影响程度的测试手段。定额适用于建设单位确认需要监测的工程项目，包括监测点布置和监测两部分。监测单位需及时向建设单位提供可靠的测试数据，工程结束后监测数据立案成册。

3）分层注浆加固的扩散半径为0.8m，压密注浆加固半径为0.75m，双重管、三重管高压旋喷的固结半径分别为0.4m、0.6m。浆体材料（水泥、粉煤灰、外加剂等）用量按设计含量计算，若设计未提供含量要求时，按批准的施工组织设计计算。检测手段只提供注浆前后N值之变化。

4）定额不包括泥浆处理和微型桩的钢筋费用，为配合土体快速排水需打砂井的费用另计。

（2）定额工程量计算规则

1）地基注浆加固以孔为单位的子目，定额按全区域加固编制，若加固深度与定额不同时可内插计算；若采取局部区域加固，则人工和钻机台班不变，材料（注浆阀管除外）和其他机械台班按加固深度与定额深度同比例调减。

2）地基注浆加固以“m^3”为单位的子目，已按各种深度综合取定，工程量按加固土体的体积计算。

3）监测点布置分为地表和地下两部分，其中地表测孔深度与定额不同时可内插计算。工程量由施工组织设计确定。

4）监控测试以一个施工区域内监控3项或6项测定内容划分步距，以组日为计量单位，监测时间由施工组织设计确定。

11. 金属构件制作工程量计算

（1）定额工程量计算说明

1）金属构件制作定额包括顶升管片钢壳、钢管片、顶升止水框、联系梁、车架、走道板、钢跑板、盾构基座、钢围令、钢闸墙、钢轨枕、钢支架、钢扶梯、钢栏杆、钢支撑、钢封门等金属构件的制作共8节26个子目。

2）金属构件制作定额适用于软土层隧道施工中的钢管片、复合管片钢壳及盾构工作井布置、隧道内施工用的金属支架、安全通道、钢闸墙、垂直顶升的金属构件以及隧道明挖法施工中大型支撑等加工制作。

3）金属构件制作预算价格仅适用于施工单位加工制作，需外加工者则按实结算。

4）金属构件制作定额钢支撑按 $\phi600$ 考虑，采用 12mm 钢板卷管焊接而成，若采用成品钢管时定额不做调整。

5）钢管片制作已包括台座摊销费，侧面环板燕尾槽加工不包括在内。

6）复合管片钢壳包括台模摊销费，钢筋在复合管片混凝土浇捣子目内。

7）垂直顶升管节钢骨架已包括法兰、钢筋和靠模摊销费。

8）构件制作均按焊接计算，不包括安装螺栓在内。

（2）定额工程量计算规则

1）金属构件的工程量按设计图纸的主材（型钢，钢板，方、圆钢等）的重量以“t”计算，不扣除孔眼、缺角、切肢、切边的重量。圆形和多边形的钢板按作方计算。

2）支撑由活络头、固定头和本体组成，本体按固定头单价计算。

3.4.3 隧道工程工程量计算与清单编制实例

【例 3-18】 某隧道工程施工，全长为长 280m，岩层为次坚石，无地下水，采用平洞开挖，光面爆破，并进行拱圈砌筑和边墙砌筑，砌筑材料为粗石料砂浆，其设计尺寸如图 3-36 所示，试编制该段隧道开挖和砌筑工程量清单。

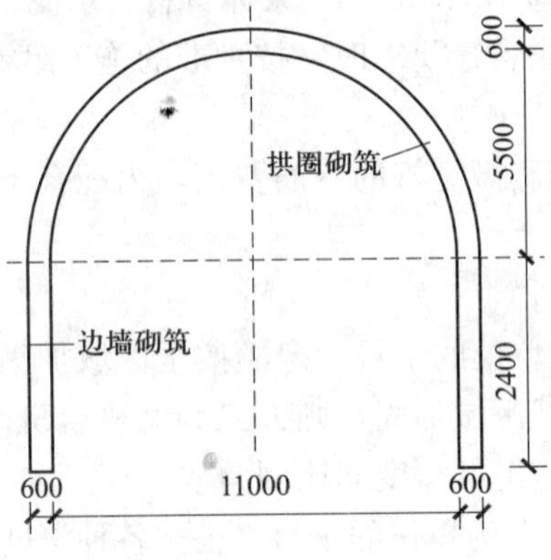

图 3-36 拱圈和边墙砌筑示意图

【解】

（1）平洞开挖：

$$\left[\frac{1}{2}\times3.14\times(5.5+0.6)^2+2.4\times(11+0.6\times2)\right]\times280$$
$$=10879.96\ (\text{m}^3)$$

（2）拱圈砌筑：

$$\left(\frac{1}{2}\times3.14\times6.1^2-\frac{1}{2}\times3.14\times5.5^2\right)\times280$$
$$=3059.62\ (\text{m}^3)$$

（3）边墙砌筑：

$$2.4\times0.6\times280\times2=806.4\ (\text{m}^3)$$

分部分项工程和单价措施项目清单与计价表，见表 3-98。

表 3-98 分部分项工程和单价措施项目清单与计价表

工程名称：

序号	项目编码	项目名称	项目特征描述	计量单位	工程量	金额（元）	
						综合单价	合价
1	040401001001	平洞开挖	1. 平洞开挖 2. 次坚实 3. 光面爆破	m^3	10879.96		
2	040402008001	拱圈砌筑	粗石料砂浆	m^3	3059.62		
3	040402009001	边墙砌筑	粗石料砂浆	m^3	806.4		

【例 3-19】 ××市隧道工程，由混凝土 C25，石粒最大粒径 15mm，沉井立面图及平面图如图 3-37 所示，沉井下沉深度为 15m，沉井封底及底板混凝土强度为 C20，石料最大粒径为 10mm，沉井填心采用碎石（20mm）及块石（200mm）。不排水下沉，求其工程量。

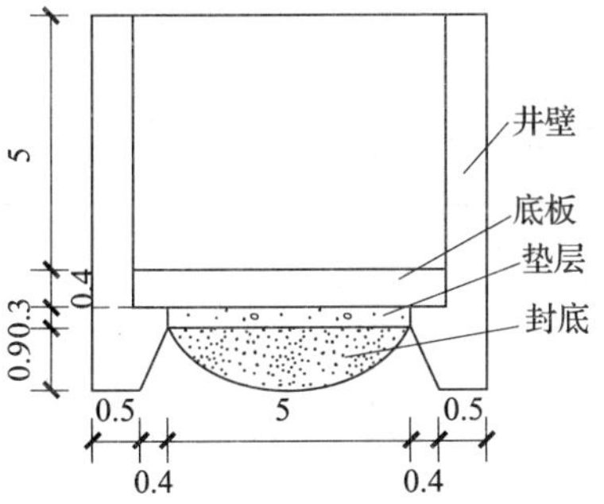

(a)沉井立面图

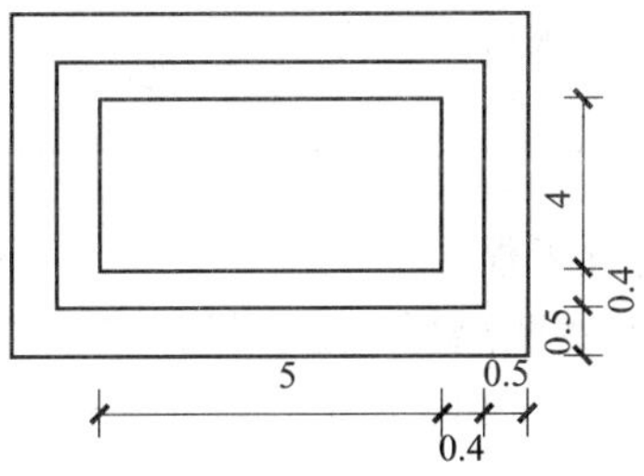

(b)沉井平面图

图 3-37 沉井示意图（m）

【解】

（1）清单工程量

1）沉井井壁混凝土：

$$V_1=5.4\times(4+0.4\times2+0.5\times2)\times(5+0.5\times2+0.4\times2)+0.3\times0.9\times2\times(0.8+5+0.5\times2+4)-(4+0.4\times2)\times(5+0.4\times2)\times5.4=68.44\ (m^3)$$

2）沉井下沉：

$$V_2=(5.8+6.8)\times2\times(5+0.4+0.3+0.9)\times15=793.8\ (m^3)$$

3）沉井混凝土封底：

$$V_3=0.9\times5\times4=18\ (m^3)$$

4）沉井混凝土底板：

$$V_4=0.4\times5.8\times(4+0.4\times2)=11.14\ (m^3)$$

5）沉井填心：

$$V_5=5\times(5+0.4\times2)\times(4+0.4\times2)=139.2\ (m^3)$$

分部分项工程和单价措施项目清单与计价表，见表 3-99。

表 3-99 分部分项工程和单价措施项目清单与计价表

工程名称：某桥梁工程

序号	项目编码	项目名称	项目特征描述	计量单位	工程量	金额（元）	
						综合单价	合价
1	040405001001	沉井井壁混凝土	1. 混凝土 C25 2. 石料最大粒径 15mm	m^3	68.44		
2	040405002001	沉井下沉	下沉深度 12m	m^3	793.8		
3	040405003001	沉井混凝土封底	1. 封底混凝土强度为 C20 2. 石料最大粒径 10mm	m^3	18		
4	040405004001	沉井混凝土底板	1. 封底混凝土强度为 C20 2. 石料最大粒径 10mm	m^3	11.14		
5	040405005001	沉井填心	沉井填心采用碎石（20mm）及块石（200mm）	m^3	139.2		

（2）定额工程量

1）沉井井壁混凝土工程量：

$$V_1=5.4\times(4+0.4\times2+0.5\times2)\times(5+0.5\times2+0.4\times2)+0.3\times0.9\times2\times(0.8+5+0.5\times2+4)-(4+0.4\times2)\times(5+0.4\times2)\times5.4=68.44\ (m^3)$$

2）沉井下沉工程量：

$$V_2=(5.8+6.8)\times2\times(5+0.4+0.3+0.9)\times15=793.8\ (m^3)$$

3）沉井混凝土封底工程量：

$$V_3=0.9\times5\times4=18\ (m^3)$$

4）沉井混凝土底板工程量：

$$V_4=0.4\times5.8\times(4+0.4\times2)=11.14\ (m^3)$$

5）沉井填心工程量：

$$V_5=5\times(5+0.4\times2)\times(4+0.4\times2)=139.2\ (m^3)$$

【例 3-20】 某竖井长度为 150m，已知隧道全长 30m，开挖按照设计施工图采用平洞开挖，一般爆破，开挖后废渣采用轻轨斗车运至洞口 100 处。隧道开挖后用强度为 C25 的混凝土砂浆砌筑隧道拱圈和边墙 30cm，在对隧道砌筑的同时，在竖井内壁安装钢模板，清理竖井内壁，然后，用强度为 C20 混凝土对竖井进行衬砌 20cm，由于隧道施工需要，需在距洞口 3m 处，每隔 8m 安装一个集水井，竖井布置如图 3-38 所示，试根据尺寸图，试求工程量。

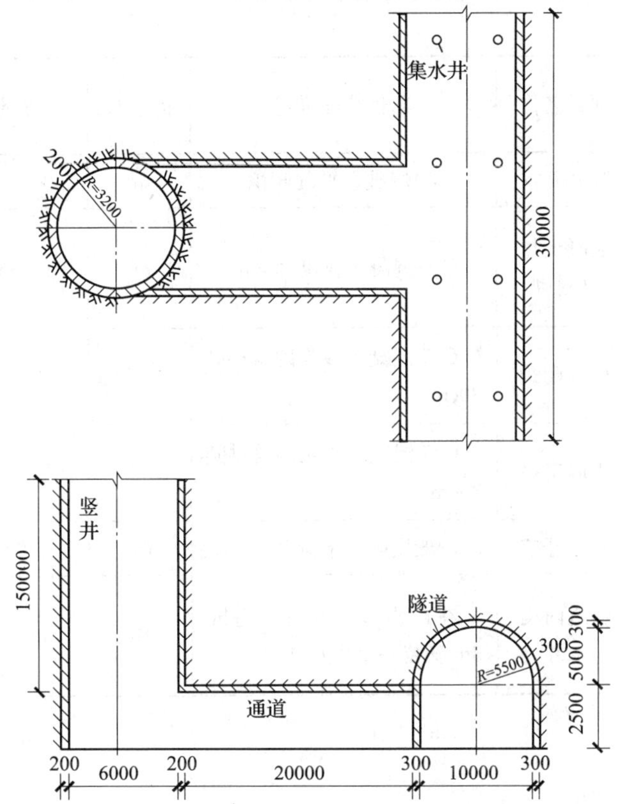

图 3-38 竖井内部布置示意图

【解】

(1) 清单工程量

1) 竖井开挖工程量:

$$\frac{1}{2}\times3.14\times3.4^2\times150=2722.38\ (\mathrm{m}^2)$$

2) 混凝土竖井衬砌工程量:

$$\left(\frac{1}{2}\times3.14\times3.4^2-\frac{1}{2}\times3.14\times3.2^2\right)\times150=310.86\ (\mathrm{m}^2)$$

3) 拱圈砌筑工程量:

$$\left(\frac{1}{2}\times3.14\times5.8^2-\frac{1}{2}\times3.14\times5.5^2\right)\times30=159.67\ (\mathrm{m}^2)$$

4) 边墙砌筑工程量:

$$0.3\times2.5\times30\times2=45\ (\mathrm{m}^3)$$

5) 隧道内集水井工程量:8 座

6) 隧道内通道开挖工程量:

$$6.8\times3.5\times20=340\ (\mathrm{m}^3)$$

分部分项工程和单价措施项目清单与计价表,见表 3-100。

表 3-100 分部分项工程和单价措施项目清单与计价表

工程名称：

序号	项目编码	项目名称	项目特征描述	计量单位	工程量	金额（元）	
						综合单价	合价
1	040401003001	竖井开挖	一般爆破，平洞开挖	m^3	2722.38		
2	040402004001	混凝土竖井衬砌	C20 混凝土衬砌 20cm	m^3	310.86		
3	040402008001	拱圈砌筑	C25 混凝土砂浆砌筑拱圈 30cm	m^3	159.67		
4	040402009001	边墙砌筑	C25 混凝土砂浆砌筑拱圈 30cm	m^3	45		
5	040401002001	斜井开挖	一般爆破，平洞开挖	m^3	340		
6	040404009001	隧道内集水井	在距洞口 3m 处，每隔 8m 安装一个集水井	座	8		

（2）定额工程量

1）竖井开挖工程量：

《全国统一市政工程预算定额》GYD—304—1999“隧道工程”规定：隧道的竖井开挖与出渣工程量，按设计图开挖断面尺寸，另加允许超挖量以“m^3”计算，本定额采用一般爆破，其允许超挖量：拱部为 20cm，边墙为 15cm，另开挖定额采用一般爆破开挖，其开挖定额应乘以系数 0.935。

$$\frac{1}{2}\times3.14\times3.4^2\times150\times0.935=2545.43\ (m^3)$$

2）混凝土竖井衬砌工程量：

混凝土竖井衬砌工程量定额与清单相同为 310.86m^3。

3）拱圈砌筑工程量：

《全国统一市政预算定额》GYD—304—1999“隧道工程”规定：隧道内衬现浇混凝土和石料衬砌的工程量，按施工图所示尺寸加允许超挖量（拱部为 15cm）以“m^3”计算。

$$\left(\frac{1}{2}\times3.14\times5.95^2-\frac{1}{2}\times3.14\times5.5^2\right)\times30=489.96\ (m^3)$$

4）边墙砌筑工程量：

根据《全国统一市政工程预算定额》GYD—304—1999“隧道工程”规定：隧道内衬现浇混凝土和石料衬砌的工程量，按施工图所示尺寸加允许超挖量（边墙为 10cm）以“m^3”计算。

$$0.4\times2.5\times30\times2=60\ (m^3)$$

5）隧道内集水井工程量：

隧道内集水井定额工程量与清单相同为 8 座。

6）隧道内旁通道开挖工程量：

隧道内旁通道开挖定额工程量与清单相同为 340m³。

【例 3-21】　某城市隧道的设计断面如图 3-39 所示，隧道总长 150m，洞口桩号为 K3＋300 和 K3＋450，其中 K3＋320～K3＋370 段岩石为普坚石，此段设计开挖断面积为 66.67m²，拱部衬砌断面积为 10.17m²，边墙厚为 600mm，混凝土强度等级为 C20，边墙断面积为 3.638m²，采用光面爆破，全断面开挖。设计要求主洞超挖部分必须用与衬砌同强度等级混凝土充填，招标文件要求开挖出的废渣运至距洞口 900m 处弃场弃置（两洞口外 900m 处均有弃置场地）。

现根据上述条件编制隧道 K3＋320～K3＋370 段的隧道开挖和衬砌工程量清单项目。

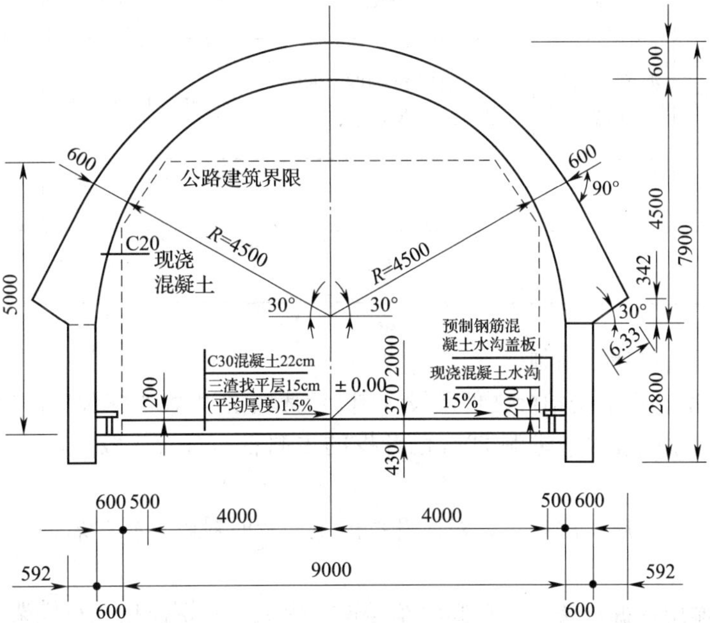

图 3-39　隧道洞口断面

【解】

（1）工程量清单编制

1）计算清单工程量：

①平洞开挖清单工程量计算：

$$66.67 \times 50 = 3333.5\ (\mathrm{m}^3)$$

②衬砌清单工程量计算：

拱部：$10.17 \times 50 = 508.50\ (\mathrm{m}^3)$

边墙：$3.36 \times 50 = 168.00\ (\mathrm{m}^3)$

2）分部分项工程和单价措施项目清单与计价表，见表 3-101。

表 3-101 分部分项工程和单价措施项目清单与计价表

工程名称：某城市隧道工程　　标段：K3＋320～3＋370　　第 页 共 页

<table>
<tr><th rowspan="3">序号</th><th rowspan="3">项目编号</th><th rowspan="3">项目名称</th><th rowspan="3">项目特征描述</th><th rowspan="3">计量单位</th><th rowspan="3">工程数量</th><th colspan="3">金额（元）</th></tr>
<tr><th rowspan="2">综合单价</th><th rowspan="2">合价</th><th>其中</th></tr>
<tr><th>暂估价</th></tr>
<tr><td>1</td><td>040401001001</td><td>平洞开挖</td><td>1. 普坚石
2. 设计断面 66.67m²
3. 光面爆破</td><td>m³</td><td>3333.50</td><td></td><td></td><td></td></tr>
<tr><td>2</td><td>040402002001</td><td>混凝土顶拱衬砌</td><td>1. 衬砌拱顶厚 60cm
2. C20 混凝土</td><td>m³</td><td>508.50</td><td></td><td></td><td></td></tr>
<tr><td>3</td><td>040402003001</td><td>混凝土边墙衬砌</td><td>1. 边墙衬砌厚 60cm
2. C20 混凝土</td><td>m³</td><td>168.00</td><td></td><td></td><td></td></tr>
<tr><td></td><td></td><td></td><td></td><td></td><td></td><td></td><td></td><td></td></tr>
<tr><td colspan="7">合　计</td><td></td><td></td></tr>
</table>

（2）工程量清单计价编制

1）施工方案。现根据招标文件及设计图和工程量清单表作综合单价分析：

①从工程地质图和以前进洞 20m 已开挖的主洞看，石岩比较好，拟用光面爆破，全断面开挖。

②衬砌采用先拱后墙法施工，对已开挖的主洞及时衬砌，减少岩面暴露时间，以利于安全。

③出渣运输用挖掘机装渣，自卸汽车运输。模板采用钢模板、钢模架。

2）施工工程量的计算：

①主洞开挖量计算。设计开挖断面积为 66.67m²，超挖断面积为 3.26m²，施工开挖量为（66.67＋3.26）×50＝3496.5（m³）。

②拱部混凝土量计算。拱部设计衬砌断面为 10.17m²，超挖充填混凝土断面积为 2.58m²，拱部施工衬砌量为（10.17＋2.58）×50＝637.50（m³）。

③边墙衬砌量计算。边墙设计断面积为 3.36m²，超挖充填断面积为 0.68m²，边墙施工衬砌量为（3.36＋0.68）×50＝202.0（m³）。

3）参照定额及管理费、利润的取定。

①定额拟按《全国统一市政工程预算定额》GYD—304—1999“隧道工程”。

②管理费按直接费的 15％考虑，利润按直接费的 8％考虑。

③根据上述考虑作如下综合单价分析（见“综合单价分析表”表 3-102～表 3-104），分部分项工程和单价措施项目清单与计价表，见表 3-105。

表 3-102　综合单价分析表

工程名称：某城市隧道工程　　　　标段：K3＋320～3＋370　　　　第　页　共　页

项目编码	040401001001	项目名称	平洞开挖	计量单位	m^3	工程量	3333.50

清单综合单价组成明细											
定额编号	定额项目名称	定额单位	数量	单价				合价			
				人工费	材料费	机械费	管理费和利润	人工费	材料费	机械费	管理费和利润
4-20	平洞全断面开挖，光面爆破	$100m^3$	0.01	999.69	669.96	1974.31	838.11	10.0	6.70	19.74	8.38
4-54	平洞出渣，运距 1000m 以内	$100m^3$	0.01	25.17	—	1804.55	420.84	0.25	—	18.05	4.21
人工单价		小计						10.25	6.70	37.79	12.59
22.47（元/工日）		未计价材料费									
清单项目综合单价								67.33			

材料费明细	主要材料名称、规格、型号	单位	数量	单价（元）	合价（元）	暂估单价（元）	暂估合价（元）
	电雷管（迟发）带脚线 2.5m	个	1.73	0.25	0.43		
	硝铵炸药	kg	1.15	3.55	4.08		
	胶质导线 BV－2.5mm	m	0.67	0.27	0.18		
	胶质导线 BV－4.0mm	m	0.18	0.37	0.07		
	合金钻头（一字形）	个	0.07	5.40	0.38		
	六角空心钢 22～25	kg	0.11	3.15	0.35		
	高压胶皮风管 ϕ25－69－20m	m	0.03	12.48	0.37		
	高压胶皮风管 ϕ19－69－20m	m	0.03	19.61	0.59		
	水	m^3	0.25	0.45	0.11		
	电	kW·h	0.11	0.35	0.04		
	其他材料费			—	0.13	—	
	材料费小计			—	6.70	—	

注："数量"栏为"投标方工程量÷招标方工程量÷定额单位数量"，如"0.01"为"3496.5÷3333.5÷100"。

表 3-103 综合单价分析表

工程名称：某城市隧道工程　　　标段：K3＋320～3＋370　　　第　页　共　页

项目编码	040402002001	项目名称	混凝土顶拱衬砌	计量单位	m^3	工程量	508.5

清单综合单价组成明细											
定额编号	定额项目名称	定额单位	数量	单价				合价			
				人工费	材料费	机械费	管理费和利润	人工费	材料费	机械费	管理费和利润
4-91	平洞拱部混凝土衬砌	$10m^3$	0.125	709.15	10.39	137.06	197.02	88.64	1.30	17.13	24.63
人工单价		小　　计						88.64	1.30	17.13	24.63
22.47（元/工日）		未计价材料费						306.07			
清单项目综合单价								437.77			

材料费明细	主要材料名称、规格、型号	单位	数量	单价（元）	合价（元）	暂估单价（元）	暂估合价（元）
	C20 混凝土	m^3	1.27	241	306.07		
	其他材料费			—		—	
	材料费小计			—	306.07	—	

注：“数量”栏为“投标方工程量÷招标方工程量÷定额单位数量”，如“0.01”为“637.5÷508.5÷100”。

表 3-104 综合单价分析表

工程名称：某城市隧道工程　　标段：K3＋320～3＋370　　第 页 共 页

项目编码	040402003001	项目名称	混凝土边墙衬砌	计量单位	m^3	工程量	168				
清单综合单价组成明细											
定额编号	定额项目名称	定额单位	数量	单价				合价			
				人工费	材料费	机械费	管理费和利润	人工费	材料费	机械费	管理费和利润
4-109	混凝土边墙衬砌	$10m^3$	0.12	535.91	9.18	106.14	155.45	64.31	1.10	12.74	18.65
人工单价		小计						64.31	1.10	12.74	18.65
22.47（元/工日）		未计价材料费						294.02			
清单项目综合单价								390.82			
材料费明细	主要材料名称、规格、型号				单位	数量		单价（元）	合价（元）	暂估单价（元）	暂估合价（元）
	C20 混凝土				m^3	1.22		241	294.02		
	其他材料费							—		—	
	材料费小计							—	294.02	—	

注：“数量”栏为“投标方工程量÷招标方工程量÷定额单位数量”，如“0.01”为“202÷168÷100”。

表 3-105 分部分项工程和单价措施项目清单与计价表

工程名称：某城市隧道工程　　标段：K3＋320～3＋370　　第　页共　页

序号	项目编号	项目名称	项目特征描述	计量单位	工程量	金额（元）		
						综合单价	合价	其中 暂估价
1	040401001001	平洞开挖	1. 普坚石 2. 设计断面 66.67m^2 3. 光面爆破	m^3	3333.50	67.33	224444.56	
2	040402002001	混凝土拱部衬砌	1. 衬砌拱顶厚 60cm 2. C20 混凝土	m^3	508.50	437.77	222606.05	
3	040402003001	混凝土边墙衬砌	1. 边墙衬砌厚 60cm 2. C20 混凝土	m^3	168.00	390.82	65657.76	
			合　计				512708.40	

3.5 管网工程工程量计算及清单编制实例

3.5.1 管网工程清单工程量计算规则

1. 管道铺设

管道铺设工程量清单项目设置、项目特征描述的内容、计量单位及工程量计算规则，应按表 3-106 的规定执行。

表 3-106 管道铺设（编码：040501）

项目编码	项目名称	项目特征	计量单位	工程量计算规则	工程内容
040501001	混凝土管	1. 垫层、基础材质及厚度 2. 管座材质 3. 规格 4. 接口方式 5. 铺设深度 6. 混凝土强度等级 7. 管道检验及试验要求	m	按设计图示中心线长度以延长米计算。不扣除附属构筑物、管件及阀门等所占长度	1. 垫层、基础铺筑及养护 2. 模板制作、安装、拆除 3. 混凝土拌和、运输、浇筑、养护 4. 预制管枕安装 5. 管道铺设 6. 管道接口 7. 管道检验及试验
040501002	钢管	1. 垫层、基础材质及厚度 2. 材质及规格 3. 接口方式 4. 铺设深度 5. 管道检验及试验要求 6. 集中防腐运距			1. 垫层、基础铺筑及养护 2. 模板制作、安装、拆除 3. 混凝土拌和、运输、浇筑、养护 4. 管道铺设 5. 管道检验及试验 6. 集中防腐运输
040501003	铸铁管				
040501004	塑料管	1. 垫层、基础材质及厚度 2. 材质及规格 3. 连接形式 4. 铺设深度 5. 管道检验及试验要求			1. 垫层、基础铺筑及养护 2. 模板制作、安装、拆除 3. 混凝土拌和、运输、浇筑、养护 4. 管道铺设 5. 管道检验及试验
040501005	直埋式预制保温管	1. 垫层材质及厚度 2. 材质及规格 3. 接口方式 4. 铺设深度 5. 管道检验及试验的要求			1. 垫层铺筑及养护 2. 管道铺设 3. 接口处保温 4. 管道检验及试验

续表 3-106

项目编码	项目名称	项目特征	计量单位	工程量计算规则	工程内容
040501006	管道架空跨越	1. 管道架设高度 2. 管道材质及规格 3. 接口方式 4. 管道检验及试验要求 5. 集中防腐运距	m	按设计图示中心线长度以延长米计算。不扣除管件及阀门等所占长度	1. 管道架设 2. 管道检验及试验 3. 集中防腐运输
040501007	隧道（沟、管）内管道	1. 基础材质及厚度 2. 混凝土强度等级 3. 材质及规格 4. 接口方式 5. 管道检验及试验要求 6. 集中防腐运距		按设计图示中心线长度以延长米计算。不扣除附属构筑物、管件及阀门等所占长度	1. 基础铺筑、养护 2. 模板制作、安装、拆除 3. 混凝土拌和、运输、浇筑、养护 4. 管道铺设 5. 管道检测及试验 6. 集中防腐运输
040501008	水平导向钻进	1. 土壤类别 2. 材质及规格 3. 一次成孔长度 4. 接口方式 5. 泥浆要求 6. 管道检验及试验要求 7. 集中防腐运距		按设计图示长度以延长米计算。扣除附属构筑物（检查井）所占的长度	1. 设备安装、拆除 2. 定位、成孔 3. 管道接口 4. 拉管 5. 纠偏、监测 6. 泥浆制作、注浆 7. 管道检测及试验 8. 集中防腐运输 9. 泥浆、土方外运
040501009	夯管	1. 土壤类别 2. 材质及规格 3. 一次夯管长度 4. 接口方式 5. 管道检验及试验要求 6. 集中防腐运距			1. 设备安装、拆除 2. 定位、夯管 3. 管道接口 4. 纠偏、监测 5. 管道检测及试验 6. 集中防腐运输 7. 土方外运

续表 3-106

项目编码	项目名称	项目特征	计量单位	工程量计算规则	工程内容
040501010	顶（夯）管工作坑	1. 土壤类别 2. 工作坑平面尺寸及深度 3. 支撑、围护方式 4. 垫层、基础材质及厚度 5. 混凝土强度等级 6. 设备、工作台主要技术要求	座	按设计图示数量计算	1. 支撑、围护 2. 模板制作、安装、拆除 3. 混凝土拌和、运输、浇筑、养护 4. 工作坑内设备、工作台安装及拆除
040501011	预制混凝土工作坑	1. 土壤类别 2. 工作坑平面尺寸及深度 3. 垫层、基础材质及厚度 4. 混凝土强度等级 5. 设备、工作台主要技术要求 6. 混凝土构件运距			1. 混凝土工作坑制作 2. 下沉、定位 3. 模板制作、安装、拆除 4. 混凝土拌和、运输、浇筑、养护 5. 工作坑内设备、工作台安装及拆除 6. 混凝土构件运输
040501012	顶管	1. 土壤类别 2. 顶管工作方式 3. 管道材质及规格 4. 中继间规格 5. 工具管材质及规格 6. 触变泥浆要求 7. 管道检验及试验要求 8. 集中防腐运距	m	按设计图示长度以延长米计算。扣除附属构筑物（检查井）所占的长度	1. 管道顶进 2. 管道接口 3. 中继间、工具管及附属设备安装拆除 4. 管内挖、运土及土方提升 5. 机械顶管设备调向 6. 纠偏、监测 7. 触变泥浆制作、注浆 8. 洞口止水 9. 管道检测及试验 10. 集中防腐运输 11. 泥浆、土方外运
040501013	土壤加固	1. 土壤类别 2. 加固填充材料 3. 加固方式	1. m 2. m^3	1. 按设计图示加固段长度以延长米计算 2. 按设计图示加固段体积以立方米计算	打孔、调浆、灌注

续表 3-106

项目编码	项目名称	项目特征	计量单位	工程量计算规则	工程内容
040501014	新旧管连接	1. 材质及规格 2. 连接方式 3. 带（不带）介质连接	处	按设计图示数量计算	1. 切管 2. 钻孔 3. 连接
040501015	临时放水管线	1. 材质及规格 2. 铺设方式 3. 接口形式	m	按放水管线长度以延长米计算，不扣除管件、阀门所占长度	管线铺设、拆除
040501016	砌筑方沟	1. 断面规格 2. 垫层、基础材质及厚度 3. 砌筑材料品种、规格、强度等级 4. 混凝土强度等级 5. 砂浆强度等级、配合比 6. 勾缝、抹面要求 7. 盖板材质及规格 8. 伸缩缝（沉降缝）要求 9. 防渗、防水要求 10. 混凝土构件运距	m	按设计图示尺寸以延长米计算	1. 模板制作、安装、拆除 2. 混凝土拌和、运输、浇筑、养护 3. 砌筑 4. 勾缝、抹面 5. 盖板安装 6. 防水、止水 7. 混凝土构件运输
040501017	混凝土方沟	1. 断面规格 2. 垫层、基础材质及厚度 3. 混凝土强度等级 4. 伸缩缝（沉降缝）要求 5. 盖板材质、规格 6. 防渗、防水要求 7. 混凝土构件运距	m	按设计图示尺寸以延长米计算	1. 模板制作、安装、拆除 2. 混凝土拌和、运输、浇筑、养护 3. 盖板安装 4. 防水、止水 5. 混凝土构件运输

续表 3-106

项目编码	项目名称	项目特征	计量单位	工程量计算规则	工程内容
040501018	砌筑渠道	1. 断面规格 2. 垫层、基础材质及厚度 3. 砌筑材料品种、规格、强度等级 4. 混凝土强度等级 5. 砂浆强度等级、配合比 6. 勾缝、抹面要求 7. 伸缩缝（沉降缝）要求 8. 防渗、防水要求	m	按设计图示尺寸以延长米计算	1. 模板制作、安装、拆除 2. 混凝土拌和、运输、浇筑、养护 3. 渠道砌筑 4. 勾缝、抹面 5. 防水、止水
040501019	混凝土渠道	1. 断面规格 2. 垫层、基础材质及厚度 3. 混凝土强度等级 4. 伸缩缝（沉降缝）要求 5. 防渗、防水要求 6. 混凝土构件运距			1. 模板制作、安装、拆除 2. 混凝土拌和、运输、浇筑、养护 3. 防水、止水 4. 混凝土构件运输
040501020	警示（示踪）带铺设	规格		按铺设长度以延长米计算	铺设

注：1. 管道架空跨越铺设的支架制作、安装及支架基础、垫层应按“支架制作及安装”相关清单项目编码列项。
2. 管道铺设项目中的做法如为标准设计，也可在项目特征中标注标准图集号。

2. 管件、阀门及附件安装

管件、阀门及附件安装工程量清单项目设置、项目特征描述的内容、计量单位及工程量计算规则，应按表 3-107 的规定执行。

表 3-107 管件、阀门及附件安装（编码：040502）

项目编码	项目名称	项目特征	计量单位	工程量计算规则	工程内容
040502001	铸铁管管件	1. 种类 2. 材质及规格 3. 接口形式	个	按设计图示数量计算	安装
040502002	钢管管件制作、安装				制作、安装
040502003	塑料管管件	1. 种类 2. 材质及规格 3. 连接方式			安装
040502004	转换件	1. 材质及规格 2. 接口形式			
040502005	阀门	1. 种类 2. 材质及规格 3. 连接方式 4. 试验要求			
040502006	法兰	1. 材质、规格、结构形式 2. 连接方式 3. 焊接方式 4. 垫片材质			
040502007	盲堵板制作、安装	1. 材质及规格 2. 连接方式			制作、安装
040502008	套管制作、安装	1. 形式、材质及规格 2. 管内填料材质			安装
040502009	水表	1. 规格 2. 安装方式			
040502010	消火栓	1. 规格 2. 安装部位、方式			
040502011	补偿器（波纹管）	1. 规格 2. 安装方式			
040502012	除污器组成、安装		套		
040502013	凝水缸	1. 材料品种 2. 型号及规格 3. 连接方式	组		组成、安装
040502014	调压器	1. 规格 2. 型号 3. 连接方式			1. 制作 2. 安装
040502015	过滤器				
040502016	分离器				
040502017	安全水封	规格			安装
040502018	检漏（水）管				

注：040502013 项目的“凝水井”应按“管道附属构筑物”相关清单项目编码列项。

3. 支架制作安装

支架制作及安装工程量清单项目设置、项目特征描述的内容、计量单位及工程量计算规则，应按表3-108的规定执行。

表3-108 支架制作及安装（编码：040503）

项目编码	项目名称	项目特征	计量单位	工程量计算规则	工程内容
040503001	砌筑支墩	1. 垫层材质、厚度 2. 混凝土强度等级 3. 砌筑材料、规格、强度等级 4. 砂浆强度等级、配合比	m^3	按设计图示尺寸以体积计算	1. 模板制作、安装、拆除 2. 混凝土拌和、运输、浇筑、养护 3. 砌筑 4. 勾缝、抹面
040503002	混凝土支墩	1. 垫层材质、厚度 2. 混凝土强度等级 3. 预制混凝土构件运距			1. 模板制作、安装、拆除 2. 混凝土拌和、运输、浇筑、养护 3. 预制混凝土支墩安装 4. 混凝土构件运输
040503003	金属支架制作、安装	1. 垫层、基础材质及厚度 2. 混凝土强度等级 3. 支架材质 4. 支架形式 5. 预埋件材质及规格	t	按设计图示质量计算	1. 模板制作、安装、拆除 2. 混凝土拌和、运输、浇筑、养护 3. 支架制作、安装
040503004	金属吊架制作、安装	1. 吊架形式 2. 吊架材质 3. 预埋件材质及规格			制作、安装

4. 管道附属构筑物

管道附属构筑物工程量清单项目设置、项目特征描述的内容、计量单位及工程量计算规则，应按表3-109的规定执行。

表 3-109 管道附属构筑物（编码：040504）

项目编码	项目名称	项目特征	计量单位	工程量计算规则	工程内容
040504001	砌筑井	1. 垫层、基础材质及厚度 2. 砌筑材料品种、规格、强度等级 3. 勾缝、抹面要求 4. 砂浆强度等级、配合比 5. 混凝土强度等级 6. 盖板材质、规格 7. 井盖、井圈材质及规格 8. 踏步材质、规格 9. 防渗、防水要求	座	按设计图示数量计算	1. 垫层铺筑 2. 模板制作、安装、拆除 3. 混凝土拌和、运输、浇筑、养护 4. 砌筑、勾缝、抹面 5. 井圈、井盖安装 6. 盖板安装 7. 踏步安装 8. 防水、止水
040504002	混凝土井	1. 垫层、基础材质及厚度 2. 混凝土强度等级 3. 盖板材质、规格 4. 井盖、井圈材质及规格 5. 踏步材质、规格 6. 防渗、防水要求			1. 垫层铺筑 2. 模板制作、安装、拆除 3. 混凝土拌和、运输、浇筑、养护 4. 井圈、井盖安装 5. 盖板安装 6. 踏步安装 7. 防水、止水
040504003	塑料检查井	1. 垫层、基础材质及厚度 2. 检查井材质、规格 3. 井筒、井盖、井圈材质及规格			1. 垫层铺筑 2. 模板制作、安装、拆除 3. 混凝土拌和、运输、浇筑、养护 4. 检查井安装 5. 井筒、井圈、井盖安装
040504004	砖砌井筒	1. 井筒规格 2. 砌筑材料品种、规格 3. 砌筑、勾缝、抹面要求 4. 砂浆强度等级、配合比 5. 踏步材质、规格 6. 防渗、防水要求	m	按设计图示尺寸以延长米计算	1. 砌筑、勾缝、抹面 2. 踏步安装
040504005	预制混凝土井筒	1. 井筒规格 2. 踏步规格			1. 运输 2. 安装

续表 3-109

项目编码	项目名称	项目特征	计量单位	工程量计算规则	工程内容
040504006	砌体出水口	1. 垫层、基础材质及厚度 2. 砌筑材料品种、规格 3. 砌筑、勾缝、抹面要求 4. 砂浆强度等级及配合比	座	按设计图示数量计算	1. 垫层铺筑 2. 模板制作、安装、拆除 3. 混凝土拌和、运输、浇筑、养护 4. 砌筑、勾缝、抹面
040504007	混凝土出水口	1. 垫层、基础材质及厚度 2. 混凝土强度等级			1. 垫层铺筑 2. 模板制作、安装、拆除 3. 混凝土拌和、运输、浇筑、养护
040504008	整体化粪池	1. 材质 2. 型号、规格			安装
040504009	雨水口	1. 雨水箅子及圈口材质、型号、规格 2. 垫层、基础材质及厚度 3. 混凝土强度等级 4. 砌筑材料品种、规格 5. 砂浆强度等级及配合比			1. 垫层铺筑 2. 模板制作、安装、拆除 3. 混凝土拌和、运输、浇筑、养护 4. 砌筑、勾缝、抹面 5. 雨水箅子安装

注：管道附属构筑物为标准定型附属构筑物时，在项目特征中应标注标准图集编号及页码。

5. 清单相关问题及说明

1）清单项目所涉及土方工程的内容应按“土石方工程”中相关项目编码列项。

2）刷油、防腐、保温工程、阴极保护及牺牲阳极应按现行国家标准《通用安装工程工程量计算规范》GB 50856—2013 中附录 M“刷油、防腐蚀、绝热工程”中相关项目编码列项。

3）高压管道及管件、阀门安装，不锈钢管及管件、阀门安装，管道焊缝无损探伤应按现行国家标准《通用安装工程工程量计算规范》GB 50856—2013 附录 H“工业管道”中相关项目编码列项。

4）管道检验及试验要求应按各专业的施工验收规范及设计要求，对已完管道工程进行的管道吹扫、冲洗消毒、强度试验、严密性试验、闭水试验等内容进行描述。

5）阀门电动机需单独安装，应按现行国家标准《通用安装工程工程量计算规范》

GB 50856—2013 附录 K“给排水、采暖、燃气工程”中相关项目编码列项。

6）雨水口连接管应按“管道铺设”中相关项目编码列项。

3.5.2 管网工程定额工程量计算规则

1. 给水工程定额工程量计算

(1) 给水工程定额一般规定

1）《全国统一市政工程预算定额》GYD—305—1999“给水工程”（以下简称“给水工程定额”）包括管道安装、管道内防腐、管件安装、管道附属构筑物、取水工程，共五章 444 个子目。

2）给水工程定额适用于城镇范围内的新建、扩建市政给水工程。

3）给水工程定额管道、管件安装均按沟深 3m 内考虑，如超过 3m 时，另计。

4）定额均按无地下水考虑。

5）以下与给水相关工程项目，执行相应册的有关定额。

①给水管道沟槽和给水构筑物的土石方工程、打拔工具桩、围堰工程、支撑工程、脚手架工程、拆除工程、井点降水、临时便桥等执行《全国统一市政工程预算定额》GYD—301—1999“通用项目”有关定额。

②给水管过河工程及取水头工程中的打桩工程、桥管基础、承台、混凝土桩及钢筋的制作安装等执行《全国统一市政工程预算定额》GYD—303—1999“桥涵工程”有关定额。

③给水工程中的沉井工程、构筑物工程、顶管工程、给水专用机械设备安装，均执行《全国统一市政工程预算定额》GYD—306—1999“排水工程”有关定额。

④钢板卷管安装、钢管件制作安装、法兰安装、阀门安装，均执行《全国统一市政工程预算定额》GYD—307—1999“燃气与集中供热工程”有关定额。

⑤管道除锈、外防腐执行《全国统一安装工程预算定额》的有关定额。

(2) 管道安装工程量计算

1）定额工程量计算说明：

①管道安装定额内容包括铸铁管、混凝土管、塑料管安装，铸铁管及钢管新旧管连接、管道试压，消毒冲洗。

②管道安装定额管节长度是综合取定的，实际不同时，不做调整。

③套管内的管道铺设按相应的管道安装人工、机械乘以系数 1.2。

④混凝土管安装不需要接口时，按《全国统一市政工程预算定额》GYD—306—1999“排水工程”相应定额执行。

⑤给水工程定额给定的消毒冲洗水量，如水质达不到饮用水标准，水量不足时，可按实调整，其他不变。

⑥新旧管线连接项目所指的管径是指新旧管中最大的管径。

⑦管道安装定额不包括以下内容：

a. 管道试压、消毒冲洗、新旧管道连接的排水工作内容，按批准的施工组织设计另计。

b. 新旧管连接所需的工作坑及工作坑垫层、抹灰，马鞍卡子、盲板安装，工作坑及工作坑垫层、抹灰执行《全国统一市政工程预算定额》GYD—306—1999“排水工程”有关定额，马鞍卡子、盲板安装执行给水工程有关定额。

2）定额工程量计算规则：

①管道安装均按施工图中心线的长度计算（支管长度从主管中心开始计算到支管末端交接处的中心），管件、阀门所占长度已在管道施工损耗中综合考虑，计算工程量时均不扣除其所占长度。

②管道安装均不包括管件（指三通、弯头、异径管）、阀门的安装，管件安装执行给水工程有关定额。

③遇有新旧管连接时，管道安装工程量计算到碰头的阀门处，但阀门及与阀门相连的承（插）盘短管、法兰盘的安装均包括在新旧管连接定额内，不再另计。

(3）管道内防腐工程量计算

1）定额工程量计算说明：

①管道内防腐定额内容包括铸铁管、钢管的地面离心机械内涂防腐、人工内涂防腐。

②地面防腐综合考虑了现场和厂内集中防腐两种施工方法。

③管道的外防腐执行《全国统一安装工程预算定额》的有关定额。

2）定额工程量计算规则：管道内防腐按施工图中心线长度计算，计算工程量时不扣除管件、阀门所占的长度，但管件、阀门的内防腐也不另行计算。

(4）管件安装工程量计算

1）定额工程量计算说明：

①管件安装定额内容包括铸铁管件、承插式预应力混凝土转换件、塑料管件、分水栓、马鞍卡子、二合三通、铸铁穿墙管、水表安装。

②铸铁管件安装适用于铸铁三通、弯头、套管、乙字管、渐缩管、短管的安装，并综合考虑了承口、插口、带盘的接口，与盘连接的阀门或法兰应另计。

③铸铁管件安装（胶圈接口）也适用于球墨铸铁管件的安装。

④马鞍卡子安装所列直径是指主管直径。

⑤法兰式水表组成与安装定额内无缝钢管、焊接弯头所采用壁厚与设计不同时，允许调整其材料预算价格，其他不变。

⑥管件安装定额不包括以下内容：

a. 与马鞍卡子相连的阀门安装，执行《全国统一市政工程预算定额》GYD—307—1999“燃气与集中供热工程”有关定额。

b. 分水栓、马鞍卡子、二合三通安装的排水内容，应按批准的施工组织设计另计。

2）定额工程量计算规则：管件、分水栓、马鞍卡子、二合三通、水表的安装按施工图数量以“个”或“组”为单位计算。

(5）管道附属构筑物工程量计算

1）定额工程量计算说明：

①管道附属构筑物定额内容包括砖砌圆形阀门井、砖砌矩形卧式阀门井、砖砌矩形水表井、消火栓井、圆形排泥湿井、管道支墩工程。

②砖砌圆形阀门井是按《给水排水标准图集》S143、砖砌矩形卧式阀门井按《给水排水标准图集》S144、砖砌矩形水表井按《给水排水标准图集》S145、消火栓井按《给水排水标准图集》S162、圆形排泥湿井按《给水排水标准图集》S146 编制的，且全部按

无地下水考虑。

③管道附属构筑物定额所指的井深是指垫层顶面至铸铁井盖顶面的距离。井深大于1.5m时，应按《全国统一市政工程预算定额》GYD—306—1999“排水工程”有关项目计取脚手架搭拆费。

④管道附属构筑物定额是按普通铸铁井盖、井座考虑的，如设计要求采用球墨铸铁井盖、井座，其材料预算价格可以换算，其他不变。

⑤排气阀井，可套用阀门井的相应定额。

⑥矩形卧式阀门井筒每增0.2m定额，包括2个井筒同时增0.2m。

⑦管道附属构筑物定额不包括以下内容：

a. 模板安装拆除、钢筋制作安装。如发生时，执行《全国统一市政工程预算定额》GYD—306—1999“排水工程”有关定额。

b. 预制盖板、成型钢筋的场外运输。如发生时，执行《全国统一市政工程预算定额》GYD—301—1999“通用项目”有关定额。

c. 圆形排泥湿井的进水管、溢流管的安装。执行给水工程有关定额。

2）定额工程量计算规则：

①各种井均按施工图数量，以“座”为单位。

②管道支墩按施工图以实体积计算，不扣除钢筋、铁件所占的体积。

（6）取水工程工程量计算

1）定额工程量计算说明：

①取水工程定额内容包括大口井内套管安装、辐射井管安装、钢筋混凝土渗渠管制作安装、渗渠滤料填充。

②大口井内套管安装。

a. 大口井套管为井底封闭套管，按法兰套管全封闭接口考虑。

b. 大口井底作反滤层时，执行渗渠滤料填充项目。

③取水工程定额不包括以下内容，如发生时，按以下规定执行：

a. 辐射井管的防腐，执行《全国统一安装工程预算定额》有关定额。

b. 模板制作安装拆除、钢筋制作安装、沉井工程。如发生时，执行《全国统一市政工程预算定额》GYD—306—1999“排水工程”有关定额。其中渗渠制作的模板安装拆除人工按相应项目乘以系数1.2。

c. 土石方开挖、回填，脚手架搭拆，围堰工程执行《全国统一市政工程预算定额》GYD—301—1999“通用项目”有关定额。

d. 船上打桩及桩的制作，执行《全国统一市政工程预算定额》GYD—303—1999“桥涵工程”有关项目。

e. 水下管线铺设，执行《全国统一市政工程预算定额》GYD—307—1999“燃气与集中供热工程”有关项目。

2）定额工程量计算规则：大口井内套管、辐射井管安装按设计图中心线长度计算。

2. 排水工程定额工程量计算

（1）排水工程定额一般规定

1）《全国统一市政工程预算定额》GYD—306—1999“排水工程”包括定型混凝土管

道基础及铺设，定型井、非定型井、渠基础及砌筑，顶管，给水排水构筑物，给水排水机械设备安装，模板、钢筋（铁件）加工及井字架工程，共七章1355个子目。

2）排水工程定额适用于城镇范围内新建、扩建的市政排水管渠工程。

3）排水工程定额与建筑、安装定额的界限划分及执行范围：

①给水排水构筑物工程中的泵站上部建筑工程以及《全国统一市政工程预算定额》GYD—306—1999“排水工程”定额中未包括的建筑工程，按《全国统一建筑工程基础定额》相应定额执行。

②给水排水机械设备安装中的通用机械，执行《全国统一安装工程预算定额》相应定额。

③市政排水管道与厂、区室外排水管道以接入市政管道的检查井、接户井为界：凡市政管道检查井、（接户井）以外的厂、区室外排水管道，均执行排水工程定额。

④管道接口、检查井、给水排水构筑物需做防腐处理的，分别执行《全国统一建筑工程基础定额》和《全国统一安装工程预算定额》。

4）排水工程定额与市政其他册定额的关系：《全国统一市政工程预算定额》GYD—306—1999“排水工程”定额所涉及的土、石方挖、填、运输，脚手架，支撑、围堰，打、拔桩，降水，便桥，拆除等工程，除各章节另有说明外，按《全国统一市政工程预算定额》GYD—301—1999“排水工程”、“通用项目”相应定额执行。

5）排水工程定额需说明的有关事项：

①排水工程定额所称管径均指内径，如当地生产的管径、长度与定额不同时，各省、自治区、直辖市可自行调整。

②排水工程定额中的混凝土均为现场拌和，各项目中的混凝土和砂浆标号与设计要求不同时，标号允许换算，但数量不变。

③排水工程定额各章所需的模板、钢筋（铁件）加工、井字架均执行《全国统一市政工程预算定额》GYD—306—1999“排水工程”第七章“模板、钢筋、井字架工程”的相应定额。

④排水工程定额是按无地下水考虑的，如有地下水，需降水时执行《全国统一市政工程预算定额》GYD—301—1999“通用项目”相应定额；需设排水盲沟时执行《全国统一市政工程预算定额》GYD—302—1999“道路工程”相应定额；基础需铺设垫层时，执行《全国统一市政工程预算定额》GYD—306—1999“排水工程”第四章“顶管工程”的相应定额；采用湿土排水时执行《全国统一市政工程预算定额》GYD—301—1999“通用项目”相应定额。

⑤干土与湿土的区分：地下水位线以上为干土，地下水位线以下为湿土。

（2）定型混凝土管道基础及铺设工程量计算

1）定额工程量计算说明：

①定型混凝土管道基础及铺设定额包括混凝土管道基础、管道铺设、管道接口、闭水试验、管道出水口。适用于市政工程雨水、污水及合流混凝土排水管道工程。

②$D300\sim D700$mm混凝土管铺设分为人工下管和人机配合下管，$D800\sim D2400$mm为人机配合下管。

③如在无基础的槽内铺设管道，其人工、机械乘以系数1.18。

④如遇有特殊情况，必须在支撑下串管铺设，人工、机械乘以系数1.33。

⑤若在枕基上铺设缸瓦（陶土）管，人工乘以系数1.18。

⑥自（预）应力混凝土管胶圈接口采用《全国统一市政工程预算定额》GYD—305—1999“给水工程”的相应定额项目。

⑦实际管座角度与定额不同时，采用非定型管座定额项目。企口管的膨胀水泥砂浆接口和石棉水泥接口适于360°，其他接口均是按管座120°和180°列项的。如管座角度不同，按相应材质的接口做法，以管道接口调整表进行调整，见表3-110。

表3-110　管道接口调整表

序号	项目名称	实做角度	调整基数或材料	调整系数
1	水泥砂浆抹带接口	90°	120°定额基价	1.330
2	水泥砂浆抹带接口	135°	120°定额基价	0.890
3	钢丝网水泥砂浆抹带接口	90°	120°定额基价	1.330
4	钢丝网水泥砂浆抹带接口	135°	120°定额基价	0.890
5	企口管膨胀水泥砂浆抹带接口	90°	定额中1：2水泥砂浆	0.750
6	企口管膨胀水泥砂浆抹带接口	120°	定额中1：2水泥砂浆	1.670
7	企口管膨胀水泥砂浆抹带接口	135°	定额中1：2水泥砂浆	0.625
8	企口管膨胀水泥砂浆抹带接口	180°	定额中1：2水泥砂浆	0.500
9	企口管石棉水泥接口	90°	定额中1：2水泥砂浆	0.750
10	企口管石棉水泥接口	120°	定额中1：2水泥砂浆	0.670
11	企口管石棉水泥接口	135°	定额中1：2水泥砂浆	0.625
12	企口管石棉水泥接口	180°	定额中1：2水泥砂浆	0.500

注：现浇混凝土外套环、变形缝接口，通用于平口、企口管。

⑧定额中的水泥砂浆抹带、钢丝网水泥砂浆接口均不包括内抹口，如设计要求内抹口时，按抹口周长每100延米增加水泥砂浆0.042m^2、人工9.22工日计算。

⑨如工程项目的设计要求与排水工程定额所采用的标准图集不同时，执行非定型的相应项目。

⑩定型混凝土管道基础及铺设各项所需模板、钢筋加工，执行“模板、钢筋、井字架工程”的相应项目。

⑪定额中计列了砖砌、石砌一字式、门字式、八字式适用于$D300 \sim D2400$mm不同复土厚度的出水口，应对应选用，非定型或材质不同时可执行“通用项目”和“非定型井、渠、管道基础及砌筑”相应项目。

2）定额工程量计算规则：

①各种角度的混凝土基础、混凝土管、缸瓦管铺设，井中至井中的中心扣除检查井长度，以“延米”计算工程量。每座检查井扣除长度按表3-111计算。

表 3-111 每座检查井扣除长度

检查井规格（mm）	扣除长度（m）	检查井规格（mm）	扣除长度（m）
ϕ700	0.4	各种矩形井	1.0
ϕ1000	0.7	各种交汇井	1.20
ϕ1250	0.95	各种扇形井	1.0
ϕ1500	1.20	圆形跌水井	1.60
ϕ2000	1.70	矩形跌水井	1.70
ϕ2500	2.20	阶梯式跌水井	按实扣

②管道接口区分管径和做法，以实际接口个数计算工程量。

③管道闭水试验，以实际闭水长度计算，不扣各种井所占长度。

④管道出水口区分型式、材质及管径，以“处”为单位计算。

(3) 定型井工程量计算

1) 定额工程量计算说明：

①定型井包括各种定型的砖砌检查井、收水井，适用于 D700～D2400mm 间混凝土雨水、污水及合流管道所设的检查井和收水井。

②各类井实际设计与定额不同时，执行《全国统一市政工程预算定额》GYD—306—1999“排水工程”相应项目。

③各类井均为砖砌，如为石砌时，执行《全国统一市政工程预算定额》GYD—306—1999“排水工程”第三章“非定型井、渠、管道基础及砌筑”相应项目。

④各类井只计列了内抹灰，如设计要求外抹灰时，执行《全国统一市政工程预算定额》GYD—306—1999“排水工程”第三章“非定型井、渠、管道基础及砌筑”的相应项目。

⑤各类井的井盖、井座、井箅均系按铸铁件计列的，如采用钢筋混凝土预制件，除扣除定额中铸铁件外应按下列规定调整。

a. 现场预制，执行《全国统一市政工程预算定额》GYD—306—1999“排水工程”第三章“非定型井、渠、管道基础及砌筑”相应定额。

b. 厂集中预制，除按《全国统一市政工程预算定额》GYD—306—1999“排水工程”第三章“非定型井、渠、管道基础及砌筑”相应定额执行外，其运至施工地点的运费可按《全国统一市政工程预算定额》GYD—301—1999“通用项目”相应定额另行计算。

⑥混凝土过梁的制、安，当小于 0.04m^3/件时，执行《全国统一市政工程预算定额》GYD—306—1999“排水工程”第三章“非定型井、渠、管道基础及砌筑”小型构件项目；当大于 0.04m^3/件时，执行定型井项目。

⑦各类井预制混凝土构件所需的模板钢筋加工，均执行《全国统一市政工程预算定额》GYD—306—1999“排水工程”第七章“模板、钢筋、井字架工程”的相应项目。但定额中已包括构件混凝土部分的人、材、机费用，不得重复计算。

⑧各类检查井，当井深大于 1.5m 时，可视井深、井字架材质执行《全国统一市政工

程预算定额》GYD—306—1999“排水工程”第七章“模板、钢筋、井字架工程”的相应项目。

⑨当井深不同时，除定型井定额中列有增（减）调整项目外，均按《全国统一市政工程预算定额》GYD—306—1999“排水工程”第三章“非定型井、渠、管道基础及砌筑”中井筒砌筑定额进行调整。

⑩如遇三通、四通井，执行非定型井项目。

2）定额工程量计算规则：

①各种井按不同井深、井径以“座”为单位计算。

②各类井的井深按井底基础以上至井盖顶计算。

(4) 非定型井、渠、管道基础及砌筑工程量计算

1）定额工程量计算说明：

①非定型井、渠、管道基础及砌筑定额包括非定型井、渠、管道及构筑物垫层、基础，砌筑，抹灰，混凝土构件的制作、安装，检查井筒砌筑等。适用于《全国统一市政工程预算定额》GYD—306—1999“排水工程”定额各章节非定型的工程项目。

②非定型井、渠、管道基础及砌筑定额各项目均不包括脚手架，当井深超过1.5m，执行《全国统一市政工程预算定额》GYD—306—1999“排水工程”第七章“模板、钢筋、井字架工程”井字脚手架项目；砌墙高度超过1.2m，抹灰高度超过1.5m所需脚手架执行《全国统一市政工程预算定额》GYD—301—1999“通用项目”相应定额。

③非定型井、渠、管道基础及砌筑定额所列各项目所需模板的制、安、拆，钢筋（铁件）的加工均执行《全国统一市政工程预算定额》GYD—306—1999“排水工程”第七章“模板、钢筋、井字架工程”相应项目。

④收水井的混凝土过梁制作、安装执行小型构件的相应项目。

⑤跌水井跌水部位的抹灰，按流槽抹面项目执行。

⑥混凝土枕基和管座不分角度均按相应定额执行。

⑦干砌、浆砌出水口的平坡、锥坡、翼墙执行《全国统一市政工程预算定额》GYD—301—1999“通用项目”相应项目。

⑧非定型井、渠、管道基础及砌筑定额中小型构件是指单件体积在0.04m^3以内的构件。凡大于0.04m^3的检查井过梁，执行混凝土过梁制作安装项目。

⑨拱（弧）型混凝土盖板的安装，按相应体积的矩形板定额人工、机械乘以系数1.15执行。

⑩非定型井、渠、管道基础及砌筑定额计列了井内抹灰的子目，如井外壁需要抹灰，砖、石井均按井内侧抹灰项目人工乘以系数0.8，其他不变。

⑪砖砌检查井的升高，执行检查井筒砌筑相应项目，降低则执行《全国统一市政工程预算定额》GYD—301—1999“通用项目”拆除构筑物相应项目。

⑫石砌体均按块石考虑，如采用片石或平石时，块石与砂浆用量分别乘以系数1.09和1.19，其他不变。

⑬给水排水构筑物的垫层执行非定型井、渠、管道基础及砌筑定额相应项目，其中人工乘以系数0.87，其他不变；如构筑物池底混凝土垫层需要找坡时，其中人工不变。

⑭现浇混凝土方沟底板，采用渠（管）道基础中平基的相应项目。

2）定额工程量计算规则：

①非定型井、渠、管道基础及砌筑定额所列各项目的工程量均以施工图为准计算，其中：

a. 砌筑按计算体积，以“$10m^3$”为单位计算。

b. 抹灰、勾缝以“$100m^2$”为单位计算。

c. 各种井的预制构件以实体积“m^3”计算，安装以“套”为单位计算。

d. 井、渠垫层、基础按实体积以“$10m^3$”计算。

e. 沉降缝应区分材质按沉降缝的断面积或铺设长度分别以“$100m^2$”和“100m”计算。

f. 各类混凝土盖板的制作按实体积以“m^3”计算，安装应区分单件（块）体积，以“$10m^3$”计算。

②检查井筒的砌筑适用于混凝土管道井深不同的调整和方沟井筒的砌筑，区分高度以“座”为单位计算，高度与定额不同时采用每增减 0.5m 计算。

③方沟（包括存水井）闭水试验的工程量，按实际闭水长度的用水量，以“$100m^3$”计算。

（5）顶管工程工程量计算

1）定额工程量计算说明：

①顶管工程包括工作坑土方，人工挖土顶管，挤压顶管，混凝土方（拱）管涵顶进，不同材质不同管径的顶管接口等项目，适用于雨、污水管（涵）以及外套管的不开槽顶管工程项目。

②工作坑垫层、基础执行《全国统一市政工程预算定额》GYD—306—1999“排水工程”第三章“非定型井、渠、管道基础及砌筑”的相应项目，人工乘以系数 1.10，其他不变。如果方（拱）涵管需设滑板和导向装置时，另行计算。

③工作坑挖土方是按土壤类别综合计算的，土壤类别不同，不允许调整。工作坑回填土，视其回填的实际做法，执行《全国统一市政工程预算定额》GYD—301—1999“通用项目”的相应项目。

④工作坑内管（涵）明敷，应根据管径、接口做法执行《全国统一市政工程预算定额》GYD—306—1999“排水工程”第一章“定型混凝土管道基础及铺设”的相应项目，人工、机械乘以系数 1.10，其他不变。

⑤顶管工程定额是按无地下水考虑的，如遇地下水时，排（降）水费用按相关定额另行计算。

⑥顶管工程定额中钢板内、外套环接口项目，只适用于设计所要求的永久性管口，顶进中为防止错口，在管内接口处所设置的工具式临时性钢胀圈不得套用。

⑦顶进施工的方（拱）涵断面大于 $4m^2$ 的，按箱涵顶进项目或规定执行。

⑧管道顶进项目中的顶镐均为液压自退式，如采用人力顶镐，定额人工乘以系数 1.43；如是人力退顶（回镐），时间定额乘以系数 1.20，其他不变。

⑨人工挖土顶管设备、千斤顶，高压油泵台班单价中已包括了安拆及场外运费，执行中不得重复计算。

⑩工作坑如设沉井，其制作、下沉套用给水排水构筑物章的相应项目。

⑪水力机械顶进定额中，未包括泥浆处理、运输费用，可另计。

⑫单位工程中，管径ϕ1650以内敞开式顶进在100m以内、封闭式顶进（不分管径）在50m以内时，顶进定额中的人工费与机械费乘以系数1.3。

⑬顶管采用中继间顶进时，顶进定额中的人工费与机械费乘以表3-112所列系数分级计算。

⑭安拆中继间项目仅适用于敞开式管道顶进。当采用其他顶进方法时，中继间费用允许另计。

表3-112 中继间顶进

中继间顶进分级	一级顶进	二级顶进	三级顶进	四级顶进	超过四级
人工费、机械费调整系数	1.36	1.64	2.15	2.80	另计

⑮钢套环制作项目以"t"为单位，适用于永久性接口内、外套环，中继间套环，触变泥浆密封套环的制作。

⑯顶管工程中的材料是按50m水平运距、坑边取料考虑的，如因场地等情况取用料水平运距超过50m时，根据超过距离和相应定额另行计算。

2）定额工程量计算规则：

①工作坑土方区分挖土深度，以挖方体积计算。

②各种材质管道的顶管工程量，按实际顶进长度，以"延米"计算。

③顶管接口应区分操作方法、接口材质，分别以接口的个数和管口断面积计算工程量。

④钢板内、外套环的制作，按套环质量以"t"为单位计算。

（6）模板、钢筋、井字架工程工程量计算

1）定额工程量计算说明：

①模板、钢筋、井字架工程定额包括现浇、预制混凝土工程所用不同材质模板的制、安、拆，钢筋、铁件的加工制作，井字脚手架等项目，适用于排水工程定额及"给水工程"中的"管道附属构筑物"和"取水工程"。

②模板是分别按钢模钢撑、复合木模木撑，木模木撑区分不同材质分别列项的，其中钢模模数差部分采用木模。

③模板、钢筋、井字架工程定额中现浇、预制项目中，均已包括了钢筋垫块或第一层底浆的工、料，及看模工日，套用时不得重复计算。

④预制构件模板中不包括地、胎模，需设置者，土地模可按"通用项目"平整场地的相应项目执行；水泥砂浆、混凝土砖地、胎模可按"桥涵工程"的相应项目执行。

⑤模板安拆以槽（坑）深3m为准，超过3m时，人工增加系数8%，其他不变。

⑥现浇混凝土梁、板、柱、墙的模板，支模高度是按3.6m考虑的，超过3.6m时，超过部分的工程量另按超高的项目执行。

⑦模板的预留洞，按水平投影面积计算，小于0.3m^{2}者：圆形洞每10个增加0.72工日；方形洞每10个增加0.62工日。

⑧小型构件是指单件体积在0.04m^{3}以内的构件；地沟盖板项目适用于单块体积在

0.3m^3内的矩形板；井盖项目适用于井口盖板，井室盖板按矩形板项目执行。

⑨钢筋加工定额是按现浇、预制混凝土构件、预应力钢筋分别列项的，工作内容包括加工制作、绑扎（焊接）成型、安放及浇捣混凝土时的维护用工等全部工作，除另有说明外均不允许调整。

⑩各项目中的钢筋规格是综合计算的，子目中的××以内是指主筋最大规格，凡小于10的构造均执行ϕ10以内子目。

⑪定额中非预应力钢筋加工，现浇混凝土构件是按手工绑扎，预制混凝土构件是按手工绑扎、点焊综合计算的，加工操作方法不同不予调整。

⑫钢筋加工中的钢筋接头、施工损耗，绑扎铁线及成型点焊和接头用的焊条均已包括在定额内，不得重复计算。

⑬预制构件钢筋，如用不同直径钢筋点焊在一起时，按直径最小的定额计算，如粗细筋直径比在2倍以上时，其人工增加系数25%。

⑭后张法钢筋的锚固是按钢筋绑条焊、U形插垫编制的，如采用其他方法锚固，应另行计算。

⑮定额中已综合考虑了先张法张拉台座及其相应的夹具、承力架等合理的周转摊销费用，不得重复计算。

⑯非预应力钢筋不包括冷加工，如设计要求冷加工时，另行计算。

⑰下列构件钢筋，人工和机械增加系数见表3-113。

表3-113　构件钢筋人工和机械增加系数表

项目	计算基数	现浇构件钢筋	构筑物钢筋		
		小型构件	小型池槽	矩形	圆形
增加系数	人工机械	100%	152%	25%	50%

2）定额工程量计算规则：

①现浇混凝土构件模板按构件与模板的接触面积以“m^2”计算。

②预制混凝土构件模板，按构件的实体积以“m^3”计算。

③砖、石拱圈的拱盔和支架均以拱盔与圈弧形接触面积计算，并执行《全国统一市政工程预算定额》GYD—303—1999“桥涵工程”相应项目。

④各种材质的地模胎膜，按施工组织设计的工程量，并应包括操作等必要的宽度以“m^2”计算，执行《全国统一市政工程预算定额》GYD—303—1999“桥涵工程”相应项目。

⑤井字架区分材质和搭设高度以“架”为单位计算，每座井计算一次。

⑥井底流槽按浇筑的混凝土流槽与模板的接触面积计算。

⑦钢筋工程，应区别现浇、预制分别按设计长度乘以单位重量，以“t”计算。

⑧计算钢筋工程量时，设计已规定搭接长度的，按规定搭接长度计算；设计未规定搭接长度的，已包括在钢筋的损耗中，不另计算搭接长度。

⑨先张法预应力钢筋，按构件外形尺寸计算长度，后张法预应力钢筋按设计图规定的预应力钢筋预留孔道长度，并区别不同锚具，分别按下列规定计算：

a. 钢筋两端采用螺杆锚具时，预应力的钢筋按预留孔道长度减 0.35m，螺杆另计。

b. 钢筋一端采用镦头插片，另一端采用螺杆锚具时，预应力钢筋长度按预留孔道长度计算。

c. 钢筋一端采用镦头插片，另一端采用帮条锚具时，增加 0.15m，如两端均采用帮条锚具，预应力钢筋共增加 0.3m 长度。

d. 采用后张混凝土自锚时，预应力钢筋共增加 0.35m 长度。

e. 钢筋混凝土构件预埋铁件，按设计图示尺寸，以“t”为单位计算工程量。

3. 燃气与集中供热工程定额工程量计算

(1) 燃气与集中供热工程定额一般规定

1）《全国统一市政工程预算定额》GYD—307—1999“燃气与集中供热工程”包括燃气与集中供热工程的管道安装，管件制作、安装，法兰、阀门安装，燃气用设备安装，集中供热用容器具安装及管道试压、吹扫等，共六章 837 个子目。

2）燃气与集中供热工程定额适用于市政工程新建和扩建的城镇燃气和集中供热等工程。

3）有关规定：

①燃气与集中供热工程定额未包括的项目：

a. 管道沟槽土、石方工程及搭、拆脚手架，按《全国统一市政工程预算定额》GYD—301—1999“通用项目”相应定额执行。

b. 过街管沟的砌筑、顶管、管道基础及井室，按《全国统一市政工程预算定额》GYD—306—1999“排水工程”相应定额执行。

c. 燃气与集中供热工程定额中煤气和集中供热的容器具、设备安装缺项部分，按《全国统一安装工程预算定额》相应定额执行。

d. 燃气与集中供热工程定额不包括管道穿跨越工程。

e. 刷油、防腐、保温和焊缝探伤按《全国统一安装工程预算定额》相应定额执行。

f. 铸铁管安装除机械接口外其他接口形式按《全国统一市政工程预算定额》GYD—305—1999“给水工程”相应定额执行。

g. 异径管、三通制作，刚性套管和柔性套管制作、安装及管道支架制作、安装按《全国统广安装工程预算定额》相应定额执行。

②燃气与集中供热工程定额是按无地下水考虑的。$D_g \leqslant 1800$mm 是按沟深 3m 以内考虑的，$D_g > 1800$mm 是按沟深 5m 以内考虑的。超过时另行计算。

③燃气与集中供热工程定额中各种燃气管道的输送压力（P）按中压 B 级及低压考虑。如安装中压 A 级煤气管道和高压煤气管道，定额人工乘以系数 1.3，碳钢管道管件安装均不再做调整。

燃气工程压力 P（MPa）划分范围为：

高压 A 级	$0.8\text{MPa} < P \leqslant 1.6\text{MPa}$
B 级	$0.4\text{MPa} < P \leqslant 0.8\text{MPa}$
中压 A 级	$0.2\text{MPa} < P \leqslant 0.4\text{MPa}$
B 级	$0.005\text{MPa} < P \leqslant 0.2\text{MPa}$
低压	$P \leqslant 0.005\text{MPa}$

④燃气与集中供热工程定额中集中供热工程压力 P（MPa）划分范围：

低压 $P \leqslant 1.6$MPa

中压 $1.6\text{MPa} < P \leqslant 2.5$MPa

热力管道设计参数标准见表 3-114。

表 3-114 热力管道设计参数标准

介质名称	温度（℃）	压力（MPa）
蒸汽	$T \leqslant 350$	$P \leqslant 1.6$
热气	$T \leqslant 200$	$P \leqslant 2.5$

（2） 管道安装工程量计算

1）定额工程量计算说明：

①管道安装包括碳钢管、直埋式预制保温管、碳素钢板卷管、铸铁管（机械接口）、塑料管以及套管内铺设钢板卷管和铸铁管（机械接口）等各种管道安装。

②管道安装工作内容除各节另有说明外，均包括沿沟排管、50mm 以内的清沟底、外观检查及清扫管材。

③新旧管道带气接头未列项目，各地区可按燃气管理条例和施工组织设计以实际发生的人工、材料、机械台班的耗用量和煤气管理部门收取的费用进行结算。

2）定额工程量计算规则：

①管道安装中各种管道的工程量均按延米计算，管件、阀门、法兰所占长度已在管道施工损耗中综合考虑，计算工程量时均不扣除其所占长度。

②埋地钢管使用套管时（不包括顶进的套管），按套管管径执行同一安装项目。套管封堵的材料费可按实际耗用量调整。

③铸铁管安装按 N1 和 X 型接口计算，如采用 N 型和 SMJ 型人工乘以系数 1.05。

（3）管件制作、安装工程量计算

1）管件制作、安装定额包括碳钢管件制作、安装，铸铁管件安装、盲（堵）板安装、钢塑过渡接头安装，防雨环帽制作与安装等。

2）异径管安装以大口径为准，长度综合取定。

3）中频摵弯不包括煨制时胎具更换。

4）挖眼接管加强筋已在定额中综合考虑。

（4）法兰阀门安装工程量计算

1）法兰阀门安装包括法兰安装，阀门安装，阀门解体、检查、清洗、研磨，阀门水压试验、操纵装置安装等。

2）电动阀门安装不包括电动机的安装。

3）阀门解体、检查和研磨，已包括一次试压，均按实际发生的数量，按相应项目执行。

4）阀门压力试验介质是按水考虑的，如设计要求其他介质，可按实调整。

5）定额内垫片均按橡胶石棉板考虑，如垫片材质与实际不符时，可按实调整。

6）各种法兰、阀门安装，定额中只包括一个垫片，不包括螺栓使用量，螺栓用量参考表 3-115、表 3-116。

7）中压法兰、阀门安装执行低压相应项目，其人工乘以系数1.2。

表3-115 平焊法兰安装用螺栓用量表

外径×壁厚（mm）	规格	重量（kg）	外径×壁厚（mm）	规格	重量（kg）
57×4.0	M12×50	0.319	377×10.0	M20×75	3.906
76×4.0	M12×50	0.319	426×10.0	M20×80	5.42
89×4.0	M16×55	0.635	478×10.0	M20×80	5.42
108×5.0	M16×55	0.635	529×10.0	M20×85	5.84
133×5.0	M16×60	1.338	630×8.0	M22×85	8.89
159×6.0	M16×60	1.338	720×10.0	M22×90	10.668
219×6.0	M16×65	1.404	820×10.0	M27×95	19.962
273×8.0	M16×70	2.208	920×10.0	M27×100	19.962
325×8.0	M20×70	3.747	1020×10.0	M27×105	24.633

表3-116 对焊法兰安装用螺栓用量表

外径×壁厚（mm）	规格	重量（kg）	外径×壁厚（mm）	规格	重量（kg）
57×3.5	M12×50	0.319	325×8.0	M20×75	3.906
76×4.0	M12×50	0.319	377×9.0	M20×75	3.906
89×4.0	M16×60	0.669	426×9.0	M20×75	5.208
108×4.0	M16×60	0.669	478×9.0	M20×75	5.208
133×4.5	M16×65	1.404	529×9.0	M20×80	5.42
159×5.0	M16×65	1.404	630×9.0	M22×80	8.25
219×6.0	M16×70	1.472	720×9.0	M22×80	9.9
273×8.0	M16×75	2.31	820×10.0	M27×85	18.804

（5）燃气用设备安装工程量计算

1）燃气用设备安装定额包括凝水缸制作、安装，调压器安装，过滤器、萘油分离器安装，安全水封、检漏管安装，煤气调长器安装。

2）凝水缸安装：

①碳钢、铸铁凝水缸安装如使用成品头部装置时，只允许调整材料费，其他不变。

②碳钢凝水缸安装未包括缸体、套管、抽水管的刷油、防腐，应按不同设计要求另行套用其他定额相应项目计算。

3）各种调压器安装：

①雷诺式调压器、T型调压器（TMJ、TMZ）安装是指调压器成品安装，调压站内组装的各种管道、管件、各种阀门根据不同设计要求，执行燃气用设备安装定额的相应项目另行计算。

②各类型调压器安装均不包括过滤器、萘油分离器（脱萘筒）、安全放散装置（包括水封）安装，发生时，可执行燃气用设备安装定额相应项目另行计算。

③燃气用设备安装定额过滤器、萘油分离器均按成品件考虑。

4）检漏管安装是按在套管上钻眼攻丝安装考虑的，已包括小井砌筑。

5）煤气调长器是按焊接法兰考虑的，如采用直接对焊时，应减去法兰安装用材料，其他不变。

6）煤气调长器是按三波考虑的，如安装三波以上者，其人工乘以系数 1.33，其他不变。

（6）集中供热用容器具安装工程量计算

1）碳钢波纹补偿器是按焊接法兰考虑的，如直接焊接时，应减掉法兰安装用材料，其他不变。

2）法兰用螺栓按法兰阀门安装螺栓用量表选用。

（7）管道试压、吹扫工程量计算

1）定额工程量计算说明：

①管道试压、吹扫包括管道强度试验、气密性试验、管道吹扫、管道总试压、牺牲阳极和测试桩安装等。

②强度试验、气密性试验、管道总试压。

a. 管道压力试验，不分材质和作业环境均执行管道试压、吹扫。试压水如需加温，热源费用及排水设施另行计算。

b. 强度试验、气密性试验项目，均包括了一次试压的人工、材料和机械台班的耗用量。

c. 液压试验是按普通水考虑的，如试压介质有特殊要求，介质可按实调整。

2）定额工程量计算规则：

①强度试验、气密性试验项目，分段试验合格后，如需总体试压和发生二次或二次以上试压时，应再套用管道试压、吹扫定额相应项目计算试压费用。

②管件长度未满 10m 者，以“10m”计，超过 10m 者按实际长度计。

③管道总试压按每千米为一个打压次数，执行燃气与集中供热工程定额一次项目，不足 0.5km 按实际计算，超过 0.5km 计算一次。

④集中供热高压管道压力试验执行低中压相应定额，其人工乘以系数 1.3。

3.5.3 管网工程工程量计算与清单编制实例

【例 3-22】 某排水工程管线长 400m，有 *DN*500 和 *DN*600 两种管道，管子采用混凝土污水管（每节长 2m），180°混凝土基础，水泥砂浆接口（180°管基），3 座圆形，直径为 1000mm 的检查井，试计算主要项目定额工程量，管线示意图，如图 3-40 所示。

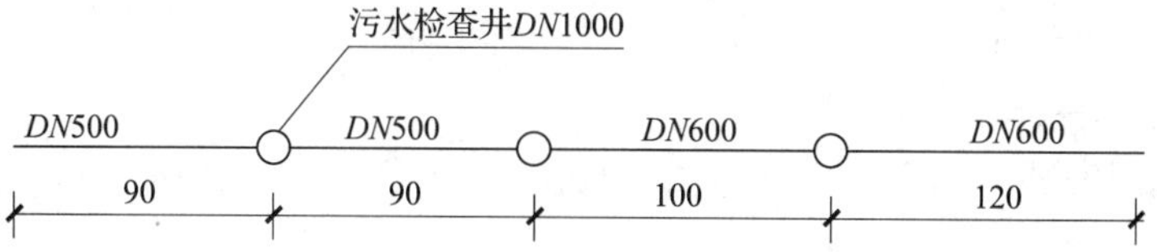

图 3-40 管线示意图（m）

【解】

(1) 管线基础:

$$400-0.7\times3=397.9\text{m}=3.979\ (100\text{m})$$

式中“0.7”是直径为1000mm的检查井规定的扣除长度。

(2) 管道铺设:与管线基础相同为3.979(100m)。

(3) 管道接口:平(企)接口,工程计量单位是:10个口,管径有500、600两种,水泥砂浆接口。

1) $DN500$的混凝土管:

$$180-(0.7+0.35)=178.95\ (\text{m})$$

单根管长2m,则需要接口为:

$$\frac{178.95}{2}-1=88.475\text{个}\approx89\text{个}=8.9\ (10\text{个})$$

2) $DN600$的混凝土管:

$$220-(0.7+0.35)=218.95\text{m}$$

则需要接口为:

$$\left(\frac{218.95}{2}-1\right)\text{个}=109.475\text{个}\approx110\text{个}=11\ (10\text{个})$$

(4) 闭水试验:400m=4(100m)

(5) 检查井:3座。

【例3-23】 某城市新建了某一段市政给水管道,布设如图3-41所示,求其他安装主要工程量(注:其中新建管路为石棉水泥接口,内防腐为水泥砂浆)。

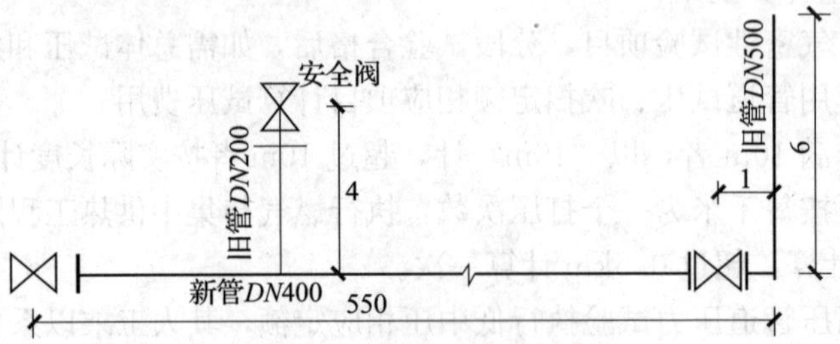

图3-41 某段给水管道布置图

【解】

(1) 工程量清单编制

1) 管道安装:

①$DN400$:$L=550\text{m}$

②$DN200$:$L=4\text{m}$

③$DN500$:$L=6\text{m}$

2) 安全阀门安装:

①$DN400$:2个

②$DN200$:1个

3）碰头：

①DN500：1处

②DN200：1处

综上，其清单工程量为550m。

分部分项工程和单价措施项目清单与计价表，见表3-117。

表3-117　分部分项工程和单价措施项目清单与计价表

工程名称：

序号	项目编码	项目名称	项目特征描述	计量单位	工程量	金额（元）	
						综合单价	合价
1	040501003001	承插铸铁管	室外管路为石棉水泥接口，采暖DN400	m	550		
2	040501003002	承插铸铁管	室外管路为石棉水泥接口，采暖DN200	m	4		
3	040501003003	承插铸铁管	室外管路为石棉水泥接口，采暖DN500	m	6		
4	040502005001	安全阀	DN400	个	2		
5	040502005002	安全阀	DN200	个	1		
6	040501014001	新旧管连接（碰头）	DN500	处	1		
7	040501014002	新旧管连接（碰头）	DN200	处	1		

（2）定额工程量

管道安装DN400：L=（550－1）m=549m=54.9（10m）

安全阀门安装DN400：2个　DN200：1个

碰头DN500：1个　DN200：1个

【例3-24】　某平行于河流布置的渗渠铺设在河床下，渗渠由水平集水管、集水井、检查井和泵站组成，其平面布置如图3-42所示，集水管为穿孔钢筋混凝土管，管径为600mm，其上布置圆形孔径。集水管外铺设人工反滤层，反滤层的层数、厚度和滤料粒径如图3-43所示。

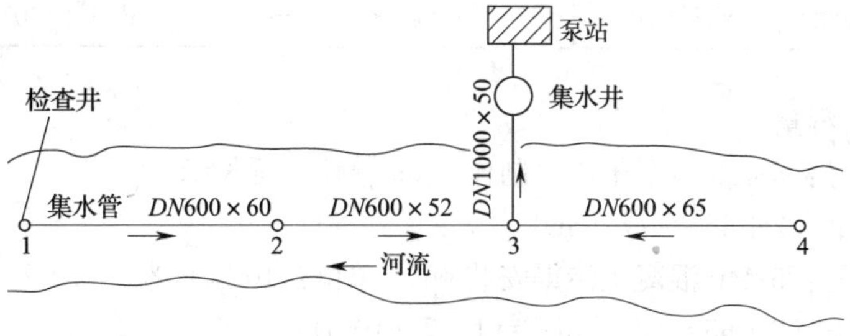

图3-42　渗渠平面图

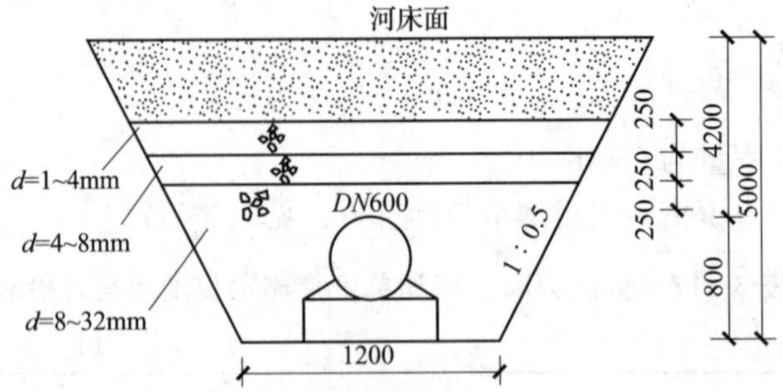

图 3-43 集水管断面图

【解】

(1) 工程量清单

1) 钢筋混凝土管道铺设(DN600):

60+52+65=177(m)

2) 钢筋混凝土管道铺设(DN1000):50m

3) 滤料铺设(粒径在 1~4mm):

$V=(1.2+2\times1.3\times0.5+0.5\times0.25)\times0.25\times177=116.16\ (m^3)$

4) 滤料铺设(粒径在 4~8mm):

$V=(1.2+2\times1.05\times0.5+0.5\times0.25)\times0.25\times177=105.09\ (m^3)$

5) 滤料铺设(粒径在 8~32mm):

$V=(1.2+2\times0.8\times0.5+0.5\times0.25)\times0.25\times177=94.03\ (m^3)$

分部分项工程和单价措施项目清单与计价表,见表 3-118。

表 3-118 分部分项工程和单价措施项目清单与计价表

工程名称:

序号	项目编码	项目名称	项目特征描述	计量单位	工程量	金额(元)	
						综合单价	合价
1	040501001001	混凝土管道	钢筋混凝土管 DN600	m	177		
2	040501001002	混凝土管道	钢筋混凝土管 DN1000	m	50		
3	040601025001	滤料铺设	粒径在 1~4mm	m^3	116.16		
4	040601025002	滤料铺设	粒径在 4~8mm	m^3	105.09		
5	040601025003	滤料铺设	粒径在 8~32mm	m^3	94.03		

(2) 定额工程量

1) 定额编号:5-438 混凝土渗渠制作 ϕ600 单位:延长米

工程量:60+52+65=177(m)

2) 定额编号:5-440 混凝土渗渠安装 ϕ600 单位:10 延长米

工程量:60+52+65=177(m)=17.7(10m)

3) 定额编号:5-442 滤料粒径(8mm 以内)单位:10m^3

工程量：116.16+105.09=221.25（m^3）=22.125（$10m^3$）

4）定额编号：5-444 滤料粒径（32mm 以内）单位：$10m^3$

工程量：94.03（m^3）=9.403（$10m^3$）

注：清单工程量与定额工程量的计算规则相同，只是单位不同。

【例 3-25】 某城市中市政排水工程主干管长度为 650m，采用 ϕ600 混凝土管，135°混凝土基础，在主干管上设置雨水检查井 8 座，规格为 ϕ1500，单室雨水井 20 座，雨水口接入管 ϕ225UPVC 加筋管，共 8 道，每道 8m。求混凝土管基础及铺设长度和检查井座数，闭水试验长度（图 3-44）。

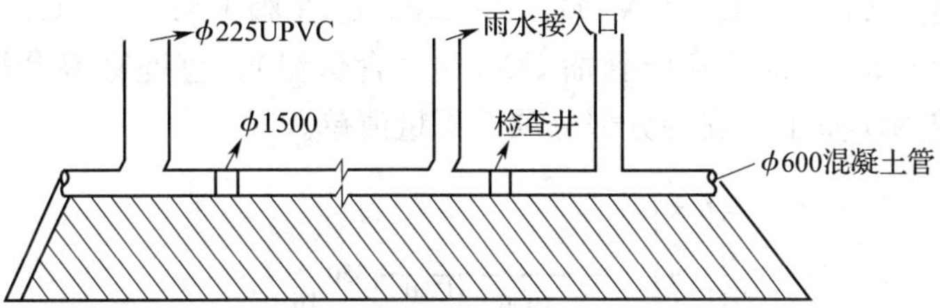

图 3-44 某市政排水工程主干管示意图

【解】

定额中在定型混凝土管道基础及铺设时，各种角度的混凝土基础、混凝土管、缸瓦管铺设按井中至井中的中心扣除检查井长度，以延长米计算工程量，ϕ1500 检查井扣除长度为 1.2m。

（1）清单工程量

1）ϕ600 混凝土管道基础及铺设：L_1=650m

2）ϕ225UPVC 加筋管铺设：L_2=8×8=64m

3）ϕ1500 雨水检查井：8 座

4）单室雨水井：20 座

5）ϕ600 以内管道闭水试验：650m

分部分项工程和单价措施项目清单与计价表，见表 3-119。

表 3-119 分部分项工程和单价措施项目清单与计价表

工程名称：混凝土管道基础及铺设

序号	项目编码	项目名称	项目特征描述	计量单位	工程量	金额（元）	
						综合单价	合价
1	040501001001	混凝土管道	135°混凝土基础，ϕ600	m	1300		
2	040501004001	塑料管道	ϕ225UPVC 加筋管	m	64		
3	040504001001	砌筑井	ϕ1500 砌筑检查井	座	8		
4	040504009001	雨水口	单室	座	20		

（2）定额工程量

1）ϕ600 混凝土管道基础及铺设：l_1=610−8×1.2=640.4（m）=6.404（100m）

2）ϕ225UPVC 加筋管铺设：l_2＝8×8－8×1.2＝54.4（m）＝0.544（100m）（无定额）

3）ϕ1500 雨水检查井：8 座

4）单室雨水井：20 座

5）ϕ600 以内管道闭水试验：650m＝6.5（100m）

【例 3-26】 某热力外线工程热力小室工艺安装如图 3-45 所示。小室内主要材料：

横向型波纹管补偿器 FA50502A、*DN*250、*T*＝150°、*PN*1.6；横向型波纹管补偿器 FA50501A、*DN*250、*T*＝150°、*PN*1.6；球阀 *DN*250、*PN*2.5；机制弯头 90°、*DN*250、*R*＝1.00；柱塞阀 U41S－25C、*DN*100、*PN*2.5；柱塞阀 U41S－25C、*DN*50、*PN*2.5；机制三通 *DN*600－250；直埋穿墙套袖 *DN*760（含保温）；直埋穿墙套袖 *DN*400（含保温）。试列出该热力小室工艺安装分部分项工程量清单。

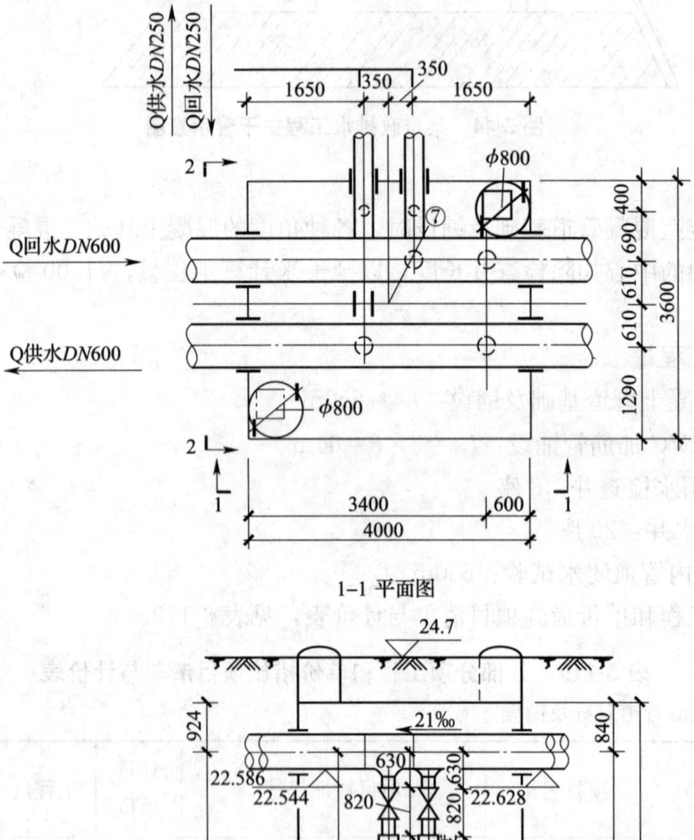

1-1 平面图

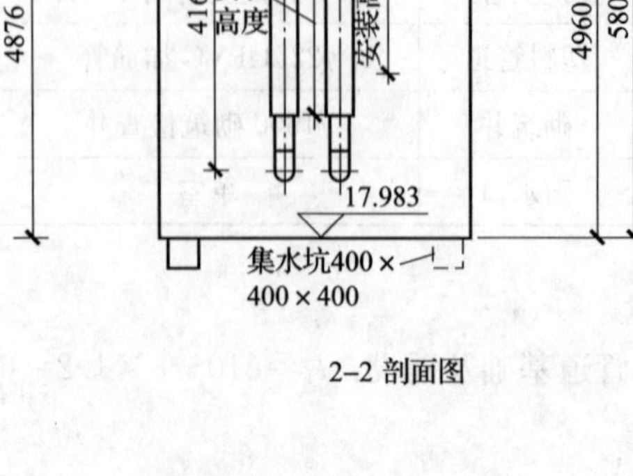

2-2 剖面图

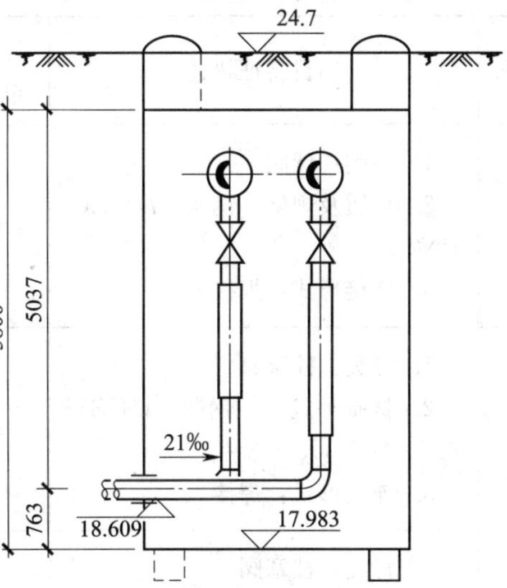

图 3-45　热力外线工程热力小室工艺安装

【解】

(1) 钢管管件制作、安装（弯头）：2 个

(2) 钢管管件制作、安装（三通）：2 个

(3) 阀门（球阀）：2 个

(4) 阀门（柱塞阀）：2 个

(5) 阀门（柱塞阀）：2 个

(6) 套管制作、安装（直埋穿墙套袖）*DN*760：8 个

(7) 套管制作、安装（直埋穿墙套袖）*DN*400：4 个

(8) 补偿器（波纹管）FA50502A、*DN*250、*T*=150°、*PN*1.6：1 个

(9) 补偿器（波纹管）FA50501A、*DN*250、*T*=150°、*PN*1.6：1 个

分部分项工程和单价措施项目清单与计价表，见表 3-120。

表 3-120　分部分项工程和单价措施项目清单与计价表

工程名称：某热力外线小室工程

序号	项目编码	项目名称	项目特征描述	计量单位	工程量	金额（元）	
						综合单价	合价
1	040502002001	钢管管件制作、安装	1. 种类：机制弯头 90° 2. 规格：*DN*250，*R*=1.00 3. 连接形式：焊接	个	2		
2	040502002002	钢管管件制作、安装	1. 种类：机制三通 2. 规格：*DN*600、*DN*250 3. 连接形式：焊接	个	2		

续表 3-120

序号	项目编码	项目名称	项目特征描述	计量单位	工程量	金额（元）	
						综合单价	合价
3	040502005001	阀门	1. 种类：球阀 2. 材质及规格：钢制、*DN*250、*PN*2.5 3. 连接形式：焊接	个	2		
4	040502005002	阀门	1. 种类：柱塞阀 2. 材质及规格：钢制、U41S—25C、*DN*100、*PN*=2.5 3. 连接形式：焊接	个	2		
5	040502005003	阀门	1. 种类：柱塞阀 2. 材质及规格：钢制、U41S—25C、*DN*50、*PN*=2.5 3. 连接形式：焊接	个	2		
6	040502008001	套管制作、安装	1. 直埋穿墙套袖 2. *DN*760 3. 连接形式：焊接	个	8		
7	040502008002	套管制作、安装	1. 直埋穿墙套袖 2. *DN*400 3. 连接形式：焊接	个	4		
8	040502011001	补偿器（波纹管）	1. 种类：横向型波纹管补偿器 2. 材质及规格：FA50502A、*DN*250、*T*=150°、*PN*1.6 3. 连接形式：焊接	个	1		
9	040502011002	补偿器（波纹管）	1. 种类：横向型波纹管补偿器 2. 材质及规格：FA50501A、*DN*250、*T*=150°、*PN*1.6 3. 连接形式：焊接	个	1		

【例 3-27】 某街道道路新建排水工程的施工方案如下：

（1）该道路的土方管沟回填后不需外运，可作为道路缺方的一部分就地摊平。

（2）在原井至 4 号井的两个雨水进水井处设施工护栏共长约 70m，以减少施工干涉和确保行车、行人安全。

（3）4 号检查井与原井连接部分的干管管沟挖土用木挡土板密板支撑，以保证挖土安全和减少路面开挖量。

（4）其余干管部分管沟挖土，采取放坡，支管部分管沟挖土不需放坡，但挖好的管沟要及时铺管覆土。

（5）所有挖土均采用人工挖土，土方场内运输采用手推车，填土采用人工夯实。

（6）工程平面图、断面图、基础图及标准图，如图 3-46～图 3-49（表 3-121～表 3-123）所示。

1）平面图和纵断面图，如图 3-46 所示。

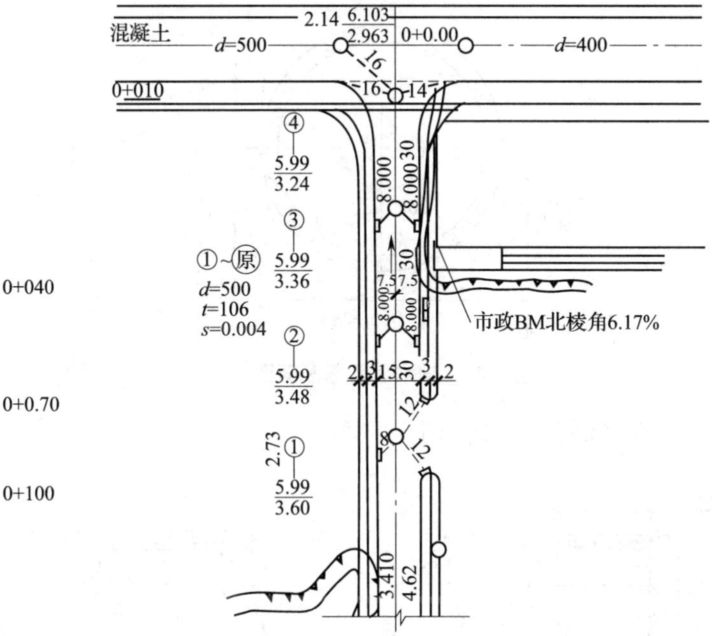

(a)平面图

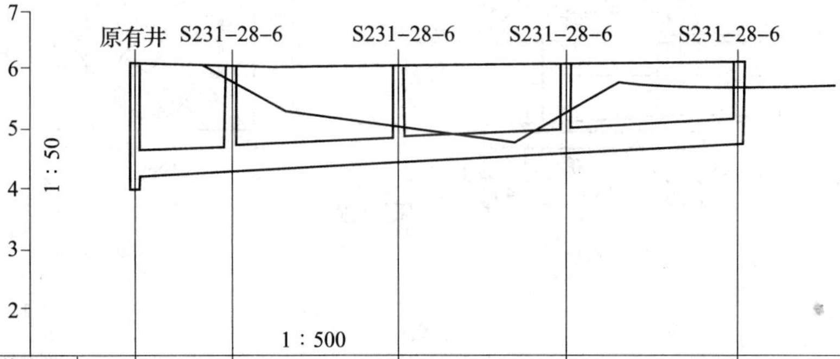

自然地面标高/m	6.103	5.85	4.80	5.01	5.45
井面标高/m	6.103	5.99	5.99	5.99	5.99
埋设深度/m	2.924	2.75	2.63	2.51	2.39
管内底标高	3.176	3.24	3.36	3.48	3.60
D/mm	500				
i(‰)	4				
管道结构	平口式钢筋混凝土管				
管道长度	16	30		30	
检查井编号	原	4	3	2	1

(b)纵断面图

图 3-46　排水工程平面图和纵断面图

2）管基断面如图 3-47 所示，管基断面图适用于开槽施工的雨水和合流管道及污水管道。C_1、C_2分开浇筑时，C_1部分表面要求做成毛面并冲洗干净。图中 B 值根据国家标准《混凝土和钢筋混凝土排水管》GB/T 11836—2009 所给的最小管壁厚度确定，使用时可根据管材具体情况调整。覆土 4m<H≤6m。

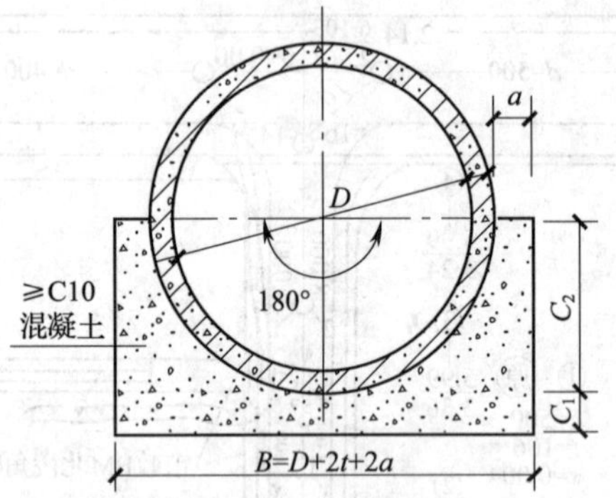

图 3-47 排水管管基断面图

3）钢筋混凝土管 180°混凝土基础如图 3-48 所示。

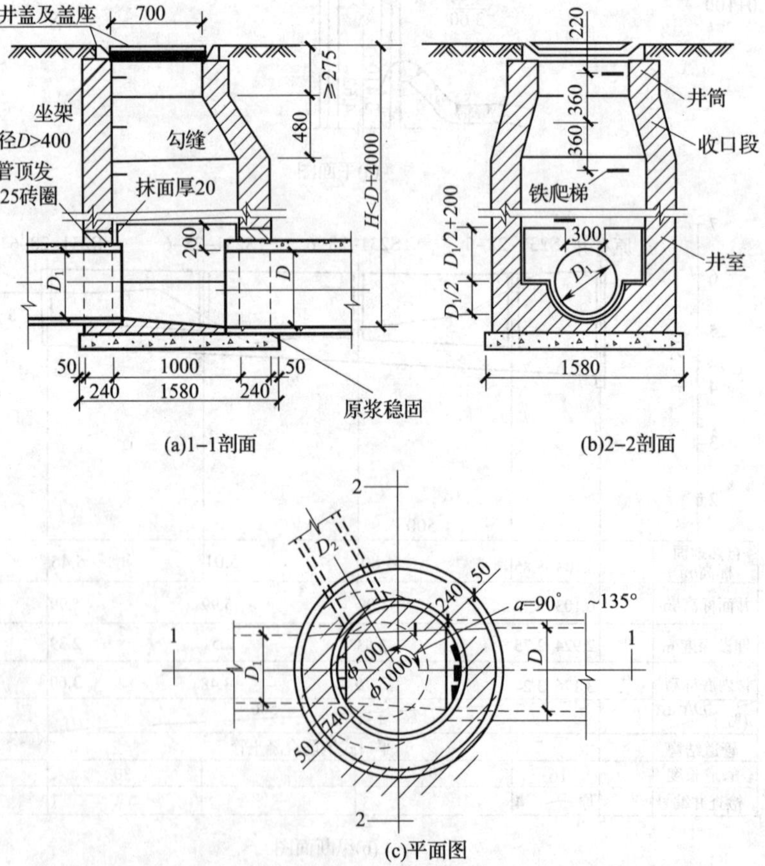

图 3-48 钢筋混凝土管 180°混凝土基础

4）ϕ1000 砖砌圆形雨水检查井如图 3-49 所示。

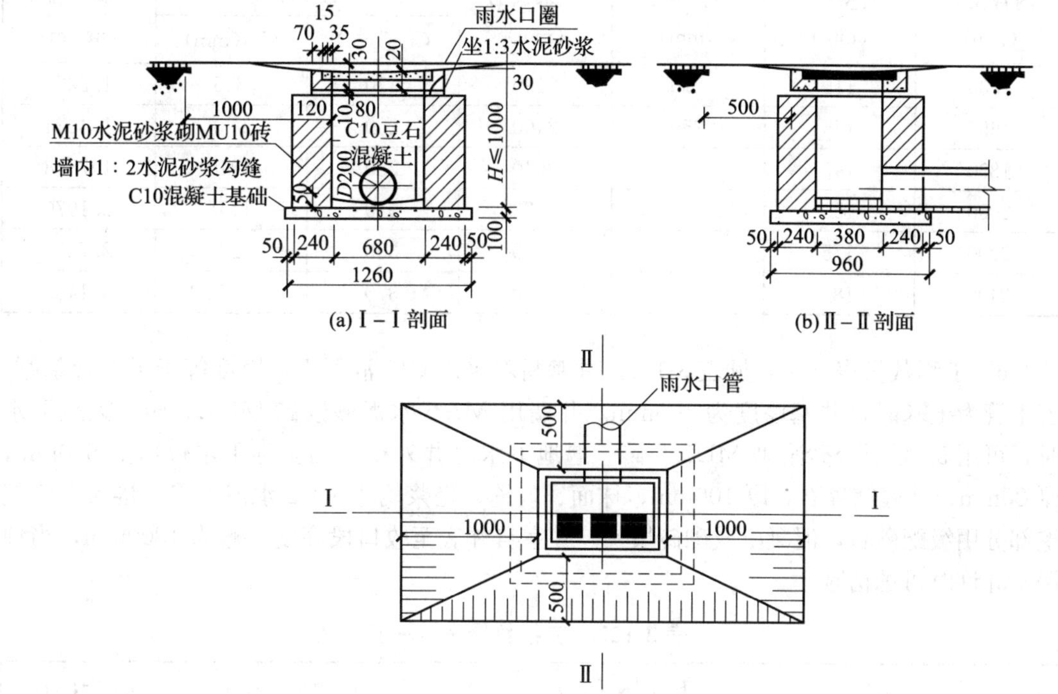

(a) I－I 剖面

(b) Ⅱ－Ⅱ 剖面

(c) 平面图

图 3-49 ϕ1000 砖砌圆形雨水检查井

5）排水工程中，平箅式单箅雨水口标准表，见表 3-121。

表 3-121 平箅式单箅雨水口标准表

内管径 D（mm）	管壁厚 t（mm）	管肩宽 a（mm）	管基宽 B（mm）	管基厚		基础混凝土（m^3/m）
				C_1（mm）	C_2（mm）	
300	30	80	520	100	180	0.947
400	35	80	630	100	235	0.1234
500	42	80	744	100	292	0.1577
600	50	100	900	100	350	0.2126
700	55	110	1030	110	405	0.2728
800	65	130	1190	130	465	0.3684
900	70	140	1320	140	520	0.4465
1000	75	150	1450	150	575	0.5319
1100	85	170	1610	170	635	0.6627
1200	90	180	1740	180	690	0.7659
1350	105	210	1980	210	780	1.0045

续表 3-121

内管径 D (mm)	管壁厚 t (mm)	管肩宽 a (mm)	管基宽 B (mm)	管基厚		基础混凝土 (m^3/m)
				C_1 (mm)	C_2 (mm)	
1500	115	230	2190	230	865	1.2227
1650	125	250	2400	250	950	1.4624
1800	140	280	2640	280	1040	1.7858
2000	155	310	2930	310	1155	2.1970
2200	175	350	3250	350	1275	2.7277
2400	185	370	3510	370	1358	3.1469

6）工程数量表（一）见表 3-122。井基材料采用 C10 混凝土，厚度等于干管管基厚；若干管为土基时，井基厚度为 100mm。井墙用 M7.5 水泥砂浆砌 MU7.5 砖，无地下水时，可用 50 号混合砂浆砌 MU7.5 砖。遇地下水时井外壁抹面至地下水位以上 500mm，厚 20mm，井底铺碎石，厚 100mm。抹面、勾缝、坐浆均用 1∶2 水泥砂浆。接入支管超挖部分用级配砂石，混凝土或砌砖填实。井室自井底至收口段高度一般为 1800mm，当埋深不允许时可酌情减小。

表 3-122 工程数量表（一）

管径 D (mm)	砖砌体 (m^3)			C10 号混凝土 (m^3)	砂浆抹面 (m^2)
	收口段	井室	井筒 (m)		
200	0.39	1.76	0.71	0.20	2.48
300	0.39	1.76	0.71	0.20	2.60
400	0.39	1.76	0.71	0.20	2.70
500	0.39	1.76	0.71	0.22	2.79
600	0.39	1.76	0.71	0.24	2.86

工程数量表（二），见表 3-123。各项技术要求详见雨水口总说明。

表 3-123 工程数量表（二）

H (mm)	工程数量					铸铁篦子（个）
	C10 混凝土 (m^3)	C30 混凝土 (m^3)	C30 豆石混凝土 (m^3)	砖砌体 (m^3)	钢筋 (kg)	
700	0.121	0.03	0.013	0.43	2.68	1
1000	0.121	0.03	0.013	0.65	2.68	1

【解】

（1）工程量清单

工程量计算如下：

1）主要工程材料见表 3-124。

表 3-124 主要工程材料

序号	名称	单位	数量	规格	备注
1	钢筋混凝钢管	m	94	d300×2000×30	
2	钢筋混凝土管	m	106	d500×2000×42	
3	检查井	座	4	ϕ1000 砖砌	S231－28－6
4	雨水井	座	9	680×380H=1.0	S235－2－4

2）管道铺设及基础见表 3-125。

表 3-125 管道铺设及基础

管段井号	管径（mm）	管道铺设长度（井中至井中）（m）	基础及接口形式	支管及 180°平接口基础铺设	
				d300	d250
起 1	500	30	180°平接口	32	—
2					
3	500	30		16	—
4	500	30		16	—
止原井	500	16		30	—
合计		106		94	—

3）检查井、进水井数量见表 3-126。

表 3-126 检查井、进水井数量

井号	检查井设计井面标高（m）	井底标高（m）	井深（m）	砖砌圆形雨水检查井		砖砌雨水进水井		
				井号、井径	数量（个）	图号规格	井深	数量（座）
	1	2	3=1－2					
起 1	5.99	3.6	2.39	S231－28－6ϕ1000	1	S235－2－4 C680×380	1	3
2	5.99	3.48	2.51	S231－28－6ϕ1000	1	S235－2－4 C680×380	1	2
3	5.99	3.35	2.64	S231－28－6ϕ1000	1	S235－2－41000 C680×380	1	2
4	5.99	3.24	2.75	S231－28－6ϕ1000	1	S235－2－41000 C680×380	1	2
止原井	（6.103）	（2.936）	3.14		—			
本表综合小计			1. 砖砌圆形雨水检查井 ϕ1000 平均井深 2.6m，共计 4 座。 2. 砖砌雨水进水井 680×380，井深 1m，共计 9 座					

4）挖干管管沟土方见表 3-127。

表 3-127 挖干管管沟土方

井号或管数	管径（mm）	管沟长（m）	沟底宽（m）	原地面标高（综合取定）（m）	井底流水位标高（m）		基础加深（m）	平均挖深（m）	土壤类别	计算式	数量（m^3）
		L	b	平均	流水位	平均		H		$L\times b\times H$	
起 1											
1	500	30	0.744	5.4	3.60	3.54	0.14	2.0	三类土	30×0.744×2.00	44.64
2	500	30	0.744	4.75	3.48	3.42	0.14	1.47	三类土	30×0.744×1.47	32.81
3	500	30	0.744	5.28	3.36	3.30	0.14	2.12	三类土	30×0.744×2.12	47.32
4	500	16	0.744	5.98	3.24	3.21	0.14	2.91	四类土	16×0.744×2.91	34.64
止原井					3.176						

5）挖支管管沟土方见表 3-128。

表 3-128 挖支管管沟土方

管径（mm）	管沟长（m）	沟底宽（m）	平均挖深	土壤类别	计算式	数量（m^3）
	L	b	H		$L\times b\times H$	
d300	94	0.52	1.13	三类土	94×0.52×1.13	55.23
d250						

6）挖井位土方见表 3-129。

表 3-129 挖井位土方

井号或管数	井底基础尺寸（m）			原地面标高（m）	基础加深（m）	平均挖深	个数	土壤类别	计算式	数量（m^3）
	长	宽	直径							
	L	B	ϕ			H	n		$L\times B\times H\times n$	
雨水井	1.26	0.96		1.0	0.13	1.13	9	三类土	1.26×0.96×1.13×9	12.30
1			1.58	1.86	0.14	2.00	1	三类土	井位 2 块弓形面积 0.83×2.00	1.66
2			1.58	1.33	0.14	1.47	1	三类土	0.83×1.47	1.22
3			1.58	1.98	0.14	2.12	1	三类土	0.83×2.12	1.76
4			1.58	2.77	0.14	2.91	1	四类土	0.83×2.91	2.42

7）挖混凝土路面（厚 22cm）及稳定层（厚 35cm）：

①挖混凝土路面（厚 22cm）面积：

$$16\times0.744=11.90\ (m^2)$$

挖混凝土路面（厚 22cm）体积：

$$11.9\times0.22=2.62\ (m^3)$$

②挖稳定层（厚 35cm）面积：

$$16\times0.744=11.9\ (m^2)$$

挖稳定层（厚 35cm）体积：

$$11.9\times0.35=4.17\ (m^3)$$

8）管道及基础所占体积：

①d500 管道与基础所占体积：

$$[(0.1+0.292)\times(0.5+0.084+0.16)+0.292^2\times3.14\times1/2]\times106=45.16\ (m^3)$$

②d300 管道与基础所占体积：

$$[(0.1+0.18)\times(0.3+0.006+0.16)+0.18^2\times3.14\times1/2]\times94=18.48\ (m^3)$$

所占体积之和：

$$45.16+18.48=63.64\ (m^3)$$

9）土方工程量汇总：

①挖沟槽土方三类土 2m 以内：

$$44.64+32.81+55.32+12.30+1.66+1.22=147.95\ (m^3)$$

②挖沟槽土方三类土 4m 以内：

$$47.32+1.76=49.08\ (m^3)$$

③挖沟槽土方四类土 4m 以内：

$$34.64+2.42-2.62-4.17=30.27\ (m^3)$$

④管沟回填方：

$$147.95+49.08+30.27-63.64=163.66\ (m^3)$$

⑤就地弃土 63.64m^3

分部分项工程和单价措施项目清单与计价表，见表 3-130。

表 3-130　分部分项工程和单价措施项目清单与计价表

工程名称：某街道道路新建排水工程　　　　标段：　　　　第　页　共　页

序号	项目编号	项目名称	项目特征描述	计量单位	工程数量	金额（元）		
						综合单价	合价	其中 暂估价
1	040101002001	挖沟槽土方	三类土，深 2m 以内	m^3	147.95			
2	040101002002	挖沟槽土方	三类土，深 4m 以内	m^3	49.08			
3	040101002003	挖沟槽土方	四类土，深 2m 以内	m^3	30.27			
4	040103001001	填方	沟槽回填，密实度 95％	m^3	163.66			

续表 3-130

序号	项目编号	项目名称	项目特征描述	计量单位	工程数量	金额（元）		
						综合单价	合价	其中
								暂估价
5	040501002001	混凝土管道	d300×2000×30 钢筋混凝土管铺设，180°、C15 混凝土基础	m	94.00			
6	040501002002	混凝土管道	d500×2000×42 钢筋混凝土管铺设，180°、C15 混凝土基础	m	106.00			
7	040504001001	砌查井	砖砌圆形检查井，ϕ1000，平均井深 2.6m	座	4			
8	040504001002	砌查井	砖砌雨水进水井，680×380，井深 1m，单箅平箅	座	9			

（2）定额工程量

1）定额拟按全国市政工程预算定额。

2）管理费按直接费的 14%考虑，利润按直接费的 7%考虑，管理费及利率以直接费为取费基数。

根据上述考虑作如下综合单价分析（见表 3-131～表 3-138 的综合单价分析表）。分部分项工程和单价措施项目清单与计价表，见表 3-139。

表 3-131　综合单价分析表（一）

工程名称：某街道道路新建排水工程　　　　标段：　　　　第　页　共　页

项目编码	040101002001		项目名称	挖沟槽土方	计量单位	m³		工程量		147.95
清单综合单价组成明细										
定额编号	定额项目名称	定额单位	数量	单价				合价		
				人工费	材料费	机械费	管理费和利润	人工费	材料费	机械费	管理费和利润
1-8	人工挖沟槽土方（三类土，深 2mm 以内）	100m³	0.029	1294.72	—	—	271.89	37.55	—	—	7.89
人工单价		小　计						37.55	—	—	7.89
22.47（元/工日）		未计价材料费									
清单项目综合单价								45.44			

注：“数量”栏为“投标方工程量÷招标方工程量÷定额单位数量”，如“0.029”为“435.54 ÷147.95÷100”。

表 3-132　综合单价分析表（二）

工程名称：某街道道路新建排水工程　　标段：　　第　页　共　页

<table>
<tr><td>项目编码</td><td colspan="2">040101002002</td><td>项目名称</td><td colspan="2">挖沟槽土方</td><td colspan="2">计量单位</td><td>m³</td><td>工程量</td><td colspan="2">49.08</td></tr>
<tr><td colspan="12">清单综合单价组成明细</td></tr>
<tr><td rowspan="2">定额编号</td><td rowspan="2">定额项目名称</td><td rowspan="2">定额单位</td><td rowspan="2">数量</td><td colspan="4">单　价</td><td colspan="4">合　价</td></tr>
<tr><td>人工费</td><td>材料费</td><td>机械费</td><td>管理费和利润</td><td>人工费</td><td>材料费</td><td>机械费</td><td>管理费和利润</td></tr>
<tr><td>1-9</td><td>人工挖沟槽土方（三类土，深 4mm 以内）</td><td>100m³</td><td>0.038</td><td>1542.79</td><td>—</td><td>—</td><td>323.99</td><td>58.63</td><td>—</td><td>—</td><td>12.31</td></tr>
<tr><td colspan="2">人工单价</td><td colspan="6">小　计</td><td>58.63</td><td>—</td><td>—</td><td>12.31</td></tr>
<tr><td colspan="2">22.47（元/工日）</td><td colspan="6">未计价材料费</td><td colspan="4"></td></tr>
<tr><td colspan="8">清单项目综合单价</td><td colspan="4">70.94</td></tr>
</table>

注："数量"栏为"投标方工程量÷招标方工程量÷定额单位数量"，如"0.038"为"187.66 ÷49.08÷100"。

表 3-133 综合单价分析表（三）

工程名称：某街道道路新建排水工程　　标段：　　第 页 共 页

项目编码	040101002003	项目名称	挖沟槽土方	计量单位	m^3	工程量	30.27

清单综合单价组成明细											
定额编号	定额项目名称	定额单位	数量	单价				合价			
				人工费	材料费	机械费	管理费和利润	人工费	材料费	机械费	管理费和利润
1-13	人工挖沟槽土方（四类土，深4m以内）	$100m^3$	0.03	2175.77	—	—	456.91	65.27	—	—	13.70
1-531	木密挡土板支撑	$100m^3$	0.03	480.63	1126.08	—	337.40	14.79	33.78	—	10.12
人工单价		小计						80.06	33.78	—	23.82
22.47（元/工日）		未计价材料费									
清单项目综合单价								137.66			

材料费明细	主要材料名称、规格、型号	单位	数量	单价（元）	合价（元）	暂估单价（元）	暂估合价（元）
	圆木	m^3	0.007	1051.0	7.257		
	板方材	m^3	0.002	1764.0	3.518		
	木挡土板	m^3	0.012	1764.0	21.168		
	钢丝 10 号	kg	0.210	6.14	1.136		
	扒钉	kg	0.196	3.6	0.706		
	其他材料费			—		—	
	材料费小计			—	33.78	—	

注：“数量”栏为“投标方工程量÷招标方工程量÷定额单位数量”，如“0.03”为“93.12 ÷30.27÷100”。

表 3-134 综合单价分析表（四）

工程名称：某街道道路新建水工程　　　　标段：　　　　第 页 共 页

<table>
<tr><td>项目编码</td><td colspan="2">040103001001</td><td>项目名称</td><td colspan="2">回填方</td><td colspan="2">计量单位</td><td>m³</td><td colspan="2">工程量</td><td>163.66</td></tr>
<tr><td colspan="12">清单综合单价组成明细</td></tr>
<tr><td rowspan="2">定额编号</td><td rowspan="2">定额项目名称</td><td rowspan="2">定额单位</td><td rowspan="2">数量</td><td colspan="4">单价</td><td colspan="4">合价</td></tr>
<tr><td>人工费</td><td>材料费</td><td>机械费</td><td>管理费和利润</td><td>人工费</td><td>材料费</td><td>机械费</td><td>管理费和利润</td></tr>
<tr><td>1-56</td><td>人工填土夯实（密实度95%）</td><td>100m³</td><td>0.039</td><td>891.61</td><td>0.70</td><td>—</td><td>187.39</td><td>34.77</td><td>0.027</td><td>—</td><td>7.308</td></tr>
<tr><td colspan="2">人工单价</td><td colspan="6">小计</td><td>34.77</td><td>0.027</td><td>—</td><td>7.308</td></tr>
<tr><td colspan="2">22.47（元/工日）</td><td colspan="6">未计价材料费</td><td colspan="4"></td></tr>
<tr><td colspan="8">清单项目综合单价</td><td colspan="4">42.11</td></tr>
<tr><td rowspan="4">材料费明细</td><td colspan="5">主要材料名称、规格、型号</td><td>单位</td><td>数量</td><td>单价（元）</td><td>合价（元）</td><td>暂估单价（元）</td><td>暂估合价（元）</td></tr>
<tr><td colspan="5">水</td><td>m³</td><td>0.06</td><td>0.45</td><td>0.027</td><td></td><td></td></tr>
<tr><td colspan="7">其他材料费</td><td>—</td><td></td><td>—</td><td></td></tr>
<tr><td colspan="7">材料费小计</td><td>—</td><td>0.027</td><td>—</td><td></td></tr>
</table>

注：“数量”栏为“投标方工程量÷招标方工程量÷定额单位数量”，如“0.039”为“637.38÷163.66÷100”。

表 3-135 综合单价分析表（五）

工程名称：某街道道路新建排水工程　　　　标段：　　　　第　页共　页

项目编码	040501002001	项目名称	混凝土管道	计量单位	m	工程量	94.00				
清单综合单价组成明细											
定额编号	定额项目名称	定额单位	数量	单价				合价			
				人工费	材料费	机械费	管理费和利润	人工费	材料费	机械费	管理费和利润
6-18	平接式管道基础	100m	0.01	600.15	9.57	150.14	159.57	6.00	0.096	1.50	0.60
6-52	钢筋混凝土管道铺设	100m	0.01	281.66	—	—	59.15	2.82	—	—	0.59
6-124	水泥砂浆接口	10个	0.05	21.46	5.85	—	5.74	1.10	0.293	—	0.29
人工单价		小计						9.92	0.389	1.50	1.48
22.47（元/工日）		未计价材料费						62.7			
清单项目综合单价								75.99			

材料费明细	主要材料名称、规格、型号	单位	数量	单价（元）	合价（元）	暂估单价（元）	暂估合价（元）
	C15 混凝土	m^3	0.0966	231	22.315		
	钢筋混凝土管 $\phi300$	m	1.01	40	40.4		
	其他材料费			—		—	
	材料费小计			—	62.7	—	

注：“数量”栏为“投标方工程量÷招标方工程量÷定额单位数量”，如“0.01”为“94÷94÷100”。

表 3-136 综合单价分析表（六）

工程名称：某街道道路新建排水工程　　　　标段：　　　　第 页 共 页

<table>
<tr><td>项目编码</td><td colspan="2">040501002002</td><td>项目名称</td><td colspan="2">混凝土管道</td><td>计量单位</td><td>m</td><td colspan="2">工程量</td><td colspan="2">106.00</td></tr>
<tr><td colspan="12">清单综合单价组成明细</td></tr>
<tr><td rowspan="2">定额编号</td><td rowspan="2">定额项目名称</td><td rowspan="2">定额单位</td><td rowspan="2">数量</td><td colspan="4">单价</td><td colspan="4">合价</td></tr>
<tr><td>人工费</td><td>材料费</td><td>机械费</td><td>管理费和利润</td><td>人工费</td><td>材料费</td><td>机械费</td><td>管理费和利润</td></tr>
<tr><td>6-20</td><td>平接式混凝土管道基础混凝土 d500，180°，C15</td><td>100m</td><td>0.01</td><td>999.53</td><td>15.13</td><td>250.43</td><td>265.67</td><td>9.995</td><td>0.151</td><td>25.04</td><td>2.66</td></tr>
<tr><td>6-54</td><td>钢筋混凝土管道铺设 d500×2000×42</td><td>100m</td><td>0.01</td><td>437.00</td><td>—</td><td>—</td><td>91.77</td><td>4.37</td><td>—</td><td>—</td><td>0.92</td></tr>
<tr><td>6-125</td><td>水泥砂浆接口（180°基础，平接口）</td><td>10 个</td><td>0.049</td><td>23.37</td><td>7.16</td><td>—</td><td>6.411</td><td>1.145</td><td>0.351</td><td>—</td><td>0.314</td></tr>
<tr><td></td><td></td><td></td><td></td><td></td><td></td><td></td><td></td><td></td><td></td><td></td><td></td></tr>
<tr><td></td><td></td><td></td><td></td><td></td><td></td><td></td><td></td><td></td><td></td><td></td><td></td></tr>
<tr><td></td><td></td><td></td><td></td><td></td><td></td><td></td><td></td><td></td><td></td><td></td><td></td></tr>
<tr><td colspan="2">人工单价</td><td colspan="6">小计</td><td>15.51</td><td>0.502</td><td>25.04</td><td>3.89</td></tr>
<tr><td colspan="2">22.47（元/工日）</td><td colspan="6">未计价材料费</td><td colspan="4">123.04</td></tr>
<tr><td colspan="8">清单项目综合单价</td><td colspan="4">167.98</td></tr>
<tr><td rowspan="8">材料费明细</td><td colspan="5">主要材料名称、规格、型号</td><td>单位</td><td>数量</td><td>单价（元）</td><td>合价（元）</td><td>暂估单价（元）</td><td>暂估合价（元）</td></tr>
<tr><td colspan="5">C15 混凝土</td><td>m³</td><td>0.161</td><td>231</td><td>37.19</td><td></td><td></td></tr>
<tr><td colspan="5">钢筋混凝土管 φ500</td><td>m</td><td>1.01</td><td>85</td><td>85.85</td><td></td><td></td></tr>
<tr><td colspan="5"></td><td></td><td></td><td></td><td></td><td></td><td></td></tr>
<tr><td colspan="5"></td><td></td><td></td><td></td><td></td><td></td><td></td></tr>
<tr><td colspan="5"></td><td></td><td></td><td></td><td></td><td></td><td></td></tr>
<tr><td colspan="7">其他材料费</td><td>—</td><td></td><td>—</td><td></td></tr>
<tr><td colspan="7">材料费小计</td><td>—</td><td>123.04</td><td>—</td><td></td></tr>
</table>

注：“数量”栏为“投标方工程量÷招标方工程量÷定额单位数量”，如“0.01”为“103.2÷106.00÷100”。

表 3-137 综合单价分析表（七）

工程名称：某街道道路新建排水工程　　　　标段：　　　　第　页　共　页

项目编码	040504001001	项目名称	砌查井	计量单位	座	工程量	4

定额编号	定额项目名称	定额单位	数量	单价 人工费	单价 材料费	单价 机械费	单价 管理费和利润	合价 人工费	合价 材料费	合价 机械费	合价 管理费和利润
清单综合单价组成明细											
6-402	砖砌圆形雨水检查井	座	1	660.60	212.09	660.60	184.47	212.09	660.60	5.74	184.47
6-581	井壁（墙）凿洞	$10m^2$	0.007	261.06	112.99	—	78.551	1.827	0.791	—	0.55
人工单价		小计						213.917	661.391	5.74	185.02
22.47（元/工日）		未计价材料费						82.65			
清单项目综合单价								1148.72			

	主要材料名称、规格、型号	单位	数量	单价（元）	合价（元）	暂估单价（元）	暂估合价（元）
材料费明细	C10 混凝土	m^3	0.375	221	82.65		
	其他材料费			—	—	—	
	材料费小计			—	82.65	—	

注：“数量”栏为“投标方工程量÷招标方工程量÷定额单位数量”，如“1”为“4÷4÷1”。

表 3-138 综合单价分析表（八）

工程名称：某街道道路新建排水工程　　标段：　　第 页 共 页

项目编码	040504001002	项目名称	砌查井		计量单位	座		工程量	9	
清单综合单价组成明细										
定额编号	定额项目名称	定额单位	数量	单价				合价		
				人工费	材料费	机械费	管理费和利润	人工费	材料费	机械费	管理费和利润
6-532	砖砌雨水井	座	1	69.63	133.45	2.17	43.10	69.63	133.45	2.17	43.10
人工单价		小计						69.63	133.45	2.17	43.10
22.47（元/工日）		未计价材料费						30.277			
清单项目综合单价								278.63			

材料费明细	主要材料名称、规格、型号	单位	数量	单价（元）	合价（元）	暂估单价（元）	暂估合价（元）
	C10 混凝土	m^3	0.137	221	30.277		
	其他材料费			—	—	—	
	材料费小计			—	30.277	—	

注："数量"栏为"投标方工程量÷招标方工程量÷定额单位数量"，如"1"为"9÷9÷1"。

表 3-139 分部分项工程和单价措施项目清单与计价表

工程名称：某街道道路新建排水工程　　　　标段：　　　　第　页　共　页

序号	项目编号	项目名称	项目特征描述	计量单位	工程数量	金额（元）		
						综合单价	合价	其中 暂估价
1	040101002001	挖沟槽土方	三类土，深 2m 以内	m^3	147.95	45.44	6722.85	
2	040101002002	挖沟槽土方	三类土，深 4m 以内	m^3	49.08	70.94	3481.74	
3	040101002003	挖沟槽土方	四类土，深 2m 以内	m^3	30.27	137.66	4166.97	
4	040103001001	回填方	沟槽回填，密实度 95%	m^3	163.66	42.11	6891.72	
5	040501002001	混凝土管道	$d300\times2000\times30$ 钢筋混凝土管铺设，180°、C15 混凝土基础	m	94.00	75.99	7143.06	
6	040501002002	混凝土管道	$d500\times2000\times42$ 钢筋混凝土管铺设，180°、C15 混凝土基础	m	106.00	167.98	17805.88	
7	040504001001	砌查井	砖砌圆形检查井，$\phi1000$，平均井深 2.6m	座	4	1148.72	4594.88	
8	040504001002	砌查井	砖砌雨水进水井，680×380，井深 1m，单箅平箅	座	9	278.63	2507.67	
合计							53314.77	

3.6 水处理工程工程量计算及清单编制实例

3.6.1 水处理工程清单工程量计算规则

1. 水处理构筑物

水处理构筑物工程量清单项目设置、项目特征描述的内容、计量单位及工程量计算规则，应按表 3-140 的规定执行。

表 3-140 水处理构筑物（编码：040601）

<table>
<tr><th>项目编码</th><th>项目名称</th><th>项目特征</th><th>计量单位</th><th>工程量计算规则</th><th>工程内容</th></tr>
<tr><td>040601001</td><td>现浇混凝土沉井井壁及隔墙</td><td>1. 混凝土强度等级
2. 防水、抗渗要求
3. 断面尺寸</td><td>m^3</td><td>按设计图示尺寸以体积计算</td><td>1. 垫木铺设
2. 模板制作、安装、拆除
3. 混凝土拌和、运输、浇筑
4. 养护
5. 预留孔封口</td></tr>
<tr><td>040601002</td><td>沉井下沉</td><td>1. 土壤类别
2. 断面尺寸
3. 下沉深度
4. 减阻材料种类</td><td rowspan="9">m^3</td><td>按自然面标高至设计垫层底标高间的高度乘以沉井外壁最大断面面积以体积计算</td><td>1. 垫木拆除
2. 挖土
3. 沉井下沉
4. 填充减阻材料
5. 余方弃置</td></tr>
<tr><td>040601003</td><td>沉井混凝土底板</td><td>1. 混凝土强度等级
2. 防水、抗渗要求</td><td rowspan="8">按设计图示尺寸以体积计算</td><td rowspan="8">1. 模板制作、安装、拆除
2. 混凝土拌和、运输、浇筑
3. 养护</td></tr>
<tr><td>040601004</td><td>沉井内地下混凝土结构</td><td>1. 部位
2. 混凝土强度等级
3. 防水、抗渗要求</td></tr>
<tr><td>040601005</td><td>沉井混凝土顶板</td><td rowspan="6">1. 混凝土强度等级
2. 防水、抗渗要求</td></tr>
<tr><td>040601006</td><td>现浇混凝土池底</td></tr>
<tr><td>040601007</td><td>现浇混凝土池壁（隔墙）</td></tr>
<tr><td>040601008</td><td>现浇混凝土池柱</td></tr>
<tr><td>040601009</td><td>现浇混凝土池梁</td></tr>
<tr><td>040601010</td><td>现浇混凝土池盖板</td></tr>
</table>

续表 3-140

项目编码	项目名称	项目特征	计量单位	工程量计算规则	工程内容
040601011	现浇混凝土板	1. 名称、规格 2. 混凝土强度等级 3. 防水、抗渗要求	m^3	按设计图示尺寸以体积计算	1. 模板制作、安装、拆除 2. 混凝土拌和、运输、浇筑 3. 养护
040601012	池槽	1. 混凝土强度等级 2. 防水、抗渗要求 3. 池槽断面尺寸 4. 盖板材质	m	按设计图示尺寸以长度计算	1. 模板制作、安装、拆除 2. 混凝土拌和、运输、浇筑 3. 养护 4. 盖板安装 5. 其他材料铺设
040601013	砌筑导流壁、筒	1. 砌体材料、规格 2. 断面尺寸 3. 砌筑、勾缝、抹面砂浆强度等级	m^3	按设计图示尺寸以体积计算	1. 砌筑 2. 抹面 3. 勾缝
040601014	混凝土导流壁、筒	1. 混凝土强度等级 2. 防水、抗渗要求 3. 断面尺寸			1. 模板制作、安装、拆除 2. 混凝土拌和、运输、浇筑 3. 养护
040601015	混凝土楼梯	1. 结构形式 2. 底板厚度 3. 混凝土强度等级	1. m^2 2. m^3	1. 以平方米计量，按设计图示尺寸以水平投影面积计算 2. 以立方米计量，按设计图示尺寸以体积计算	1. 模板制作、安装、拆除 2. 混凝土拌和、运输、浇筑或预制 3. 养护 4. 楼梯安装
040601016	金属扶梯、栏杆	1. 材质 2. 规格 3. 防腐刷油材质、工艺要求	1. t 2. m	1. 以吨计量，按设计图示尺寸以质量计算 2. 以米计量，按设计图示尺寸以长度计算	1. 制作、安装 2. 除锈、防腐、刷油

续表 3-140

项目编码	项目名称	项目特征	计量单位	工程量计算规则	工程内容
040601017	其他现浇混凝土构件	1. 构件名称、规格 2. 混凝土强度等级	m^3	按设计图示尺寸以体积计算	1. 模板制作、安装、拆除 2. 混凝土拌和、运输、浇筑 3. 养护
040601018	预制混凝土板	1. 图集、图纸名称 2. 构件代号、名称 3. 混凝土强度等级 4. 防水、抗渗要求			1. 模板制作、安装、拆除 2. 混凝土拌和、运输、浇筑 3. 养护 4. 构件安装 5. 接头灌浆 6. 砂浆制作 7. 运输
040601019	预制混凝土槽				
040601020	预制混凝土支墩				
040601021	其他预制混凝土构件	1. 部位 2. 图集、图纸名称 3. 构件代号、名称 4. 混凝土强度等级 5. 防水、抗渗要求			
040601022	滤板	1. 材质 2. 规格 3. 厚度 4. 部位	m^2	按设计图示尺寸以面积计算	1. 制作 2. 安装
040601023	折板				
040601024	壁板				
040601025	滤料铺设	1. 滤料品种 2. 滤料规格	m^3	按设计图示尺寸以体积计算	铺设
040601026	尼龙网板	1. 材料品种 2. 材料规格	m^2	按设计图示尺寸以面积计算	1. 制作 2. 安装
040601027	刚性防水	1. 工艺要求 2. 材料品种、规格			1. 配料 2. 铺筑
040601028	柔性防水				涂、贴、粘、刷防水材料
040601029	沉降（施工）缝	1. 材料品种 2. 沉降缝规格 3. 沉降缝部位	m	按设计图示尺寸以长度计算	铺、嵌沉降（施工）缝
040601030	井、池渗漏试验	构筑物名称	m^3	按设计图示储水尺寸以体积计算	渗漏试验

注：1. 沉井混凝土地梁工程量，应并入底板内计算。
2. 各类垫层应按“桥涵工程”相关编码列项。

2. 水处理设备

水处理设备工程量清单项目设置、项目特征描述的内容、计量单位及工程量计算规则，应按表 3-141 的规定执行。

表 3-141 水处理设备（编码：040602）

项目编码	项目名称	项目特征	计量单位	工程量计算规则	工程内容
040602001	格栅	1. 材质 2. 防腐材料 3. 规格	1. t 2. 套	1. 以吨计量，按设计图示尺寸以质量计算 2. 以套计量，按设计图示数量计算	1. 制作 2. 防腐 3. 安装
040602002	格栅除污机	1. 类型 2. 材质 3. 规格、型号 4. 参数	台	按设计图示数量计算	1. 安装 2. 无负荷试运转
040602003	滤网清污机				
040602004	压榨机				
040602005	刮砂机				
040602006	吸砂机	1. 类型 2. 材质 3. 规格、型号 4. 参数			
040602007	刮泥机				
040602008	吸泥机				
040602009	刮吸泥机				
040602010	撇渣机				
040602011	砂（泥）水分离器				
040602012	曝气机				
040602013	曝气器		个		
040602014	布气管	1. 材质 2. 直径	m	按设计图示以长度计算	1. 钻孔 2. 安装
040602015	滗水器	1. 类型 2. 材质 3. 规格、型号 4. 参数	套	按设计图示数量计算	1. 安装 2. 无负荷试运转
040602016	生物转盘				
040602017	搅拌机		台		
040602018	推进器				
040602019	加药设备	1. 类型 2. 材质 3. 规格、型号 4. 参数	套		
040602020	加氯机				
040602021	氯吸收装置				
040602022	水射器	1. 材质 2. 公称直径	个		
040602023	管式混合器				

续表 3-141

项目编码	项目名称	项目特征	计量单位	工程量计算规则	工程内容
040602024	冲洗装置	1. 类型 2. 材质 3. 规格、型号 4. 参数	套	按设计图示数量计算	1. 安装 2. 无负荷试运转
040602025	带式压滤机		台		
040602026	污泥脱水机				
040602027	污泥浓缩机				
040602028	污泥浓缩脱水一体机				
040602029	污泥输送机				
040602030	污泥切割机				
040602031	闸门	1. 类型 2. 材质 3. 形式 4. 规格、型号	1. 座 2. t	1. 以座计量，按设计图示数量计算 2. 以吨计量，按设计图示尺寸以质量计算	1. 安装 2. 操纵装置安装 3. 调试
040602032	旋转门				
040602033	堰门				
040602034	拍门				
040602035	启闭机	1. 类型 2. 材质 3. 形式 4. 规格、型号	台	按设计图示数量计算	
040602036	升杆式铸铁泥阀	公称直径	座		
040602037	平底盖闸				
040602038	集水槽	1. 材质 2. 厚度 3. 形式 4. 防腐材料	m^2	按设计图示尺寸以面积计算	1. 制作 2. 安装
040602039	堰板				
040602040	斜板	1. 材料品种 2. 厚度			安装
040602041	斜管	1. 斜管材料品种 2. 斜管规格	m	按设计图示以长度计算	

续表 3-141

<table>
<tr><th>项目编码</th><th>项目名称</th><th>项目特征</th><th>计量单位</th><th>工程量计算规则</th><th>工程内容</th></tr>
<tr><td>040602042</td><td>紫外线消毒设备</td><td rowspan="5">1. 类型
2. 材质
3. 规格、型号
4. 参数</td><td rowspan="5">套</td><td rowspan="5">按设计图示数量计算</td><td rowspan="5">1. 安装
2. 无负荷试运转</td></tr>
<tr><td>040602043</td><td>臭氧消毒设备</td></tr>
<tr><td>040602044</td><td>除臭设备</td></tr>
<tr><td>040602045</td><td>膜处理设备</td></tr>
<tr><td>040602046</td><td>在线水质检测设备</td></tr>
</table>

3. 清单相关问题及说明

1）水处理工程中建筑物应按现行国家标准《房屋建筑和装饰工程工程量计算规范》GB 50854—2013 中相关项目编码列项，园林绿化项目应按现行国家标准《园林绿化工程工程量计算规范》GB 50858—2013 中相关项目编码列项。

2）本节清单项目工作内容中均未包括土石方开挖、回填夯实等内容，发生时应按“土石方工程”中相关项目编码列项。

3）本节设备安装工程只列了水处理工程专用设备的项目，各类仪表、泵、阀门等标准、定型设备应按现行国家标准《通用安装工程工程量计算规范》GB 50856—2013 中相关项目编码列项。

3.6.2 水处理工程定额工程量计算规则

1. 水处理工程定额一般规定

水处理工程定额一般规定可参照排水工程定额一般规定的内容。

2. 给排水构筑物工程量计算

(1) 定额工程量计算说明

给水排水构筑物定额包括沉井、现浇钢筋混凝土池、预制混凝土构件、折（壁）板、滤料铺设、防水工程、施工缝、井池渗漏试验等项目。

1）沉井：

①沉井工程系按深度 12m 以内，陆上排水沉井考虑的。水中沉井、陆上水冲法沉井以及离河岸边近的沉井，需要采取地基加固等特殊措施者，可执行《全国统一市政工程预算定额》GYD—304—1999“隧道工程”相应项目。

②沉井下沉项目中已考虑了沉井下沉的纠偏因素，但不包括压重助沉措施，若发生可另行计算。

③沉井制作不包括外渗剂，若使用外渗剂时可按当地有关规定执行。

2）现浇钢筋混凝土池类：

①池壁遇有附壁柱时，按相应柱定额项目执行，其中人工乘以系数 1.05，其他不变。

②池壁挑檐是指在池壁上向外出檐作走道板用；池壁牛腿是指池壁上向内出檐以承托池盖周。

③无梁盖柱包括柱帽及柱座。

④井字梁、框架梁均执行连续梁项目。

⑤混凝土池壁、柱（梁）、池盖是按在地面以上 3.6m 以内施工考虑的，如超过 3.6m 者按：

a. 采用卷扬机施工的：每 $10m^3$ 混凝土增加卷扬机（带塔）和人工见表 3-142。

表 3-142　每 $10m^3$ 混凝土增加卷扬机（带塔）和人工

序号	项目名称	增加人工工日	增加卷扬机（带塔）台班
1	池壁、隔墙	8.7	0.59
2	柱、梁	6.1	0.39
3	池盖	6.1	0.39

b. 采用塔式起重机施工时，每 $10m^3$ 混凝土增加塔式起重机台班，按相应项目中搅拌机台班用量的 50%计算。

⑥池盖定额项目中不包括进人孔，可按《全国统一安装工程预算定额》相应定额执行。

⑦格型池池壁执行直型池壁相应项目（指厚度）人工乘以系数 1.15，其他不变。

⑧悬空落泥斗按落泥斗相应项目人工乘以系数 1.4，其他不变。

3）预制混凝土构件：

①预制混凝土滤板中已包括了所设置预埋件 ABS 塑料滤头的套管用工，不得另计。

②集水槽若需留孔时，按每 10 个孔增加 0.5 个工日计。

③除混凝土滤板、铸铁滤板、支墩安装外，其他预制混凝土构件安装均执行异型构件安装项目。

4）施工缝：

①各种材质填缝的断面取定见表 3-143。

表 3-143　填缝的断面取定

序号	项 目 名 称	断 面 尺 寸
1	建筑油膏、聚氯乙烯胶泥	2cm×2cm
2	油浸木丝板	2.5cm×15cm
3	紫铜板止水带	展开宽 45cm
4	氯丁橡胶止水带	展开宽 30cm
5	其余均为	15cm×3cm

②如实际设计的施工缝断面与上表不同时，材料用量可以换算，其他不变。

③各项目的工作内容为：

a. 油浸麻丝：熬制沥青、调配沥青麻丝、填塞。

b. 油浸木丝板：熬制沥青、浸木丝板、嵌缝。

c. 玛琋脂：熬制玛琋脂、灌缝。

d. 建筑油膏、沥青砂浆：熬制油膏沥青，拌和沥青砂浆，嵌缝。

e. 贴氯丁橡胶片：清理，用乙酸乙酯洗缝；隔纸，用氯丁胶粘剂贴氯丁橡胶片，最后在氯丁橡胶片上涂胶铺砂。

f. 紫铜板止水带：铜板剪裁、焊接成型，铺设。

g. 聚氯乙烯胶泥：清缝、水泥砂浆勾缝，垫牛皮纸，熬灌取聚氯乙烯胶泥。

h. 预埋止水带：止水带制作、接头及安装。

i. 铁皮盖板：平面埋木砖、钉木条、木条上钉铁皮；立面埋木砖、木砖上钉铁皮。

5）井、池渗漏试验：

①井池渗漏试验容量在 $500m^3$ 是指井或小型池槽。

②井、池渗漏试验注水采用电动单级离心清水泵，定额项目中已包括了泵的安装与拆除用工，不得再另计。

③如构筑物池容量较大，需从一个池子向另一个池注水作渗漏试验采用潜水泵时，其台班单价可以换算，其他均不变。

6）执行其他册或章节的项目：

①构筑物的垫层执行《全国统一市政工程预算定额》GYD—306—1999“排水工程”第三章“非定型井、渠、管道基础及砌筑”相应项目。

②构筑物混凝土项目中的钢筋、模板项目执行《全国统一市政工程预算定额》GYD—306—1999“排水工程”第七章“模板、钢筋、井字架工程”相应项目。

③需要搭拆脚手架者，执行《全国统一市政工程预算定额》GYD—301—1999“通用项目”相应项目。

④泵站上部工程以及本节中未包括的建筑工程，执行《全国统一建筑工程基础定额》相应项目。

⑤构筑物中的金属构件制作安装，执行《全国统一安装工程预算定额》相应项目。

⑥构筑物的防腐、内衬工程金属面，执行《全国统一安装工程预算定额》相应项目，非金属面应执行《全国统一建筑工程基础定额》相应项目。

（2）定额工程量计算规则

1）沉井：

①沉井垫木按刃脚中心线以“100 延长米”为单位。

②沉井井壁及隔墙的厚度不同如上薄下厚时，可按平均厚度执行相应定额。

2）钢筋混凝土池：

①钢筋混凝土各类构件均按图示尺寸，以混凝土实体积计算，不扣除 $0.3m^2$ 以内的孔洞体积。

②各类池盖中的进人孔、透气孔盖以及与盖相连接的结构，工程量合并在池盖中计算。

③平底池的池底体积，应包括池壁下的扩大部分；池底带有斜坡时，斜坡部分应按坡底计算；锥形底应算至壁基梁底面，无壁基梁者算至锥底坡的上口。

④池壁分别不同厚度计算体积，如上薄下厚的壁，以平均厚度计算。池壁高度应自池底板面算至池盖下面。

⑤无梁盖柱的柱高，应自池底上表面算至池盖的下表面，并包括柱座、柱帽的体积。

⑥无梁盖应包括与池壁相连的扩大部分的体积；肋形盖应包括主、次梁及盖部分的体

积；球形盖应自池壁顶面以上，包括边侧梁的体积在内。

⑦沉淀池水槽，系指池壁上的环形溢水槽及纵横U形水槽，但不包括与水槽相连接的矩形梁，矩形梁可执行梁的相应项目。

3）预制混凝土构件：

①预制钢筋混凝土滤板按图示尺寸区分厚度以“$10m^3$”计算，不扣除滤头套管所占体积。

②除钢筋混凝土滤板外其他预制混凝土构件均按图示尺寸以“m^3”计算，不扣除$0.3m^2$以内孔洞所占体积。

4）折板、壁板制作安装：

①折板安装区分材质均按图示尺寸以“m^2”计算。

②稳流板安装区分材质不分断面均按图示长度以“延长米”计算。

5）滤料铺设：各种滤料铺设均按设计要求的铺设平面乘以铺设厚度以“m^3”计算，锰砂、铁矿石滤料以“10t”计算。

6）防水工程：

①各种防水层按实铺面积，以“$100m^2$”计算，不扣除$0.3m^2$以内孔洞所占面积。

②平面与立面交接处的防水层，其上卷高度超过500mm时，按立面防水层计算。

7）施工缝：各种材质的施工缝填缝及盖缝均不分断面按设计缝长以“延长米”计算。

8）井、池渗漏试验：井、池的渗漏试验区分井、池的容量范围，以“$1000m^3$”水容量计算。

3. 给水排水机械设备安装工程量计算

（1）定额工程量计算说明

1）设备、机具和材料的搬运。

①设备：包括自安装现场指定堆放地点运到安装地点的水平和垂直搬运。

②机具和材料：包括施工单位现场仓库运至安装地点的水平和垂直搬运。

③垂直运输基准面：在室内，以室内地平面为基准面；在室外以室外安装现场地平面为基准面。

2）工作内容。

①设备、材料及机具的搬运，设备开箱点件、外观检查，配合基础验收，起重机具的领用、搬运、装拆、清洗、退库。

②划线定位，铲麻面、吊装、组装、连接、放置垫铁及地脚螺栓，找正、找平、精平、焊接、固定、灌浆。

③施工及验收规范中规定的调整、试验及无负荷试运转。

④工种间交叉配合的停歇时间、配合质量检查、交工验收，收尾结束工作。

⑤设备本体带有的物体、机件等附件的安装。

3）定额除有特别说明外，均未包括下列内容：

①设备、成品、半成品、构件等自安装现场指定堆放点外的搬运工作。

②因场地狭小、有障碍物，沟、坑等所引起的设备、材料、机具等增加的搬运、装拆工作。

③设备基础地脚螺栓孔、预埋件的修整及调整所增加的工作。

④供货设备整机、机件、零件、附件的处理、修补、修改、检修、加工、制作、研磨以及测量等工作。

⑤非与设备本体联体的附属设备或构件等的安装、制作、刷油、防腐、保温等工作和脚手架搭拆工作。

⑥设备变速箱、齿轮箱的用油，以及试运转所用的油、水、电等。

⑦专用垫铁、特殊垫铁、地脚螺栓和产品图纸注明的标准件、紧固件。

⑧负荷试运转、生产准备试运转工作。

4）定额设备的安装是按无外围护条件下施工考虑的，如在有外围护的施工条件下施工，定额人工及机械应乘以 1.15 的系数，其他不变。

5）定额是按国内大多数施工企业普遍采用的施工方法、机械化程度和合理的劳动组织编制的，除另有说明外，均不得因上述因素有差异而对定额进行调整或换算。

6）一般起重机具的摊销费，执行《全国统一安装工程预算定额》的有关规定。

7）各节有关说明。

①拦污及提水设备。

a. 格栅组对的胎具制作，另行计算。

b. 格栅制作是按现场加工制作考虑的。

②投药、消毒设备。

a. 管式药液混合器，以两节为准，如为三节，乘以系数 1.3。

b. 水射器安装以法兰式连接为准，不包括法兰及短管的焊接安装。

c. 加氯机为膨胀螺栓固定安装。

d. 溶药搅拌设备以混凝土基础为准考虑。

③水处理设备。

a. 曝气机以带有公共底座考虑，如无公共底座时，定额基价乘以系数 1.3。如需制作安装钢制支承平台时，应另行计算。

b. 曝气管的分管以闸阀划分为界，包括钻孔。塑料管为成品件，如需粘接和焊接时，可按相应规格项目的定额基价分别乘以系数 1.2 和 1.3。

c. 卧式表曝机包括泵（E）型、平板型、倒伞型和 K 型叶轮。

④排泥、撇渣及除砂机械。

a. 排泥设备的池底找平由土建负责，如需钳工配合，另行计算。

b. 吸泥机以虹吸式为准，如采用泵吸式，定额基价乘以系数 1.3。

⑤污泥脱水机械：设备安装就位的上排、拐弯、下排，定额中均已综合考虑，施工方法与定额不同时，不得调整。

⑥闸门及驱动装置。

a. 铸铁圆闸门包括升杆式和暗杆式，其安装深度按 6m 以内考虑。

b. 铸铁方闸门以带门框座为准，其安装深度按 6m 以内考虑。

c. 铸铁堰门安装深度按 3m 以内考虑。

d. 螺杆启闭机安装深度按手轮式为 3m、手摇式为 4.5m、电动为 6m、汽动为 3m 以内考虑。

⑦集水槽、堰板制作安装及其他。

a. 集水槽制作安装。

(a) 集水槽制作项目中已包括了钻孔或铣孔的用工和机械，执行时，不得再另计。

(b) 碳钢集水槽制作和安装中已包括了除锈和刷一遍防锈漆、二遍调和漆的人工和材料，不得再另计除锈刷油费用。但如果油漆种类不同，油漆的单价可以换算，其他不变。

b. 堰板制作安装。

(a) 碳钢、不锈钢矩形堰执行齿型堰相应项目，其中人工乘以系数 0.6，其他不变。

(b) 金属齿型堰板安装方法是按有连接板考虑的，非金属堰板安装方法是按无连接板考虑的，如实际安装方法不同，定额不做调整。

(c) 金属堰板安装项目，是按碳钢考虑的，不锈钢堰板按金属堰板安装相应项目基价乘以系数 1.2，主材另计，其他不变。

(d) 非金属堰板安装项目适用于玻璃钢和塑料堰板。

c. 穿孔管、穿孔板钻孔。

(a) 穿孔管钻孔项目适用于水厂的穿孔配水管、穿孔排泥管等各种材质管的钻孔。

(b) 其工作内容包括：切管、划线、钻孔、场内材料运输。穿孔管的对接、安装应另按有关项目计算。

d. 斜板、斜管安装。

(a) 斜板安装定额是按成品考虑的，其内容包括固定、螺栓连接等，不包括斜板的加工制作费用。

(b) 聚丙烯斜管安装定额是按成品考虑的，其内容包括铺装、固定、安装等。

(2) 定额工程量计算规则

1) 机械设备类。

①格栅除污机、滤网清污机、搅拌机械、曝气机、生物转盘、带式压滤机均区分设备重量，以“台”为计量单位，设备重量均包括设备带有的电动机的重量在内。

②螺旋泵、水射器、管式混合器、辊压转鼓式污泥脱水机、污泥造粒脱水机均区分直径，以“台”为计量单位。

③排泥、撇渣和除砂机械均区分跨度或池径按“台”为计量单位。

④闸门及驱动装置，均区分直径或长×宽以“座”为计量单位。

⑤曝气管不分曝气池和曝气沉砂池，均区分管径和材质按“延米”为计量单位。

2) 其他项目。

①集水槽制作安装分别按碳钢、不锈钢，区分厚度按“$10m^2$”为计量单位。

②集水槽制作、安装以设计断面尺寸乘以相应长度以“m^2”计算，断面尺寸应包括需要折边的长度，不扣除出水孔所占面积。

③堰板制作分别按碳钢、不锈钢区分厚度按“$10m^2$”为计量单位。

④堰板安装分别按金属和非金属区分厚度按“$10m^2$”计量。金属堰板适用于碳钢、不锈钢，非金属堰板适用于玻璃钢和塑料。

⑤齿型堰板制作安装按堰板的设计宽度乘以长度以“m^2”计算，不扣除齿型间隔空隙所占面积。

⑥穿孔管钻孔项目，区分材质按管径以“100 个孔”为计量单位。钻孔直径是综合考虑取定的，不论孔径大与小均不做调整。

⑦斜板、斜管安装仅是安装费，按“$10m^2$”为计量单位。

⑧格栅制作安装区分材质按格栅重量，以“t”为计量单位，制作所需的主材应区分规格、型号分别按定额中规定的使用量计算。

3.6.3 水处理工程工程量计算与清单编制实例

【例 3-28】 如图 3-50 所示，为给水排水工程中给水排水构筑物现浇钢筋混凝土半地下室水池（水池为圆形），试计算其工程量。

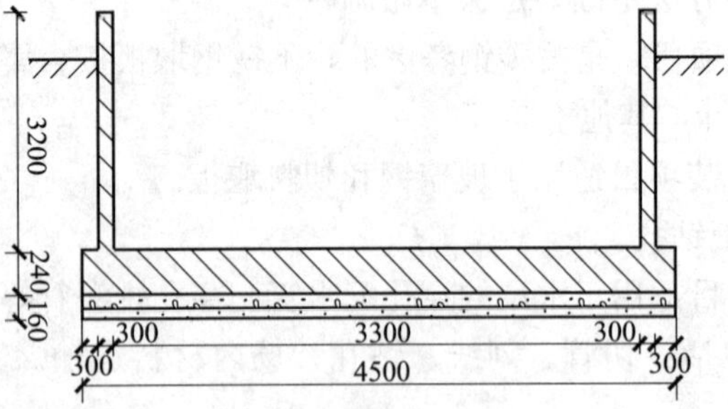

图 3-50 某水池剖面图

【解】

现浇混凝土池底

1）垫层铺筑：

$$\pi\times\left(\frac{4.5}{2}\right)^2\times0.16=2.54\ (m^3)$$

2）现浇混凝土池底：

$$\pi\times\left(\frac{4.5}{2}\right)^2\times0.24=3.82\ (m^3)$$

3）现浇混凝土池壁（隔墙）：

$$\left(\pi\times\left(\frac{3.3}{2}+0.3\right)^2-\pi\times\left(\frac{3.3}{2}\right)^2\right)\times3=10.17\ (m^3)$$

分部分项工程和单价措施项目清单与计价表，见表 3-144。

表 3-144 分部分项工程和单价措施项目清单与计价表

工程名称：

序号	项目编码	项目名称	项目特征描述	计量单位	工程量	金额（元）	
						综合单价	合价
1	040601006001	现浇混凝土池底	圆形钢筋混凝土	m^3	3.82		
2	040601007001	现浇混凝土池壁（隔墙）	厚 300mm	m^3	10.17		

【例 3-29】　在排水工程中，在预处理过程中，常使用格栅机拦截较大颗粒的悬浮物，如图 3-51 所示为一组格栅，试计算其工程量。

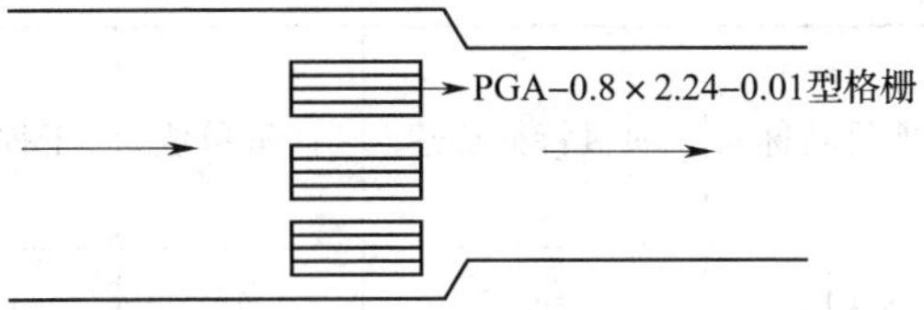

图 3-51　某格栅间简图

【解】

（1）清单工程量

格栅除污机：3 台

分部分项工程和单价措施项目清单与计价表，见表 3-145。

表 3-145　分部分项工程和单价措施项目清单与计价表

工程名称：

项目编码	项目名称	项目特征描述	计量单位	工程量	金额（元）	
					综合单价	合价
040507003001	格栅除污机	平面格栅 A 型	台	3		

（2）定额工程量

定额工程量同清单工程量。

【例 3-30】　在给水工程中，常采用水射器投加的方法加入混凝剂，如图 3-52 所示为水射器投加混凝剂简图。计算其工程量。

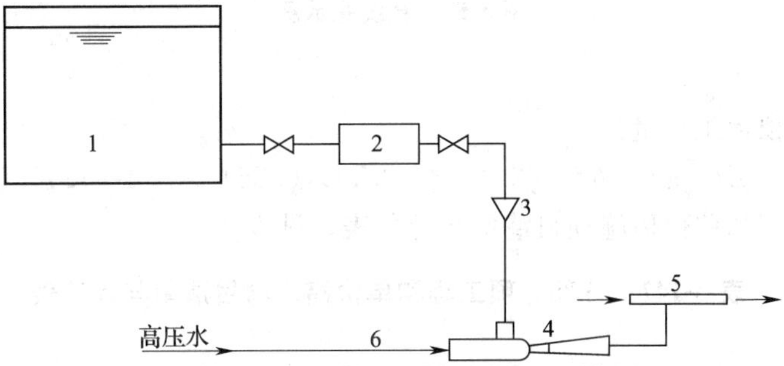

图 3-52　水射器投加混凝剂简图

1—溶液池；2—投药箱；3—漏斗；4—水射器（*DN*40）；5—压水管；6—高压水管

【解】

（1）清单工程量

*DN*40 水射器：1 个（按设计图示数量计算）

分部分项工程和单价措施项目清单与计价表，见表 3-146。

表 3-146 分部分项工程和单价措施项目清单与计价表

工程名称：

序号	项目编码	项目名称	项目特征描述	计量单位	工程量	金额（元）	
						综合单价	合价
1	040602022001	水射器	*DN*40	个	1		

（2）定额工程量

*DN*40 水射器：1 个

【例 3-31】 如图 3-53 所示：盖板长度 l=8m，宽 B=2.4m，厚度 h=0.4m，铸铁井盖半径 r=0.2m。计算其工程量。

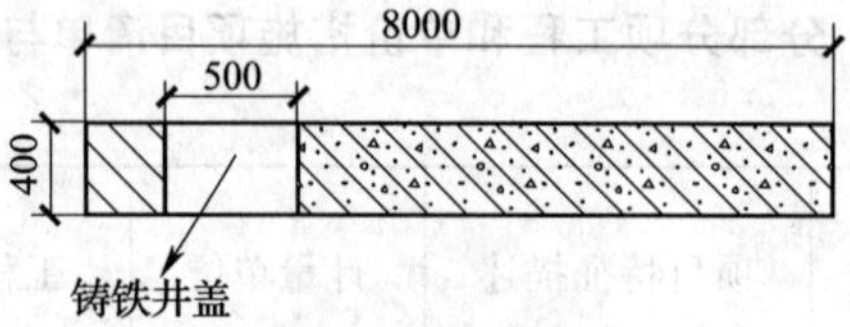

（a）直线井剖面图

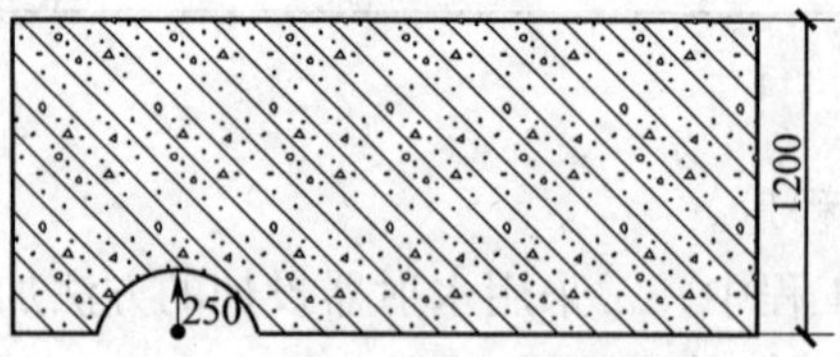

（b）直线井平面图（一半）

图 3-53 直线井示意图

【解】

沉井混凝土顶板工程量：

$$V=(Bl-\pi r^2)h=(2.4\times 8-3.14\times 0.25)\times 0.4=7.41\ (m^3)$$

分部分项工程和单价措施项目清单与计价表，见表 3-147。

表 3-147 分部分项工程和单价措施项目清单与计价表

工程名称：

项目编码	项目名称	项目特征描述	计量单位	工程量	金额（元）	
					综合单价	合价
040601005001	沉井混凝土顶板	直线井的钢筋混凝土顶板	m^3	7.41		

3.7　生活垃圾处理工程工程量计算

3.7.1　生活垃圾处理工程工程量计算规则

1. 垃圾卫生填埋

垃圾卫生填埋工程量清单项目设置、项目特征描述的内容、计量单位及工程量计算规则，应按表 3-148 的规定执行。

表 3-148　垃圾卫生填埋（编码：040701）

项目编码	项目名称	项目特征	计量单位	工程量计算规则	工程内容
040701001	场地平整	1. 部位 2. 坡度 3. 压实度	m^2	按设计图示尺寸以面积计算	1. 找坡、平整 2. 压实
040701002	垃圾坝	1. 结构类型 2. 土石种类、密实度 3. 砌筑形式、砂浆强度等级 4. 混凝土强度等级 5. 断面尺寸	m^3	按设计图示尺寸以体积计算	1. 模板制作、安装、拆除 2. 地基处理 3. 摊铺、夯实、碾压、整形、修坡 4. 砌筑、填缝、铺浆 5. 浇筑混凝土 6. 沉降缝 7. 养护
040701003	压实黏土防渗层	1. 厚度 2. 压实度 3. 渗透系数	m^2	按设计图示尺寸以面积计算	1. 填筑、平整 2. 压实
040701004	高密度聚乙烯（HDPD）膜	1. 铺设位置 2. 厚度、防渗系数 3. 材料规格、强度、单位重量 4. 连（搭）接方式			1. 裁剪 2. 铺设 3. 连（搭）接
040701005	钠基膨润土防水毯（GCL）				
040701006	土工合成材料				
040701007	袋装土保护层	1. 厚度 2. 材料品种、规格 3. 铺设位置			1. 运输 2. 土装袋 3. 铺设或铺筑 4. 袋装土放置

续表 3-148

项目编码	项目名称	项目特征	计量单位	工程量计算规则	工程内容
040701008	帷幕灌浆垂直防渗	1. 地质参数 2. 钻孔孔径、深度、间距 3. 水泥浆配比	m	按设计图示尺寸以长度计算	1. 钻孔 2. 清孔 3. 压力注浆
040701009	碎（卵）石导流层	1. 材料品种 2. 材料规格 3. 导流层厚度或断面尺寸	m^3	按设计图示尺寸以体积计算	1. 运输 2. 铺筑
040701010	穿孔管铺设	1. 材质、规格、型号 2. 直径、壁厚 3. 穿孔尺寸、间距 4. 连接方式 5. 铺设位置	m	按设计图示尺寸以长度计算	1. 铺设 2. 连接 3. 管件安装
040701011	无孔管铺设	1. 材质、规格 2. 直径、壁厚 3. 连接方式 4. 铺设位置			
040701012	盲沟	1. 材质、规格 2. 垫层、粒料规格 3. 断面尺寸 4. 外层包裹材料性能指标			1. 垫层、粒料铺筑 2. 管材铺设、连接 3. 粒料填充 4. 外层材料包裹
040701013	导气石笼	1. 石笼直径 2. 石料粒径 3. 导气管材质、规格 4. 反滤层材料 5. 外层包裹材料性能指标	1. m 2. 座	1. 以米计量，按设计图示尺寸以长度计算 2. 以座计量，按设计图示数量计算	1. 外层材料包裹 2. 导气管铺设 3. 石料填充
040701014	浮动覆盖膜	1. 材质、规格 2. 锚固方式	m^2	按设计图示尺寸以面积计算	1. 浮动膜安装 2. 布置重力压管 3. 四周锚固

续表 3-148

项目编码	项目名称	项目特征	计量单位	工程量计算规则	工程内容
040701015	燃烧火炬装置	1. 基座形式、材质、规格、强度等级 2. 燃烧系统类型、参数	套	按设计图示数量计算	1. 浇筑混凝土 2. 安装 3. 调试
040701016	监测井	1. 地质参数 2. 钻孔孔径、深度 3. 监测井材料、直径、壁厚、连接方式 4. 滤料材质	口		1. 钻孔 2. 井筒安装 3. 填充滤料
040701017	堆体整形处理	1. 压实度 2. 边坡坡度	m^2	按设计图示尺寸以面积计算	1. 挖、填及找坡 2. 边坡整形 3. 压实
040701018	覆盖植被层	1. 材料品种 2. 厚度 3. 渗透系数			1. 铺筑 2. 压实
040701019	防风网	1. 材质、规格 2. 材料性能指标			安装
040701020	垃圾压缩设备	1. 类型、材质 2. 规格、型号 3. 参数	套	按设计图示数量计算	1. 安装 2. 调试

注：1. 边坡处理应按“桥涵工程”中相关项目编码列项。

2. 填埋场渗沥液处理系统应按“水处理工程”中相关项目编码列项。

2. 垃圾焚烧

垃圾焚烧工程量清单项目设置、项目特征描述的内容、计量单位及工程量计算规则，应按表 3-149 的规定执行。

表 3-149 垃圾焚烧（编码：040702）

项目编码	项目名称	项目特征	计量单位	工程量计算规则	工程内容
040702001	汽车衡	1. 规格、型号 2. 精度	台	按设计图示数量计算	1. 安装 2. 调试
040702002	自动感应洗车装置	1. 类型 2. 规格、型号 3. 参数	套		
040702003	破碎机		台		

续表 3-149

项目编码	项目名称	项目特征	计量单位	工程量计算规则	工程内容
040702004	垃圾卸料门	1. 尺寸 2. 材质 3. 自动开关装置	m^2	按设计图示尺寸以面积计算	1. 安装 2. 调试
040702005	垃圾抓斗起重机	1. 规格、型号、精度 2. 跨度、高度 3. 自动称重、控制系统要求	套	按设计图示数量计算	
040702006	焚烧炉体	1. 类型 2. 规格、型号 3. 处理能力 4. 参数			

3.7.2 生活垃圾处理工程计算规则相关问题及说明

1）垃圾处理工程中的建筑物、园林绿化等应按相关专业计量规范清单项目编码列项。

2）清单项目工作内容中均未包括“土石方开挖、回填夯实”等，应按“土石方工程”中相关项目编码列项。

3）本节设备安装工程只列了垃圾处理工程专用设备的项目，其余如除尘装置、除渣设备、烟气净化设备、飞灰固化设备、发电设备及各类风机、仪表、泵、阀门等标准、定型设备等应按现行国家标准《通用安装工程工程量计算规范》GB 50856—2013 中相关项目编码列项。

3.8 路灯工程工程量计算

3.8.1 路灯工程清单工程量计算规则

1. 变配电设备工程

变配电设备工程工程量清单项目设置、项目特征描述的内容、计量单位及工程量计算规则，应按表 3-150 的规定执行。

表 3-150 变配电设备工程（编码：040801）

项目编码	项目名称	项目特征	计量单位	工程量计算规则	工程内容
040801001	杆上变压器	1. 名称 2. 型号 3. 容量（kV·A） 4. 电压（kV） 5. 支架材质、规格 6. 网门、保护门材质、规格 7. 油过滤要求 8. 干燥要求	台	按设计图示数量计算	1. 支架制作、安装 2. 本体安装 3. 油过滤 4. 干燥 5. 网门、保护门制作、安装 6. 补刷（喷）油漆 7. 接地
040801002	地上变压器	1. 名称 2. 型号 3. 容量（kV·A） 4. 电压（kV） 5. 基础形式、材质、规格 6. 网门、保护门材质、规格 7. 油过滤要求 8. 干燥要求			1. 基础制作、安装 2. 本体安装 3. 油过滤 4. 干燥 5. 网门、保护门制作、安装 6. 补刷（喷）油漆 7. 接地
040801003	组合型成套箱式变电站	1. 名称 2. 型号 3. 容量（kV·A） 4. 电压（kV） 5. 组合形式 6. 基础形式、材质、规格			1. 基础制作、安装 2. 本体安装 3. 进箱母线安装 4. 补刷（喷）油漆 5. 接地
040801004	高压成套配电柜	1. 名称 2. 型号 3. 规格 4. 母线配置方式 5. 种类 6. 基础形式、材质、规格			1. 基础制作、安装 2. 本体安装 3. 补刷（喷）油漆 4. 接地

续表 3-150

项目编码	项目名称	项目特征	计量单位	工程量计算规则	工程内容
040801005	低压成套控制柜	1. 名称 2. 型号 3. 规格 4. 种类 5. 基础形式、材质、规格 6. 接线端子材质、规格 7. 端了板外部接线材质、规格	台	按设计图示数量计算	1. 基础制作、安装 2. 本体安装 3. 附件安装 4. 焊、压接线端子 5. 端子接线 6. 补刷（喷）油漆 7. 接地
040801006	落地式控制箱	1. 名称 2. 型号 3. 规格 4. 基础形式、材质、规格 5. 回路 6. 附件种类、规格 7. 接线端子材质、规格 8. 端子板外部接线材质、规格			
040801007	杆上控制箱	1. 名称 2. 型号 3. 规格 4. 回路 5. 附件种类、规格 6. 支架材质、规格 7. 进出线管管架材质、规格、安装高度 8. 接线端子材质、规格 9. 端子板外部接线材质、规格			1. 支架制作、安装 2. 本体安装 3. 附件安装 4. 焊、压接线端子 5. 端子接线 6. 进出线管管架安装 7. 补刷（喷）油漆 8. 接地
040801008	杆上配电箱	1. 名称 2. 型号 3. 规格 4. 安装方式 5. 支架材质、规格 6. 接线端子材质、规格 7. 端子板外部接线材质、规格			1. 支架制作、安装 2. 本体安装 3. 焊、压接线端子
040801009	悬挂嵌入式配电箱				

续表 3-150

项目编码	项目名称	项目特征	计量单位	工程量计算规则	工程内容
040801010	落地式配电箱	1. 名称 2. 型号 3. 规格 4. 基础形式、材质、规格 5. 接线端子材质、规格 6. 端子板外部接线材质、规格	台	按设计图示数量计算	4. 端子接线 5. 补刷（喷）油漆 6. 接地
040801011	控制屏	1. 名称 2. 型号 3. 规格 4. 种类 5. 基础形式、材质、规格 6. 接线端子材质、规格 7. 端子板外部接线材质、规格 8. 小母线材质、规格 9. 屏边规格			1. 基础制作、安装 2. 本体安装 3. 端子板安装 4. 焊、压接线端子 5. 盘柜配线、端子接线 6. 小母线安装 7. 屏边安装 8. 补刷（喷）油漆 9. 接地
040801012	继电、信号屏				
040801013	低压开关柜（配电屏）	1. 名称 2. 型号 3. 规格 4. 种类 5. 基础形式、材质、规格 6. 接线端子材质、规格 7. 端子板外部接线材质、规格 8. 小母线材质、规格 9. 屏边规格			1. 基础制作、安装 2. 本体安装 3. 端子板安装 4. 焊、压接线端子 5. 盘柜配线、端子接线 6. 屏边安装 7. 补刷（喷）油漆 8. 接地

续表 3-150

项目编码	项目名称	项目特征	计量单位	工程量计算规则	工程内容
040801014	弱电控制返回屏	1. 名称 2. 型号 3. 规格 4. 种类 5. 基础形式、材质、规格 6. 接线端子材质、规格 7. 端子板外部接线材质、规格 8. 小母线材质、规格 9. 屏边规格	台	按设计图示数量计算	1. 基础制作、安装 2. 本体安装 3. 端子板安装 4. 焊、压接线端子 5. 盘柜配线、端子接线 6. 小母线安装 7. 屏边安装 8. 补刷（喷）油漆 9. 接地
040801015	控制台	1. 名称 2. 型号 3. 规格 4. 种类 5. 基础形式、材质、规格 6. 接线端子材质、规格 7. 端子板外部接线材质、规格 8. 小母线材质、规格	台	按设计图示数量计算	1. 基础制作、安装 2. 本体安装 3. 端子板安装 4. 焊、压接线端子 5. 盘柜配线、端子接线 6. 小母线安装 7. 补刷（喷）油漆 8. 接地
040801016	电力电容器	1. 名称 2. 型号 3. 规格 4. 质量	台	按设计图示数量计算	1. 本体安装、调试 2. 接线 3. 接地
040801017	跌落式熔断器	1. 名称 2. 型号 3. 规格 4. 安装部位	组	按设计图示数量计算	1. 本体安装、调试 2. 接线 3. 接地

续表 3-150

<table>
<tr><th>项目编码</th><th>项目名称</th><th>项目特征</th><th>计量单位</th><th>工程量计算规则</th><th>工程内容</th></tr>
<tr><td>040801018</td><td>避雷器</td><td>1. 名称
2. 型号
3. 规格
4. 电压（kV）
5. 安装部位</td><td>组</td><td rowspan="10">按设计图示数量计算</td><td>1. 本体安装、调试
2. 接线
3. 补刷（喷）油漆
4. 接地</td></tr>
<tr><td>040801019</td><td>低压熔断器</td><td>1. 名称
2. 型号
3. 规格
4. 接线端子材质、规格</td><td>个</td><td>1. 本体安装
2. 焊、压接线端子
3. 接线</td></tr>
<tr><td>040801020</td><td>隔离开关</td><td rowspan="3">1. 名称
2. 型号
3. 容量（kV·A）
4. 电压（kV）
5. 安装条件
6. 操作机构名称、型号
7. 接线端子材质、规格</td><td rowspan="2">组</td><td rowspan="3">1. 本体安装、调试
2. 接线
3. 补刷（喷）油漆
4. 接地</td></tr>
<tr><td>040801021</td><td>负荷开关</td></tr>
<tr><td>040801022</td><td>真空断路器</td><td>台</td></tr>
<tr><td>040801023</td><td>限位开关</td><td rowspan="4">1. 名称
2. 型号
3. 规格
4. 接线端子材质、规格</td><td>个</td><td rowspan="5">1. 本体安装
2. 焊、压接线端子
3. 接线</td></tr>
<tr><td>040801024</td><td>控制器</td><td rowspan="3">台</td></tr>
<tr><td>040801025</td><td>接触器</td></tr>
<tr><td>040801026</td><td>磁力启动器</td></tr>
<tr><td>040801027</td><td>分流器</td><td>1. 名称
2. 型号
3. 规格
4. 容量（kV·A）
5. 接线端子材质、规格</td><td>个</td></tr>
</table>

续表 3-150

项目编码	项目名称	项目特征	计量单位	工程量计算规则	工程内容
040801028	小电器	1. 名称 2. 型号 3. 规格 4. 接线端子材质、规格	个 （套、台）	按设计图示数量计算	1. 本体安装 2. 焊、压接线端子 3. 接线
040801029	照明开关	1. 名称 2. 材质 3. 规格 4. 安装方式	个		1. 本体安装 2. 接线
040801030	插座				
040801031	线缆断线报警装置	1. 名称 2. 型号 3. 规格 4. 参数	套		1. 本体安装、调试 2. 接线
040801032	铁构件制作、安装	1. 名称 2. 材质 3. 规格	kg	按设计图示尺寸以质量计算	1. 制作 2. 安装 3. 补刷（喷）油漆
040801033	其他电器	1. 名称 2. 型号 3. 规格 4. 安装方式	个 （套、台）	按设计图示数量计算	1. 本体安装 2. 接线

注：1. 小电器包括按钮、测量表计、继电器、电磁锁、屏上辅助设备、辅助电压互感器、小型安全变压器等。

2. 其他电器安装指未列的电器项目，必须根据电器实际名称确定项目名称。明确描述项目特征、计量单位、工程量计算规则、工作内容。

3. 铁构件制作、安装适用于路灯工程的各种支架、铁构件的制作、安装。

4. 设备安装未包括地脚螺栓安装、浇筑（二次灌浆、抹面），如需安装应按现行国家标准《房屋建筑与装饰工程工程量计算规范》GB 50854—2013 中相关项目编码列项。

5. 盘、箱、柜的外部进出线预留长度见表 3-151。

表 3-151 盘、箱、柜的外部进出电线预留长度

序号	项　目	预留长度（m/根）	说　明
1	各种箱、柜、盘、板、盒	高+宽	盘面尺寸
2	单独安装的铁壳开关、自动开关、刀开关、启动器、箱式电阻器、变阻器	0.5	从安装对象中心算起
3	继电器、控制开关、信号灯、按钮、熔断器等小电器	0.3	
4	分支接头	0.2	分支线预留

2. 10kV 以下架空线路工程

10kV 以下架空线路工程工程量清单项目设置、项目特征描述的内容、计量单位及工程量计算规则，应按表 3-152 的规定执行。

表 3-152 10kV 以下架空线路工程（编码：040802）

项目编码	项目名称	项目特征	计量单位	工程量计算规则	工程内容
040802001	电杆组立	1. 名称 2. 规格 3. 材质 4. 类型 5. 地形 6. 土质 7. 底盘、拉盘、卡盘规格 8. 拉线材质、规格、类型 9. 引下线支架安装高度 10. 垫层、基础：厚度、材料品种、强度等级 11. 电杆防腐要求	根	按设计图示数量计算	1. 工地运输 2. 垫层、基础浇筑 3. 底盘、拉盘、卡盘安装 4. 电杆组立 5. 电杆防腐 6. 拉线制作、安装 7. 引下线支架安装
040802002	横担组装	1. 名称 2. 规格 3. 材质 4. 类型 5. 安装方式 6. 电压（kV） 7. 瓷瓶型号、规格 8. 金具型号、规格	组	按设计图示数量计算	1. 横担安装 2. 瓷瓶、金具组装
040802003	导线架设	1. 名称 2. 型号 3. 规格 4. 地形 5. 导线跨越类型	km	按设计图示尺寸另加预留量以单线长度计算	1. 工地运输 2. 导线架设 3. 导线跨越及进户线架设

注：导线架设预留长度见表 3-153。

表 3-153 架空导线预留长度

项目		预留长度（m/根）
高压	转角	2.5
	分支、终端	2.0
低压	分支、终端	0.5
	交叉跳线转角	1.5
与设备连线		0.5
进户线		2.5

3. 电缆工程

电缆工程工程量清单项目设置、项目特征描述的内容、计量单位及工程量计算规则，应按表 3-154 的规定执行。

表 3-154 电缆工程（编码：040803）

项目编码	项目名称	项目特征	计量单位	工程量计算规则	工程内容
040803001	电缆	1. 名称 2. 型号 3. 规格 4. 材质 5. 敷设方式、部位 6. 电压（kV） 7. 地形	m	按设计图示尺寸另加预留及附加量以长度计算	1. 揭（盖）盖板 2. 电缆敷设
040803002	电缆保护管	1. 名称 2. 型号 3. 规格 4. 材质 5. 敷设方式 6. 过路管加固要求		按设计图示尺寸以长度计算	1. 保护管敷设 2. 过路管加固
040803003	电缆排管	1. 名称 2. 型号 3. 规格 4. 材质 5. 垫层、基础：厚度、材料品种、强度等级 6. 排管排列形式			1. 垫层、基础浇筑 2. 排管敷设

续表 3-154

项目编码	项目名称	项目特征	计量单位	工程量计算规则	工程内容
040803004	管道包封	1. 名称 2. 规格 3. 混凝土强度等级	m	按设计图示尺寸以长度计算	1. 灌注 2. 养护
040803005	电缆终端头	1. 名称 2. 型号 3. 规格 4. 材质、类型 5. 安装部位 6. 电压（kV）	个	按设计图示数量计算	1. 制作 2. 安装 3. 接地
040803006	电缆中间头	1. 名称 2. 型号 3. 规格 4. 材质、类型 5. 安装方式 6. 电压（kV）	个	按设计图示数量计算	1. 制作 2. 安装 3. 接地
040803007	铺砂、盖保护板（砖）	1. 种类 2. 规格	m	按设计图示尺寸以长度计算	1. 铺砂 2. 盖保护板（砖）

注：1. 电缆穿刺线夹按电缆中间头编码列项。
2. 电缆保护管敷设方式清单项目特征描述时应区分直埋保护管、过路保护管。
3. 顶管敷设应按“管道铺设”中相关项目编码列项。
4. 电缆井应按“管道附属构筑物”中相关项目编码列项，如有防盗要求的应在项目特征中描述。
5. 电缆敷设预留量及附加长度见表 3-155。

表 3-155 电缆敷设预留量及附加长度

序号	项目	预留（附加）长度（m）	说明
1	电缆敷设弛度、波形弯度、交叉	2.5%	按电缆全长计算
2	电缆进入建筑物	2.0	规范规定最小值
3	电缆进入沟内或吊架时引上（下）预留	1.5	规范规定最小值

续表 3-155

序号	项　　目	预留（附加）长度（m）	说　　明
4	变电所进线、出线	1.5	规范规定最小值
5	电力电缆终端头	1.5	检修余量最小值
6	电缆中间接头盒	两端各留 2.0	检修余量最小值
7	电缆进控制、保护屏及模拟盘等	高＋宽	按盘面尺寸
8	高压开关柜及低压配电盘、箱	2.0	盘下进出线
9	电缆至电动机	0.5	从电动机接线盒算起
10	厂用变压器	3.0	从地坪算起
11	电缆绕过梁柱等增加长度	按实计算	按被绕物的断面情况计算增加长度

4. 配管、配线工程

配管、配线工程工程量清单项目设置、项目特征描述的内容、计量单位及工程量计算规则，应按表 3-156 的规定执行。

表 3-156　配管、配线工程（编码：040804）

项目编码	项目名称	项目特征	计量单位	工程量计算规则	工程内容
040804001	配管	1. 名称 2. 材质 3. 规格 4. 配置形式 5. 钢索材质、规格 6. 接地要求	m	按设计图示尺寸以长度计算	1. 预留沟槽 2. 钢索架设（拉紧装置安装） 3. 电线管路敷设 4. 接地
040804002	配线	1. 名称 2. 配线形式 3. 型号 4. 规格 5. 材质 6. 配线部位 7. 配线线制 8. 钢索材质、规格	m	按设计图示尺寸另加预留量以单线长度计算	1. 钢索架设（拉紧装置安装） 2. 支持体（绝缘子等）安装 3. 配线

续表 3-156

项目编码	项目名称	项目特征	计量单位	工程量计算规则	工程内容
040804003	接线箱	1. 名称 2. 规格 3. 材质 4. 安装形式	个	按设计图示数量计算	本体安装
040804004	接线盒				
040804005	带形母线	1. 名称 2. 型号 3. 规格 4. 材质 5. 绝缘子类型、规格 6. 穿通板材质、规格 7. 引下线材质、规格 8. 伸缩节、过渡板材质、规格 9. 分相漆品种	m	按设计图示尺寸另加预留量以单相长度计算	1. 支持绝缘子安装及耐压试验 2. 穿通板制作、安装 3. 母线安装 4. 引下线安装 5. 伸缩节安装 6. 过渡板安装 7. 拉紧装置安装 8. 刷分相漆

注：1. 配管安装不扣除管路中间的接线箱（盒）、灯头盒、开关盒所占长度。
2. 配管名称指电线管、钢管、塑料管等。
3. 配管配置形式指明、暗配、钢结构支架、钢索配管、埋地敷设、水下敷设、砌筑沟内敷设等。
4. 配线名称指管内穿线、塑料护套配线等。
5. 配线形式指照明线路、木结构、砖、混凝土结构、沿钢索等。
6. 配线进入箱、柜、板的预留长度见表 3-157，母线配置安装的预留长度见表 3-158。

表 3-157 配线进入箱、柜、板的预留长度（每一根线）

序号	项 目	预留长度（m）	说 明
1	各种开关箱、柜、板	高+宽	盘面尺寸
2	单独安装（无箱、盘）的铁壳开关、闸刀开关、启动器、线槽进出线盒等	0.3	从安装对象中心算起
3	由地面管子出口引至动力接线箱	1.0	从管口计算
4	电源与管内导线连接（管内穿线与软、硬、母线接点）	1.5	从管口计算

表 3-158 母线配制安装预留长度

序号	项　　目	预留长度（m）	说　　明
1	带形母线终端	0.3	从最后一个支持点算起
2	带形母线与分支线连接	0.5	分支线预留
3	带形母线与设备连接	0.5	从设备端子接口算起
4	接地母线、引下线附加长度	3.9%	按接地母线、引下线全长计算

5. 照明器具安装工程

照明器具安装工程工程量清单项目设置、项目特征描述的内容、计量单位及工程量计算规则，应按表 3-159 的规定执行。

表 3-159 照明器具安装工程（编码：040805）

项目编码	项目名称	项目特征	计量单位	工程量计算规则	工程内容
040805001	常规照明灯	1. 名称 2. 型号 3. 灯杆材质、高度 4. 灯杆编号 5. 灯架形式及臂长 6. 光源数量 7. 附件配置 8. 垫层、基础：厚度、材料品种、强度等级 9. 杆座形式、材质、规格 10. 接线端子材质、规格 11. 编号要求 12. 接地要求	套	按设计图示数量计算	1. 垫层铺筑 2. 基础制作、安装 3. 立灯杆 4. 杆座制作、安装 5. 灯架制作、安装 6. 灯具附件安装 7. 焊、压接线端子 8. 接线 9. 补刷（喷）油漆 10. 灯杆编号 11. 接地 12. 试灯
040805002	中杆照明灯				
040805003	高杆照明灯				1. 垫层铺筑 2. 基础制作、安装 3. 立灯杆 4. 杆座制作、安装 5. 灯架制作、安装 6. 灯具附件安装 7. 焊、压接线端子 8. 接线 9. 补刷（喷）油漆 10. 灯杆编号 11. 升降机构接线调试 12. 接地 13. 试灯

续表 3-159

项目编码	项目名称	项目特征	计量单位	工程量计算规则	工程内容
040805004	景观照明灯	1. 名称 2. 型号 3. 规格 4. 安装形式 5. 接地要求	1. 套 2. m	1. 以套计量，按设计图示数量计算 2. 以米计量，按设计图示尺寸以延长米计算	1. 灯具安装 2. 焊、压接线端子 3. 接线 4. 补刷（喷）油漆 5. 接地 6. 试灯
040805005	桥栏杆照明灯	1. 名称 2. 型号 3. 规格 4. 安装形式 5. 接地要求	套	按设计图示数量计算	1. 灯具安装 2. 焊、压接线端子 3. 接线 4. 补刷（喷）油漆 5. 接地 6. 试灯
040805006	地道涵洞照明灯				

注：1. 常规照明灯是指安装在高度≤15m 的灯杆上的照明器具。
2. 中杆照明灯是指安装在高度≤19m 的灯杆上的照明器具。
3. 高杆照明灯是指安装在高度>19m 的灯杆上的照明器具。
4. 景观照明灯是指利用不同的造型、相异的光色与亮度来造景的照明器具。

6. 防雷接地装置工程

防雷接地装置工程工程量清单项目设置、项目特征描述的内容、计量单位及工程量计算规则，应按表 3-160 的规定执行。

表 3-160 防雷接地装置工程（编码：040806）

项目编码	项目名称	项目特征	计量单位	工程量计算规则	工程内容
040506001	接地极	1. 名称 2. 材质 3. 规格 4. 土质 5. 基础接地形式	根（块）	按设计图示数量计算	1. 接地极（板、桩）制作、安装 2. 补刷（喷）油漆
040506002	接地母线	1. 名称 2. 材质 3. 规格	m	按设计图示尺寸另加附加量以长度计算	1. 接地母线制作、安装 2. 补刷（喷）油漆
040506003	避雷引下线	1. 名称 2. 材质 3. 规格 4. 安装高度 5. 安装形式 6. 断接卡子、箱材质、规格			1. 避雷引下线制作、安装 2. 断接卡子、箱制作、安装 3. 补刷（喷）油漆

续表 3-160

项目编码	项目名称	项目特征	计量单位	工程量计算规则	工程内容
040506004	避雷针	1. 名称 2. 材质 3. 规格 4. 安装高度 5. 安装形式	套（基）	按设计图示数量计算	1. 本体安装 2. 跨接 3. 补刷（喷）油漆
040506005	降阻剂	名称	kg	按设计图示数量以质量计算	施放降阻剂

注：接地母线、引下线附加长度见表 3-158。

7. 电气调整工程

电气调整试验工程量清单项目设置、项目特征描述的内容、计量单位及工程量计算规则，应按表 3-161 的规定执行。

表 3-161　电气调整试验（编码：040807）

<table>
<tr><th>项目编码</th><th>项目名称</th><th>项目特征</th><th>计量单位</th><th>工程量计算规则</th><th>工程内容</th></tr>
<tr><td>040807001</td><td>变压器系统调试</td><td>1. 名称
2. 型号
3. 容量（kV·A）</td><td>系统</td><td rowspan="4">按设计图示数量计算</td><td rowspan="2">系统调试</td></tr>
<tr><td>040807002</td><td>供电系统调试</td><td>1. 名称
2. 型号
3. 电压（kV）</td><td>系统</td></tr>
<tr><td>040807003</td><td>接地装置调试</td><td>1. 名称
2. 类别</td><td>系统（组）</td><td>接地电阻测试</td></tr>
<tr><td>040807004</td><td>电缆试验</td><td>1. 名称
2. 电压（kV）</td><td>次（根、点）</td><td>试验</td></tr>
</table>

8. 清单相关问题及说明

1）路灯工程清单项目工作内容中均未包括土石方开挖及回填、破除混凝土路面等，发生时应按“土石方工程”及“拆除工程”中相关项目编码列项。

2）路灯工程清单项目工作内容中均未包括除锈、刷漆（补刷漆除外），发生时应按现行国家标准《通用安装工程工程量计算规范》GB 50856—2013 中相关项目编码列项。

3）路灯工程清单项目工作内容包含补漆的工序，可不进行特征描述，由投标人根据相关规范标准自行考虑报价。

4）路灯工程中的母线、电线、电缆、架空导线等，按表 3-151、表 3-153、

表3-155、表3-157、表3-158的规定计算附加长度（波形长度或预留量）计入工程量中。

3.8.2 路灯工程定额工程量计算规则

1. 路灯工程定额一般规定

1）《全国统一市政工程预算定额》GYD—308—1999“路灯工程”（以下简称“路灯工程定额”），包括变配电设备、架空线路、电缆工程、配线配管、照明器具安装、防雷接地装置安装等，共八章552个子目。

2）路灯工程定额适用于新建、扩建的城镇道路、市政地下通道的照明工程，不适用于拆除改造及庭院（园）内的照明工程。

3）路灯工程定额与《全国统一安装工程预算定额》相关项目的界线划分，以路灯系统与城市供电系统相交为界，界限以内执行路灯工程定额，界限以外执行《全国统一安装工程预算定额》。

4）路灯工程定额不包括线路参数的测定和运行工作。

5）路灯工程定额电压等级按10kV以下考虑的。

2. 路灯工程工程量计算

（1）定额工程量计算说明

1）变配电设备工程：

①变配电设备工程定额主要包括：变压器安装，组合型成套箱式变电站安装；电力电容器安装；高低压配电柜及配电箱、盖板制作安装；熔断器、控制器、启动器、分流器安装；接线端子焊压安装。

②变压器安装用枕木、绝缘导线、石棉布是按一定的折旧率摊销的，实际摊销量与定额不符时不作换算。

③变压器油按设备带来考虑，但施工中变压器油的过滤损耗及操作损耗已包括在有关定额中。

④高压成套配电柜安装定额是综合考虑编制的，执行中不作换算。

⑤配电及控制设备安装，均不包括支架制作和基础型钢制作安装，也不包括设备元件安装及端子板外部接线，应另执行相应定额。

⑥铁构件制作安装适用于本定额范围的各种支架制作安装，但铁构件制作安装均不包括镀锌。轻型铁构件是指厚度在3mm以内的构件。

⑦各项设备安装均未包括接线端子及二次接线。

2）架空线路工程：

①架空线路工程按平原条件编制的，如在丘陵、山地施工时，其人工和机械乘以表3-162的地形系数：

表3-162 丘陵、山地架空线路工程地形系数

地形类别	丘陵（市区）	一般山地
调整系数	1.2	1.6

②地形划分：

a. 平原地带：指地形比较平坦，地面比较干燥的地带。

b. 丘陵地带：指地形起伏的矮岗，土丘等地带。

c. 一般山地：指一般山岭、沟谷地带、高原台地等。

③线路一次施工工程量按5根以上电杆考虑，如5根以内者，其人工和机械乘以系数1.2。

④导线跨越：

a. 在同一跨越档内，有两种以上跨越物时，则每一跨越物视为“一处”跨越，分别套用定额。

b. 单线广播线不算跨越物。

⑤横担安装定额已包括金具及绝缘子安装人工。

⑥变配电设备工程定额基础子目适用于路灯杆塔、金属灯柱、控制箱安置基础工程，其他混凝土工程套用有关定额。

⑦变配电设备工程定额不包括灯杆坑挖填土工作，应执行通用册有关子目。

3）电缆工程：

①电缆工程定额包括常用的10kV以下电缆敷设，未考虑在河流和水区、水底、井下等条件的电缆敷设。

②电缆在山地丘陵地区直埋敷设时，人工乘以系数1.3。该地段所需的材料如固定桩、夹具等按实计算。

③电缆敷设定额中均未考虑波形增加长度及预留等富余长度，该长度应计入工程量之内。

④电缆工程定额未包括下列工作内容：

a. 隔热层，保护层的制作安装。

b. 电缆的冬季施工加温工作。

4）照明器具安装工程：

①照明器具安装工程定额主要包括各种悬挑灯、广场灯、高杆灯、庭院灯以及照明元器件的安装。

②各种灯架元器具件的配线，均已综合考虑在定额内，使用时不作调整。

③各种灯柱穿线均套相应的配管配线定额。

④照明器具安装工程定额已考虑了高度在10m以内的高空作业因素，如安装高度超过10m时，其定额人工乘以系数1.4。

⑤照明器具安装工程定额已包括利用仪表测量绝缘及一般灯具的试亮工作。

⑥照明器具安装工程定额未包括电缆接头的制作及导线的焊压接线端子。如实际使用时，可套用有关章节的定额。

5）防雷接地装置工程：

①防雷接地装置工程定额适用于高杆灯杆防雷接地，变配电系统接地及避雷针接地装置。

②接地母线敷设定额按自然地坪和一般土质考虑的，包括地沟的挖填土和夯实工作，执行本定额不应再计算土方量。如遇有石方、矿渣、积水、障碍物等情况可另

行计算。

③防雷接地装置工程定额不适用于采用爆破法施工敷设接地线、安装接地极，也不包括高土壤电阻率地区采用换土或化学处理的接地装置及接地电阻的测试工作。

④防雷接地装置工程定额避雷针安装、避雷引下线的安装均已考虑了高空作业的因素。

⑤防雷接地装置工程定额避雷针按成品件考虑的。

6）路灯灯架制作安装工程：路灯灯架制作安装工程定额主要适用灯架施工的型钢煨制，钢板卷材开卷与平直、型钢胎具制作，金属无损探伤检验工作。

7）刷油防腐工程

①刷油防腐工程定额适用于金属灯杆面的人工、半机械除锈、刷油防腐工程。

②人工、半机械除锈分轻、中锈二种，区分标准为：

a. 轻锈：部分氧化皮开始破裂脱落，轻锈开始发生。

b. 中锈：氧化皮部分破裂脱呈堆粉末状，除锈后用肉眼能见到腐蚀小凹点。

c. 刷油防腐工程定额按安装地面刷油考虑，没考虑高空作业因素。

（2）定额工程量计算规则

1）变配电设备工程：

①变压器安装，按不同容量以“台”为计量单位。一般情况下不需要变压器干燥，如确实需要干燥，可执行《全国统一安装工程预算定额》相应项目。

②变压器油过滤，不论过滤多少次，直到过滤合格为止。以“吨”为计量单位，变压器油的过滤量，可按制造厂提供的油量计算。

③高压成套配电柜和组合箱式变电站安装，以“台”为计量单位，均未包括基础槽钢、母线及引下线的配置安装。

④各种配电箱、柜安装均按不同半周长以“套”为单位计算。

⑤铁构件制作安装按施工图示以“100kg”为单位计算。

⑥盘柜配线按不同断面、长度应按表 3-151 计算。

⑦各种接线端子按不同导线截面积，以“10 个”为单位计算。

2）架空线路工程：

①底盘、卡盘、拉线盘按设计用量以“块”为单位计算。

②各种电线杆组立，分材质与高度，按设计数量以“根”为单位计算。

③拉线制作安装，按施工图设计规定，分不同形式以“组”为单位计算。

④横担安装，按施工图设计规定，分不同线数以“组”为单位计算。

⑤导线架设，分导线类型与截面，按 1km/单线计算，导线预留长度规定见表 3-153。

⑥导线跨越架设，指越线架的搭设、拆除和越线架的运输以及因跨越施工难度而增加的工作量，以“处”为单位计算，每个跨越间距按 50m 以内考虑的，大于 50m 小于 100m 时，按 2 处计算。

⑦路灯设施编号按“100 个”为单位计算；开关箱号不满 10 只按 10 只计算；路灯编号不满 15 只按 15 只计算；钉粘贴号牌不满 20 个按 20 个计算。

⑧混凝土基础制作以“m^3”为单位计算。

⑨绝缘子安装以“10 个”为单位计算。

3）电缆工程：

①直埋电缆的挖、填土（石）方，除特殊要求外，可按表 3-163 计算土方量。

表 3-163 直埋电缆的挖、填土（石）方土方量的计算

项 目	电缆根数	
每米沟长挖方量（m^3/m）	1～2	每增一根
	0.45	0.153

②电缆沟盖板揭、盖定额，按每揭盖一次以延长米计算。如又揭又盖，则按两次计算。

③电缆保护管长度，除按设计规定长度计算外，遇有下列情况，应按以下规定增加保护管长度。

a. 横穿道路，按路基宽度两端各加 2m。

b. 垂直敷设时管口离地面加 2m。

c. 穿过建筑物外墙时，按基础外缘以外加 2m。

d. 穿过排水沟，按沟壁外缘以外加 1m。

④电缆保护管埋地敷设时，其土方量有施工图注明的，按施工图计算；无施工图的一般按沟深 0.9m，沟宽按最外边的保护管两侧边缘外各加 0.3m 工作面计算。

⑤电缆敷设按单根延长米计算。

⑥电缆敷设长度应根据敷设路径的水平和垂直敷设长度，电缆附加长度见表 3-155。

⑦电缆终端头及中间头均以“个”为计量单位。一根电缆按两个终端头，中间头设计有图示的，按图示确定，没有图示，按实际计算。

4）配管配线工程：

①各种配管的工程量计算，应区别不同敷设方式、敷设位置、管材材质、规格，以“延长米”为计量单位。不扣除管路中间的接线箱（盒）、灯盒、开关盒所占长度。

②定额中未包括钢索架设及拉紧装置、接线箱（盒）、支架的制作安装，其工程量另行计算。

③管内穿线定额工程量计算，应区别线路性质、导线材质、导线截面积，按单线延长米计算。线路的分支接头线的长度已综合考虑在定额中，不再计算接头长度。

④塑料护套线明敷设工程量计算，应区别导线截面积、导线芯数，敷设位置，按单线路延长米计算。

⑤钢索架设工程量计算，应区分圆钢、钢索直径，按图示墙柱内缘距离，按延长米计算，不扣除拉紧装置所占长度。

⑥母线拉紧装置及钢索拉紧装置制作安装工程量计算，应区别母线截面积、花篮螺栓直径以“10 套”为单位计算。

⑦带行母线安装工程量计算，应区分母线材质、母线截面积、安装位置，按延长米计算。

⑧接线盒安装工程量计算，应区别安装形式，以及接线盒类型，以“10个”为单位计算。

⑨开关、插座、按钮等的预留线，已分别综合在相应定额内，不另计算。

5）照明器具安装工程：

①各种悬挑灯、广场灯、高杆灯灯架分别以“10套”、“套”为单位计算。

②各种灯具、照明器件安装分别以“10套”、“套”为单位计算。

③灯杆座安装以“10只”为单位计算。

6）防雷接地装置工程：

①接地极制作安装以“根”为计量单位，其长度按设计长度计算，设计无规定时，按每根2.5m计算，若设计有管冒时，管冒另按加工件计算。

②接地母线敷设，按设计长度以“10m”为计量单位计算。接地母线、避雷线敷设，均按延长米计算，其长度按施工图设计水平和垂直规定长度另加39%的附加长度（包括转弯、上下波动、避绕障碍物、搭接头所占长度）。计算主材费时另加规定的损耗率。

③接地跨接线以“10处”为计量单位计算。按规程规定凡需作接地跨接线的工作内容，每跨接一次按一处计算。

7）路灯灯架制作安装工程：

①路灯灯架制作安装按每组重量及灯架直径，以“吨”为单位计算。

②型钢煨制胎具，按不同钢材、煨制直径以“个”为单位计算。

③焊缝无损探伤按被探件厚度不同，分别以“10张”、“10m”为单位计算。

8）刷油防腐工程：

①定额不包括除微锈（标准氧化皮完全紧附，仅有少量锈点），发生时按轻锈定额的人工、材料、机械乘以系数0.2。

②因施工需要发生的二次除锈，其工程量另行计算。

③金属面刷油不包括除锈费用。

④油漆与实际不同时，可根据实际要求进行换算，但人工不变。

3.8.3　路灯工程工程量计算与清单编制实例

【例3-32】　某工程照明线路设计图纸规定采用BV－500－4mm^{2}铜芯聚氯乙烯绝缘电线穿直径为*DN*32重型硬塑料管沿墙、沿顶棚暗敷设，管内穿线6根，塑料管敷设长度为425m，试计算管内穿线工程量为多少？

【解】

（1）清单工程量

1）电气配管工程量＝配管长度×导线根数

＝425×6＝2550（m）

2）管内穿线工程量＝（配管长度＋预留长度）×导线根数

＝（425＋1.5×6）×6＝2604（m）

分部分项工程和单价措施项目清单与计价表，见表3-164。

表 3-164 分部分项工程和单价措施项目清单与计价表

工程名称：某工程照明线路

项目编码	项目名称	项目特征描述	计量单位	工程量	金额（元）	
					综合单价	合价
040804001001	配管	1. 硬质聚氯乙烯管 2. *DN*32 3. 砖混结构暗配	m	2550		
040804002001	配线	1. 铜芯聚氯乙烯绝缘电线 2. 截面 $4mm^2$ 3. 管内穿电线	m	2604		

2. 定额工程量

定额工程量同清单工程量。

【例 3-33】 某市政工程安装景观照明等 20 套，概算指标单价为 180 元/套（含主材费），其中人工费 27 元/套，求安装费。

【解】

分项工程合价＝分项工程数量×相应分项工程概算单价

＝20×180 元＝3600（元）

其中：

人工费合价＝分项工程数量×相应概算单价中人工费单价

＝20×27 元＝540（元）

各分部工程小计＝Σ（各分项工程合价）

其中：

人工费小计＝Σ（各分项工程人工费合价）

把上述求得的各分部工程“小计”相加而求得，即：

单位工程直接费合计＝Σ（小计）

其中：

单位工程人工费合计＝Σ（人工费小计）

本例如采用工程量清单计价时，应选取“照明器具安装工程”“080805004 景观照明灯”项。

3.9 钢筋与拆除工程工程量计算及清单编制实例

3.9.1 钢筋与拆除工程清单工程量计算规则

1. 钢筋工程

钢筋工程工程量清单项目设置、项目特征描述的内容、计量单位及工程量计算规则，应按表 3-165 的规定执行。

表 3-165 钢筋工程（编码：040901）

项目编码	项目名称	项目特征	计量单位	工程量计算规则	工程内容
040901001	现浇构件钢筋	1. 钢筋种类 2. 钢筋规格	t	按设计图示尺寸以质量计算	1. 制作 2. 运输 3. 安装
040901002	预制构件钢筋				
040901003	钢筋网片				
040901004	钢筋笼				
040901005	先张法预应力钢筋（钢丝、钢绞线）	1. 部位 2. 预应力筋种类 3. 预应力筋规格			1. 张拉台座制作、安装、拆除 2. 预应力筋制作、张拉
040901006	后张法预应力钢筋（钢丝束、钢绞线）	1. 部位 2. 预应力筋种类 3. 预应力筋规格 4. 锚具种类、规格 5. 砂浆强度等级 6. 压浆管材质、规格			1. 预应力筋孔道制作、安装 2. 锚具安装 3. 预应力筋制作、张拉 4. 安装压浆管道 5. 孔道压浆
040901007	型钢	1. 材料种类 2. 材料规格			1. 制作 2. 运输 3. 安装、定位
040901008	植筋	1. 材料种类 2. 材料规格 3. 植入深度 4. 植筋胶品种	根	按设计图示数量计算	1. 定位、钻孔、清孔 2. 钢筋加工成型 3. 注胶、植筋 4. 抗拔试验 5. 养护

续表 3-165

项目编码	项目名称	项目特征	计量单位	工程量计算规则	工程内容
040901009	预埋铁件	1. 材料种类 2. 材料规格	t	按设计图示尺寸以质量计算	1. 制作 2. 运输 3. 安装
040901010	高强螺栓		1. t 2. 套	1. 按设计图示尺寸以质量计算 2. 按设计图示数量计算	

注：1. 现浇构件中伸出构件的锚固钢筋、预制构件的吊钩和固定位置的支撑钢筋等，应并入钢筋工程量内。除设计标明的搭接外，其他施工搭接不计算工程量，由投标人在报价中综合考虑。

2. “钢筋工程”所列“型钢”是指劲性骨架的型钢部分。

3. 凡型钢与钢筋组合（除预埋铁件外）的钢格栅，应分别列项。

2. 拆除工程

拆除工程工程量清单项目设置、项目特征描述的内容、计量单位及工程量计算规则，应按表 3-166 的规定执行。

表 3-166 拆除工程（编码：041001）

项目编码	项目名称	项目特征	计量单位	工程量计算规则	工程内容
041001001	拆除路面	1. 材质 2. 厚度	m^2	按拆除部位以面积计算	1. 拆除、清理 2. 运输
041001002	拆除人行道				
041001003	拆除基层	1. 材质 2. 厚度 3. 部位			
041001004	铣刨路面	1. 材质 2. 结构形式 3. 厚度			
041001005	拆除侧、平（缘）石	材质	m	按拆除部位以延长米计算	
041001006	拆除管道	1. 材质 2. 管径			

续表 3-166

项目编码	项目名称	项目特征	计量单位	工程量计算规则	工程内容
041001007	拆除砖石结构	1. 结构形式 2. 强度等级	m^3	按拆除部位以体积计算	1. 拆除、清理 2. 运输
041001008	拆除混凝土结构				
041001009	拆除井	1. 结构形式 2. 规格尺寸 3. 强度等级	座	按拆除部位以数量计算	
041001010	拆除电杆	1. 结构形式 2. 规格尺寸	根		
041001011	拆除管片	1. 材质 2. 部位	处		

注：1. 拆除路面、人行道及管道清单项目的工作内容中均不包括基础及垫层拆除，发生时按本书相应清单项目编码列项。

2. 伐树、挖树蔸应按现行国家标准《园林绿化工程工程量计算规范》（GB 50858—2013）中相应清单项目编码列项。

3.9.2 拆除工程定额工程量计算规则

1. 定额工程量计算说明

1）机械拆除项目中包括人工配合作业。

2）拆除后的旧料应整理干净就近堆放整齐。如需运至指定地点回收利用，则另行计算运费和回收价值。

3）管道拆除要求拆除后的旧管保持基本完好，破坏性拆除不得套用本定额。拆除混凝土管道未包括拆除基础及垫层用工。基础及垫层拆除按相应定额执行。

4）拆除工程定额中未考虑地下水因素，若发生则另行计算。

5）人工拆除二渣、三渣基层应根据材料组成情况套无骨料多合土或有骨料多合土基层拆除子目。机械拆除二渣、三渣基层执行液压岩石破碎机破碎松石。

2. 定额工程量计算规则

1）拆除旧路及人行道按实际拆除面积以“m^2”计算。

2）拆除侧缘石及各类管道按长度以“m”计算。

3）拆除构筑物及障碍物按体积以“m^3”计算。

4）伐树、挖树蔸按实挖数以“棵”计算。

5）路面凿毛、路面铣刨按施工组织设计的面积以“m^2”计算。铣刨路面厚度>5cm须分层铣刨。

3.9.3 钢筋与拆除工程工程量计算与清单编制实例

【例 3-34】 某污水管道工程，全长为 260m，D400 混凝土管，设检查井（ϕ1000）7 座，管线上部原地面为 10cm 厚沥青混凝土路面，50cm 厚多合土，外径为 2m，挡土板示意图如图 3-54 所示。试计算拆除混凝土路面、基层、管道铺设工程量。

【解】

（1）清单工程量

1）拆除路面：

260×3.2=832（m^2）

2）拆除基层：

260×3.2×8=6656（m^2）

3）混凝土管：260m

分部分项工程和单价措施项目清单与计价表，见表 3-167。

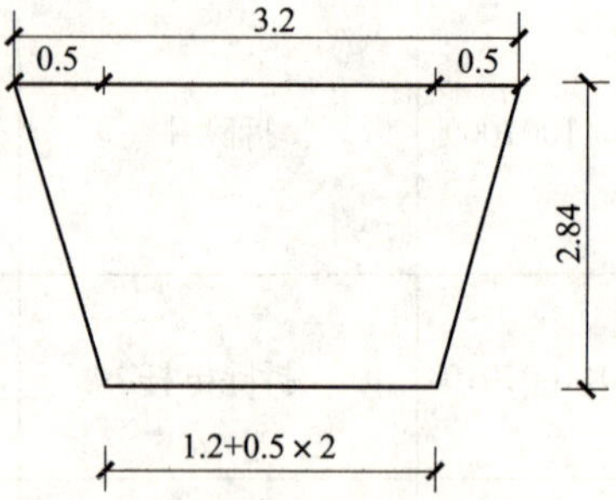

图 3-54 挡土板示意图

表 3-167 分部分项工程和单价措施项目清单与计价表

工程名称：

序号	项目编码	项目名称	项目特征描述	计量单位	工程量	金额（元）	
						综合单价	合价
1	041001001001	拆除路面	沥青混凝土路面，厚 10cm	m^2	832		
2	041001003001	拆除基层	50cm 厚多合土	m^2	6656		
3	040501001001	混凝土管	D400	m	260		

（2）定额工程量

1）拆除路面工程数量：260×3.2÷100=8.32，单位 100m^2。

2）拆除 50cm 厚无骨料多合土，工程量为：260×3.2×8÷100=66.56，单位 100m^2。

3）支撑木挡板工程数量：$S=al=\sqrt{0.5^2+2.84^2}\times260\times2\div100=15.00$，单位 100$m^2$。

4）浇灌管座基础工程量：260−2×7=2.46，单位 100m。

5）铺设管道工程量：260−0.7×7=2.55，单位 100m。

【例 3-35】 某市政水池如图 3-55 所示，长 9m，宽 6m，围护高度为 900mm，围护厚度为 240mm，水池底层是 C10 混凝土垫层 100mm，计算该拆除工程量。

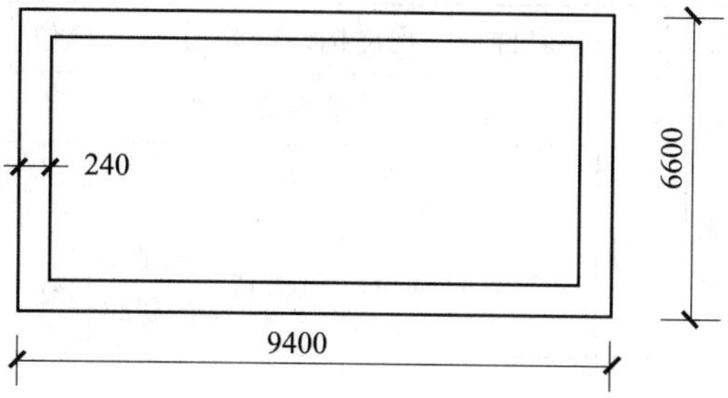

图 3-55 某市政水池平面图（mm）

【解】

1）拆除水池砖砌体工程量：

$$(9.4+6.6)\times2\times0.24\times0.9=6.91\ (m^3)$$

2）拆除水池 C10 混凝土垫层的工程量：

$$(9.4-0.24\times2)\times(6.6-0.24\times2)\times0.1=5.46\ (m^3)$$

3）拆除水池砌体：残渣外运工程量为 6.91m^3。

4）拆除水池 C10 混凝土垫层，残渣外运工程量为 5.46m^3。

【例 3-36】 某桥梁工程，其钢筋工程的分部分项工程量清单见表 3-168，试编制综合单价表和分部分项工程和单价措施项目清单与计价表。（其中管理费按直接费的 10%、利润按直接费的 5%计取。）

表 3-168 分部分项工程量清单

序号	项目编码	项目名称	数量	单位
1	040901001001	现浇构件钢筋（现浇部分 ϕ10 以内）	1.57	t
2	040901001002	现浇构件钢筋（现浇部分 ϕ10 以外）	7.03	t
3	040901002001	预制构件钢筋（预制部分 ϕ10 以内）	11.99	t
4	040901002002	预制构件钢筋（预制部分 ϕ10 以外）	36.99	t
5	040901009001	预埋铁件	2.82	t

【解】

（1）编制综合单价分析表

综合单价分析表见表 3-169～表 3-173。

表 3-169 综合单价分析表

工程名称：某桥梁钢筋工程　　　　标段：　　　　第 页 共 页

项目编码	040901001001	项目名称	现浇构件钢筋	计量单位	t	工程量	1.57				
清单综合单价组成明细											
定额编号	定额项目名称	定额单位	数量	单价				合价			
				人工费	材料费	机械费	管理费和利润	人工费	材料费	机械费	管理费和利润
3-235	现浇混凝土钢筋（ϕ10 以内）	t	1	374.35	41.82	40.10	68.44	374.35	41.82	40.10	68.44
人工单价		小计						374.35	41.82	40.10	68.44
40（元/工日）		未计价材料费									
清单项目综合单价								524.71			

注："数量"栏为"投标方工程量÷招标方工程量÷定额单位数量"，如"1"为"1.57÷1.57÷1"。

表 3-170 综合单价分析表

工程名称：某桥梁钢筋工程　　　　标段：　　　　第 页 共 页

项目编码	040901001002	项目名称	现浇构件钢筋	计量单位	t	工程量	7.03				
清单综合单价组成明细											
定额编号	定额项目名称	定额单位	数量	单价				合价			
				人工费	材料费	机械费	管理费和利润	人工费	材料费	机械费	管理费和利润
3-235	现浇混凝土钢筋（ϕ10 以外）	t	1	182.23	61.78	69.66	47.05	182.23	61.78	69.66	47.05
人工单价		小计						182.23	61.78	69.66	47.05
40（元/工日）		未计价材料费									
清单项目综合单价								360.72			

注："数量"栏为"投标方工程量÷招标方工程量÷定额单位数量"，如"1"为"7.03÷7.03÷1"。

表 3-171 工程量清单综合单价分析表

工程名称：某桥梁钢筋工程　　标段：　　第　页　共　页

项目编码	040701002001		项目名称		预制构件钢筋		计量单位		t	工程量	11.99
清单综合单价组成明细											
定额编号	定额项目名称	定额单位	数量	单价				合价			
				人工费	材料费	机械费	管理费和利润	人工费	材料费	机械费	管理费和利润
3-233	预制混凝土钢筋（ϕ10 以内）	t	1	463.11	45.03	49.21	83.75	463.11	45.03	49.21	83.75
人工单价		小计						463.11	45.03	49.21	83.75
40（元/工日）		未计价材料费									
清单项目综合单价								641.10			

注：“数量”栏为“投标方工程量÷招标方工程量÷定额单位数量”，如“1”为“11.99÷11.99÷1”。

表 3-172 综合单价分析表

工程名称：某桥梁钢筋工程　　标段：　　第　页　共　页

项目编码	040901002002		项目名称		预制构件钢筋		计量单位		t	工程量	36.99
清单综合单价组成明细											
定额编号	定额项目名称	定额单位	数量	单价				合价			
				人工费	材料费	机械费	管理费和利润	人工费	材料费	机械费	管理费和利润
3-234	预制混凝土钢筋（ϕ10 以外）	t	1	176.61	58.32	67.44	45.36	176.61	58.32	67.44	45.36
人工单价		小计						176.61	58.32	67.44	45.36
40（元/工日）		未计价材料费									
清单项目综合单价								347.73			

注：“数量”栏为“投标方工程量÷招标方工程量÷定额单位数量”，如“1”为“36.99÷36.99÷1”。

表 3-173 综合单价分析表

工程名称：某桥梁钢筋工程　　　　标段：　　　　第 页 共 页

项目编码	040901009001	项目名称		预埋铁件		计量单位		kg	工程量		2820
清单综合单价组成明细											
定额编号	定额项目名称	定额单位	数量	单价				合价			
				人工费	材料费	机械费	管理费和利润	人工费	材料费	机械费	管理费和利润
3-238	预埋铁件	t	0.01	860.83	3577.07	310.52	712.26	8.61	35.77	3.11	7.12
人工单价		小计						8.61	35.77	3.11	7.12
40（元/工日）		未计价材料费									
清单项目综合单价								54.61			

注："数量"栏为"投标方工程量÷招标方工程量÷定额单位数量"，如"0.01"为"2820.00÷2820.00÷100"。

（2）编制分部分项工程和单价措施项目清单与计价表

分部分项工程和单价措施项目清单与计价表，见表 3-174。

表 3-174 分部分项工程和单价措施项目清单与计价表

工程名称：某桥梁钢筋工程　　　　标段：　　　　第 页 共 页

序号	项目编号	项目名称	项目特征描述	计量单位	工程量	金额（元）		
						综合单价	合价	其中暂估价
1	040901002003	现浇构件钢筋	非预应力钢筋（现浇部分 ϕ10 以内）	t	1.57	524.71	823.79	
2	040901002004	现浇构件钢筋	非预应力钢筋（现浇部分 ϕ10 以外）	t	7.03	360.72	2535.86	
3	040901002001	预制构件钢筋	非预应力钢筋（预制部分 ϕ10 以内）	t	11.99	641.10	7686.79	
4	040901002002	预制构件钢筋	非预应力钢筋（预制部分 ϕ10 以外）	t	36.99	347.73	12862.53	
5	040901009001	预埋铁件	预埋铁件	t	2.82	54.61	154.00	
合计							24062.97	

3.10 措施项目工程量计算及清单编制实例

3.10.1 措施项目清单工程量计算规则

1. 脚手架工程

脚手架工程工程量清单项目设置、项目特征描述的内容、计量单位及工程量计算规则，应按表3-175的规定执行。

表3-175 脚手架工程（编码：041101）

项目编码	项目名称	项目特征	计量单位	工程量计算规则	工程内容
041101001	墙面脚手架	墙高	m^2	按墙面水平边线长度乘以墙面砌筑高度计算	1. 清理场地 2. 搭设、拆除脚手架、安全网 3. 材料场内外运输
041101002	柱面脚手架	1. 柱高 2. 柱结构外围周长		按柱结构外围周长乘以柱砌筑高度计算	
041101003	仓面脚手架	1. 搭设方式 2. 搭设高度		按仓面水平面积计算	
041101004	沉井脚手架	沉井高度		按井壁中心线周长乘以井高计算	
041101005	井字架	井深	座	按设计图示数量计算	1. 清理场地 2. 搭、拆井字架 3. 材料场内外运输

注：各类井的井深按井底基础以上至井盖顶的高度计算。

2. 混凝土模板及支架

混凝土模板及支架工程量清单项目设置、项目特征描述的内容、计量单位及工程量计算规则，应按表3-176的规定执行。

表3-176 混凝土模板及支架（编码：041102）

项目编码	项目名称	项目特征	计量单位	工程量计算规则	工程内容
041102001	垫层模板	构件类型	m^2	按混凝土与模板接触面的面积计算	1. 模板制作、安装、拆除、整理、堆放 2. 模板粘接物及模内杂物清理、刷隔离剂 3. 模板场内外运输及维修
041102002	基础模板				
041102003	承台				

续表 3-176

项目编码	项目名称	项目特征	计量单位	工程量计算规则	工程内容
041102004	墩（台）帽模板	1. 构件类型 2. 支模高度	m²	按混凝土与模板接触面的面积计算	1. 模板制作、安装、拆除、整理、堆放 2. 模板粘接物及模内杂物清理、刷隔离剂 3. 模板场内外运输及维修
041102005	墩（台）身模板	1. 构件类型 2. 支模高度	m²	按混凝土与模板接触面的面积计算	1. 模板制作、安装、拆除、整理、堆放 2. 模板粘接物及模内杂物清理、刷隔离剂 3. 模板场内外运输及维修
041102006	支撑梁及横梁模板	1. 构件类型 2. 支模高度	m²	按混凝土与模板接触面的面积计算	1. 模板制作、安装、拆除、整理、堆放 2. 模板粘接物及模内杂物清理、刷隔离剂 3. 模板场内外运输及维修
041102007	墩（台）盖梁模板	1. 构件类型 2. 支模高度	m²	按混凝土与模板接触面的面积计算	1. 模板制作、安装、拆除、整理、堆放 2. 模板粘接物及模内杂物清理、刷隔离剂 3. 模板场内外运输及维修
041102008	拱桥拱座模板	1. 构件类型 2. 支模高度	m²	按混凝土与模板接触面的面积计算	1. 模板制作、安装、拆除、整理、堆放 2. 模板粘接物及模内杂物清理、刷隔离剂 3. 模板场内外运输及维修
041102009	拱桥拱肋模板	1. 构件类型 2. 支模高度	m²	按混凝土与模板接触面的面积计算	1. 模板制作、安装、拆除、整理、堆放 2. 模板粘接物及模内杂物清理、刷隔离剂 3. 模板场内外运输及维修
041102010	拱上构件模板	1. 构件类型 2. 支模高度	m²	按混凝土与模板接触面的面积计算	1. 模板制作、安装、拆除、整理、堆放 2. 模板粘接物及模内杂物清理、刷隔离剂 3. 模板场内外运输及维修
041102011	箱梁模板	1. 构件类型 2. 支模高度	m²	按混凝土与模板接触面的面积计算	1. 模板制作、安装、拆除、整理、堆放 2. 模板粘接物及模内杂物清理、刷隔离剂 3. 模板场内外运输及维修
041102012	柱模板	1. 构件类型 2. 支模高度	m²	按混凝土与模板接触面的面积计算	1. 模板制作、安装、拆除、整理、堆放 2. 模板粘接物及模内杂物清理、刷隔离剂 3. 模板场内外运输及维修
041102013	梁模板	1. 构件类型 2. 支模高度	m²	按混凝土与模板接触面的面积计算	1. 模板制作、安装、拆除、整理、堆放 2. 模板粘接物及模内杂物清理、刷隔离剂 3. 模板场内外运输及维修
041102014	板模板	1. 构件类型 2. 支模高度	m²	按混凝土与模板接触面的面积计算	1. 模板制作、安装、拆除、整理、堆放 2. 模板粘接物及模内杂物清理、刷隔离剂 3. 模板场内外运输及维修
041102015	板梁模板	1. 构件类型 2. 支模高度	m²	按混凝土与模板接触面的面积计算	1. 模板制作、安装、拆除、整理、堆放 2. 模板粘接物及模内杂物清理、刷隔离剂 3. 模板场内外运输及维修
041102016	板拱模板	1. 构件类型 2. 支模高度	m²	按混凝土与模板接触面的面积计算	1. 模板制作、安装、拆除、整理、堆放 2. 模板粘接物及模内杂物清理、刷隔离剂 3. 模板场内外运输及维修
041102017	挡墙模板	1. 构件类型 2. 支模高度	m²	按混凝土与模板接触面的面积计算	1. 模板制作、安装、拆除、整理、堆放 2. 模板粘接物及模内杂物清理、刷隔离剂 3. 模板场内外运输及维修
041102018	压顶模板	构件类型	m²	按混凝土与模板接触面的面积计算	1. 模板制作、安装、拆除、整理、堆放 2. 模板粘接物及模内杂物清理、刷隔离剂 3. 模板场内外运输及维修
041102019	防撞护栏模板	构件类型	m²	按混凝土与模板接触面的面积计算	1. 模板制作、安装、拆除、整理、堆放 2. 模板粘接物及模内杂物清理、刷隔离剂 3. 模板场内外运输及维修
041102020	楼梯模板	构件类型	m²	按混凝土与模板接触面的面积计算	1. 模板制作、安装、拆除、整理、堆放 2. 模板粘接物及模内杂物清理、刷隔离剂 3. 模板场内外运输及维修
041102021	小型构件模板	构件类型	m²	按混凝土与模板接触面的面积计算	1. 模板制作、安装、拆除、整理、堆放 2. 模板粘接物及模内杂物清理、刷隔离剂 3. 模板场内外运输及维修
041102022	箱涵滑（底）板模板	1. 构件类型 2. 支模高度	m²	按混凝土与模板接触面的面积计算	1. 模板制作、安装、拆除、整理、堆放 2. 模板粘接物及模内杂物清理、刷隔离剂 3. 模板场内外运输及维修
041102023	箱涵侧墙模板	1. 构件类型 2. 支模高度	m²	按混凝土与模板接触面的面积计算	1. 模板制作、安装、拆除、整理、堆放 2. 模板粘接物及模内杂物清理、刷隔离剂 3. 模板场内外运输及维修
041102024	箱涵顶板模板	1. 构件类型 2. 支模高度	m²	按混凝土与模板接触面的面积计算	1. 模板制作、安装、拆除、整理、堆放 2. 模板粘接物及模内杂物清理、刷隔离剂 3. 模板场内外运输及维修
041102025	拱部衬砌模板	1. 构件类型 2. 衬砌厚度 3. 拱跨径	m²	按混凝土与模板接触面的面积计算	1. 模板制作、安装、拆除、整理、堆放 2. 模板粘接物及模内杂物清理、刷隔离剂 3. 模板场内外运输及维修
041102026	边墙衬砌模板	1. 构件类型 2. 衬砌厚度 3. 拱跨径	m²	按混凝土与模板接触面的面积计算	1. 模板制作、安装、拆除、整理、堆放 2. 模板粘接物及模内杂物清理、刷隔离剂 3. 模板场内外运输及维修
041102027	竖井衬砌模板	1. 构件类型 2. 壁厚	m²	按混凝土与模板接触面的面积计算	1. 模板制作、安装、拆除、整理、堆放 2. 模板粘接物及模内杂物清理、刷隔离剂 3. 模板场内外运输及维修
041102028	沉井井壁（隔墙）模板	1. 构件类型 2. 支模高度	m²	按混凝土与模板接触面的面积计算	1. 模板制作、安装、拆除、整理、堆放 2. 模板粘接物及模内杂物清理、刷隔离剂 3. 模板场内外运输及维修
041102029	沉井顶板模板	1. 构件类型 2. 支模高度	m²	按混凝土与模板接触面的面积计算	1. 模板制作、安装、拆除、整理、堆放 2. 模板粘接物及模内杂物清理、刷隔离剂 3. 模板场内外运输及维修
041102030	沉井底板模板	构件类型	m²	按混凝土与模板接触面的面积计算	1. 模板制作、安装、拆除、整理、堆放 2. 模板粘接物及模内杂物清理、刷隔离剂 3. 模板场内外运输及维修
041102031	管（渠）道平基模板	构件类型	m²	按混凝土与模板接触面的面积计算	1. 模板制作、安装、拆除、整理、堆放 2. 模板粘接物及模内杂物清理、刷隔离剂 3. 模板场内外运输及维修
041102032	管（渠）道管座模板	构件类型	m²	按混凝土与模板接触面的面积计算	1. 模板制作、安装、拆除、整理、堆放 2. 模板粘接物及模内杂物清理、刷隔离剂 3. 模板场内外运输及维修
041102033	井顶（盖）板模板	构件类型	m²	按混凝土与模板接触面的面积计算	1. 模板制作、安装、拆除、整理、堆放 2. 模板粘接物及模内杂物清理、刷隔离剂 3. 模板场内外运输及维修
041102034	池底模板	构件类型	m²	按混凝土与模板接触面的面积计算	1. 模板制作、安装、拆除、整理、堆放 2. 模板粘接物及模内杂物清理、刷隔离剂 3. 模板场内外运输及维修
041102035	池壁（隔墙）模板	1. 构件类型 2. 支模高度	m²	按混凝土与模板接触面的面积计算	1. 模板制作、安装、拆除、整理、堆放 2. 模板粘接物及模内杂物清理、刷隔离剂 3. 模板场内外运输及维修
041102036	池盖模板	1. 构件类型 2. 支模高度	m²	按混凝土与模板接触面的面积计算	1. 模板制作、安装、拆除、整理、堆放 2. 模板粘接物及模内杂物清理、刷隔离剂 3. 模板场内外运输及维修

续表 3-176

项目编码	项目名称	项目特征	计量单位	工程量计算规则	工程内容
041102037	其他现浇构件模板	构件类型	m^2	按混凝土与模板接触面的面积计算	1. 模板制作、安装、拆除、整理、堆放 2. 模板粘接物及模内杂物清理、刷隔离剂 3. 模板场内外运输及维修
041102038	设备螺栓套	螺栓套孔深度	个	按设计图示数量计算	
041102039	水上桩基础支架、平台	1. 位置 2. 材质 3. 桩类型	m^2	按支架、平台搭设的面积计算	1. 支架、平台基础处理 2. 支架、平台的搭设、使用及拆除 3. 材料场内外运输
041102040	桥涵支架	1. 部位 2. 材质 3. 支架类型	m^3	按支架搭设的空间体积计算	1. 支架地基处理 2. 支架的搭设、使用及拆除 3. 支架预压 4. 材料场内外运输

注：原槽浇灌的混凝土基础、垫层不计算模板。

3. 围堰

围堰工程量清单项目设置、项目特征描述的内容、计量单位及工程量计算规则，应按表 3-177 的规定执行。

表 3-177　围堰（编码：041103）

项目编码	项目名称	项目特征	计量单位	工程量计算规则	工程内容
041103001	围堰	1. 围堰类型 2. 围堰顶宽及底宽 3. 围堰高度 4. 填心材料	1. m^3 2. m	1. 以立方米计量，按设计图示围堰体积计算 2. 以米计量，按设计图示围堰中心线长度计算	1. 清理基底 2. 打、拔工具桩 3. 堆筑、填心、夯实 4. 拆除清理 5. 材料场内外运输
041103002	筑岛	1. 筑岛类型 2. 筑岛高度 3. 填心材料	m^3	按设计图示筑岛体积计算	1. 清理基底 2. 堆筑、填心、夯实 3. 拆除清理

4. 便道及便桥

便道及便桥工程量清单项目设置、项目特征描述的内容、计量单位及工程量计算规则，应按表 3-178 的规定执行。

表 3-178 便道及便桥（编码：041104）

项目编码	项目名称	项目特征	计量单位	工程量计算规则	工程内容
041104001	便道	1. 结构类型 2. 材料种类 3. 宽度	m^2	按设计图示尺寸以面积计算	1. 平整场地 2. 材料运输、铺设、夯实 3. 拆除、清理
041104002	便桥	1. 结构类型 2. 材料种类 3. 跨径 4. 宽度	座	按设计图示数量计算	1. 清理基底 2. 材料运输、便桥搭设

5. 洞内临时设施

洞内临时设施工程量清单项目设置、项目特征描述的内容、计量单位及工程量计算规则，应按表 3-179 的规定执行。

表 3-179 洞内临时设施（编码：041105）

<table>
<tr><th>项目编码</th><th>项目名称</th><th>项目特征</th><th>计量单位</th><th>工程量计算规则</th><th>工程内容</th></tr>
<tr><td>041105001</td><td>洞内通风设施</td><td rowspan="2">1. 单孔隧道长度
2. 隧道断面尺寸
3. 使用时间
4. 设备要求</td><td rowspan="4">m</td><td rowspan="4">按设计图示隧道长度以延长米计算</td><td rowspan="2">1. 管道铺设
2. 线路架设
3. 设备安装
4. 保养维护
5. 拆除、清理
6. 材料场内外运输</td></tr>
<tr><td>041105002</td><td>洞内供水设施</td></tr>
<tr><td>041105003</td><td>洞内供电及照明设施</td><td rowspan="2">1. 单孔隧道长度
2. 隧道断面尺寸
3. 使用时间
4. 设备要求</td><td rowspan="2">1. 管道铺设
2. 线路架设
3. 设备安装
4. 保养维护
5. 拆除、清理
6. 材料场内外运输</td></tr>
<tr><td>041105004</td><td>洞内通信设施</td></tr>
</table>

续表 3-179

项目编码	项目名称	项目特征	计量单位	工程量计算规则	工程内容
041105005	洞内外轨道铺设	1. 单孔隧道长度 2. 隧道断面尺寸 3. 使用时间 4. 轨道要求	m	按设计图示轨道铺设长度以延长米计算	1. 轨道及基础铺设 2. 保养维护 3. 拆除、清理 4. 材料场内外运输

注：设计注明轨道铺设长度的，按设计图示尺寸计算；设计未注明时可按设计图示隧道长度以延长米计算，并注明洞外轨道铺设长度由投标人根据施工组织设计自定。

6. 大型机械设备进出场及安拆

大型机械设备进出场及安拆工程量清单项目设置、项目特征描述的内容、计量单位及工程量计算规则，应按表 3-180 的规定执行。

表 3-180 大型机械设备进出场及安拆（编码：041106）

项目编码	项目名称	项目特征	计量单位	工程量计算规则	工程内容
041106001	大型机械设备进出场及安拆	1. 机械设备名称 2. 机械设备规格型号	台·次	按使用机械设备的数量计算	1. 安拆费包括施工机械、设备在现场进行安装拆卸所需人工、材料、机械和试运转费用以及机械辅助设施的折旧、搭设、拆除等费用 2. 进出场费包括施工机械、设备整体或分体自停放地点运至施工现场或由一施工地点运至另一施工地点所发生的运输、装卸、辅助材料等费用

7. 施工排水、降水

施工排水、降水工程量清单项目设置、项目特征描述的内容、计量单位及工程量计算规则，应按表 3-181 的规定执行。

表 3-181 施工排水、降水（编码：041107）

项目编码	项目名称	项目特征	计量单位	工程量计算规则	工程内容
041107001	成井	1. 成井方式 2. 地层情况 3. 成井直径 4. 井（滤）管类型、直径	m	按设计图示尺寸以钻孔深度计算	1. 准备钻孔机械、埋设护筒、钻机就位；泥浆制作、固壁；成孔、出渣、清孔等 2. 对接上、下井管（滤管），焊接，安放，下滤料，洗井，连接试抽等

续表 3-181

项目编码	项目名称	项目特征	计量单位	工程量计算规则	工程内容
041107002	排水、降水	1. 机械规格型号 2. 降排水管规格	昼夜	按排、降水日历天数计算	1. 管道安装、拆除，场内搬运等 2. 抽水、值班、降水设备维修等

注：相应专项设计不具备时，可按暂估量计算。

8. 处理、监测、监控

处理、监测、监控工程量清单项目设置、工作内容及包含范围，应按表 3-182 的规定执行。

表 3-182 处理、监测、监控（编码：041108）

项目编码	项目名称	工作内容及包含范围
041108001	地下管线交叉处理	1. 悬吊 2. 加固 3. 其他处理措施
041108002	施工监测、监控	1. 对隧道洞内施工时可能存在的危害因素进行检测 2. 对明挖法、暗挖法、盾构法施工的区域等进行周边环境监测 3. 对明挖基坑围护结构体系进行监测 4. 对隧道的围岩和支护进行监测 5. 盾构法施工进行监控测量

注：地下管线交叉处理指施工过程中对现有施工场地范围内各种地下交叉管线进行加固及处理所发生的费用，但不包括地下管线或设施改、移发生的费用。

9. 安全文明施工及其他措施项目

安全文明施工及其他措施项目工程量清单项目设置、工作内容及包含范围，应按表 3-183 的规定执行。

表 3-183 安全文明施工及其他措施项目（编码：041109）

项目编码	项目名称	工作内容及包含范围
041109001	安全文明施工	1. 环境保护：施工现场为达到环保部门要求所需要的各项措施。包括施工现场为保持工地清洁、控制扬尘、废弃物与材料运输的防护、保证排水设施通畅、设置密闭式垃圾站、实现施工垃圾与生活垃圾分类存放等环保措施；其他环境保护措施 2. 文明施工：根据相关规定在施工现场设置企业标志、工程项目简介牌、工程项目责任人员姓名牌、安全六大纪律牌、安全生产记数牌、十项安全技术措施牌、防火须知牌、卫生须知牌及工地施工总平面布置图、安全警示标志牌，施工现场围挡以及为符合场容场貌、材料堆放、现场防火等要求采取的相应措施；其他文明施工措施

续表 3-183

项目编码	项目名称	工作内容及包含范围
041109001	安全文明施工	3. 安全施工：根据相关规定设置安全防护设施、现场物料提升架与卸料平台的安全防护设施、垂直交叉作业与高空作业安全防护设施、现场设置安防监控系统设施、现场机械设备（包括电动工具）的安全保护与作业场所和临时安全疏散通道的安全照明与警示设施等；其他安全防护措施 4. 临时设施：施工现场临时宿舍、文化福利及公用事业房屋与构筑。物、仓库、办公室、加工厂、工地实验室以及规定范围内的道路、水、电、管线等临时设施和小型临时设施等的搭设、维修、拆除、周转；其他临时设施搭设、维修、拆除
041109002	夜间施工	1. 夜间固定照明灯具和临时可移动照明灯具的设置、拆除 2. 夜间施工时，施工现场交通标志、安全标牌、警示灯等的设置、移动、拆除 3. 夜间照明设备及照明用电、施工人员夜班补助、夜间施工劳动效率降低等
041109003	二次搬运	由于施工场地条件限制而发生的材料、成品、半成品一次运输不能到达堆积地点，必须进行的二次或多次搬运
041109004	冬雨季施工	1. 冬雨季施工时增加的临时设施（防寒保温、防雨设施）的搭设、拆除 2. 冬雨季施工时对砌体、混凝土等采用的特殊加温、保温和养护措施 3. 冬雨季施工时施工现场的防滑处理、对影响施工的雨雪的清除 4. 冬雨季施工时增加的临时设施、施工人员的劳动保护用品、冬雨季施工劳动效率降低等
041109005	行车、行人干扰	1. 由于施工受行车、行人干扰的影响，导致人工、机械效率降低而增加的措施 2. 为保证行车、行人的安全，现场增设维护交通与疏导人员而增加的措施
041109007	地上、地下设施、建筑物的临时保护设施	在工程施工过程中，对已建成的地上、地下设施和建筑物进行的遮盖、封闭、隔离等必要保护措施所发生的人工和材料
041109007	已完工程及设备保护	对已完工程及设备采取的覆盖、包裹、封闭、隔离等必要保护措施所发生的人工和材料

注：本表所列项目应根据工程实际情况计算措施项目费用，需分摊的应合理计算摊销费用。

编制工程量清单时，若设计图纸中有措施项目的专项设计方案时，应按措施项目清单中有关规定描述其项目特征，并根据工程量计算规则计算工程量；若无相关设计方案，其工程数量可为暂估量，在办理结算时，按经批准的施工组织设计方案计算。

3.10.2 措施项目定额工程量计算规则

1. 定额工程量计算说明

(1) 围堰工程

1）围堰定额未包括施工期内发生潮汛冲刷后所需的养护工料。潮汛养护工料可根据各地规定计算。如遇特大潮汛发生人力所不能抗拒的损失时，应根据实际情况，另行处理。

2）围堰工程50m范围以内取土、砂、砂砾，均不计土方和砂、砂砾的材料价格。取50m范围以外的土方、砂、砂砾，应计算土方和砂、砂砾材料的挖、运或外购费用，但应扣除定额中土方现场挖运的人工：55.5工日/100m^3黏土。定额括号中所列黏土数量为取自然土方数量，结算中可按取土的实际情况调整。

3）围堰定额中的各种木桩、钢桩均按本册第二章水上打拔工具桩的相应定额执行，数量按实计算。定额括号中所列打拔工具桩数量仅供参考。

4）草袋围堰如使用麻袋、尼龙袋装土围筑，应按麻袋、尼龙袋的规格、单价换算，但人工、机械和其他材料消耗量应按定额规定执行。

5）围堰施工中若未使用驳船，而是搭设了栈桥，则应扣除定额中驳船费用而套用相应的脚手架子目。

6）定额围堰尺寸的取定：

①土草围堰的堰顶宽为1～2m，堰高为4m以内。

②土石混合围堰的堰顶宽为2m，堰高为6m以内。

③圆木桩围堰的堰顶宽为2～2.5m，堰高5m以内。

④钢桩围堰的堰顶宽为2.5～3m，堰高6m以内。

⑤钢板桩围堰的堰顶宽为2.5～3m，堰高6m以内。

⑥竹笼围堰竹笼间黏土填心的宽度为2～2.5m，堰高5m以内。

⑦木笼围堰的堰顶宽度为2.4m，堰高为4m以内。

7）筑岛填心子目是指在围堰围成的区域内填土、砂及砂砾石。

8）双层竹笼围堰竹笼间黏土填心的宽度超过2.5m，则超出部分可套筑岛填心子目。

9）施工围堰的尺寸按有关设计施工规范确定。堰内坡脚至堰内基坑边缘距离根据河床土质及基坑深度而定，但不得小于1m。

(2) 脚手架及其他工程

1）脚手架定额中竹、钢管脚手架已包括斜道及拐弯平台的搭设。砌筑物高度超过1.2m可计算脚手架搭拆费用。

仓面脚手不包括斜道，若发生则另按建筑工程预算定额中脚手架斜道计算；但采用井字架或吊扒杆转运施工材料时，不再计算斜道费用。对无筋或单层布筋的基础和垫层不计算仓面脚手费。

2）混凝土小型构件是指单件体积在0.04m^3以内，重量在100kg以内的各类小型构件。小型构件、半成品运输系指预制、加工场地取料中心至施工现场堆放使用中心距离的超出 150m 的运输。

3）井点降水项目适用于地下水位较高的粉砂土、砂质粉土、黏质粉土或淤泥质夹薄层砂性土的地层。其他降水方法如深井降水、集水井排水等，各省、自治区、直辖市可自行补充。

4）井点降水：轻型井点、喷射井点、大口径井点的采用由施工组织设计确定。一般情况下，降水深度 6m 以内采用轻型井点，6m 以上 30m 以内采用相应的喷射井点，特殊情况下可选用大口径井点。井点使用时间按施工组织设计确定。喷射井点定额包括两根观察孔制作，喷射井管包括了内管和外管。井点材料使用摊销量中已包括井点拆除时的材料损耗量。

井点间距根据地质和降水要求由施工组织设计确定，一般轻型井点管间距为 1.2m，喷射井点管间距为 2.5m，大口径井点管间距为 10m。

轻型井点井管（含滤水管）的成品价可按所需钢管的材料价乘以系数 2.40 计算。

5）井点降水过程中，如需提供资料，则水位监测和资料整理费用另计。

6）井点降水成孔过程中产生的泥水处理及挖沟排水工作应另行计算。遇有天然水源可用时，不计水费。

2. 定额工程量计算规则

（1）围堰工程

1）围堰工程分别采用“立方米”和“延长米”计量。

2）用立方米计算的围堰工程按围堰的施工断面乘以围堰中心线的长度。

3）以“延长米”计算的围堰工程按围堰中心线的长度计算。

4）围堰高度按施工期内的最高临水面加 0.5m 计算。

5）草袋围堰如使用麻袋、尼龙袋装土其定额消耗量应乘以调整系数，调整系数为：装 1m。土需用麻袋或尼龙袋数除以 17.86。

（2）脚手架及其他工程

1）脚手架工程量按墙面水平边线长度乘以墙面砌筑高度以“m^2”计算。柱形砌体按图示柱结构外围周长另加 3.6m 乘以砌筑高度以“m^2”计算。浇混凝土用仓面脚手按仓面的水平面积以 m^2 计算。

2）轻型井点 50 根为一套；喷射井点 30 根为一套；大口径井点以“10 根”为一套。井点使用定额单位为套天，累计根数不足一套者作一套计算，一天系按 24h 计算。井管的安装、拆除以“根”计算。

3.10.3 措施项目工程量计算与清单编制实例

【例 3-37】 某河道横断面如图 3-56 所示，试计算围堰高度。

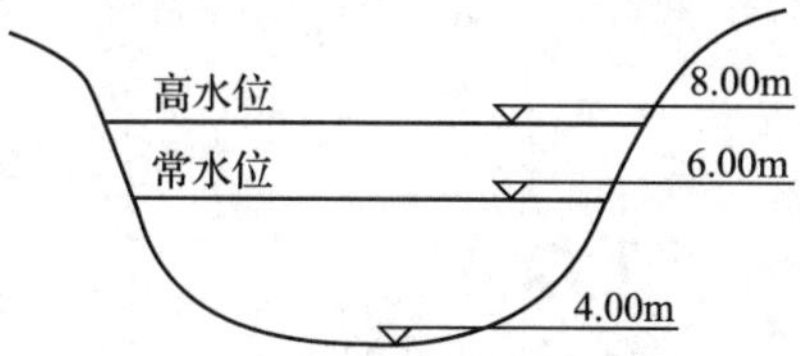

图 3-56 河运槽断面示意图

【解】

围堰高度：

$$H_1=8.00-4.00+1=5.00\ (\mathrm{m})$$

如果河底有淤泥，厚1m，则堰高应为：

$$H_2=5.00+1=6.00\ (\mathrm{m})$$

【例 3-38】 某管道开槽施工采用轻型井点降水，井点管间距为1.2m，开槽埋管管径、长度如下：$D_1=1500$、$L_1=150$m；$D_2=1000$、$L_2=180$m；$D_3=900$、$L_3=90$m，求井点管使用套天数。

【解】

$$\sum L=L_1+L_2+L_3=150+180+90=420\ (\mathrm{m})$$

井点根数：420÷1.2=350（根）

井点使用：350÷50=7（套）

取7套或350/60=7（套）

井点使用套天数的计算为：

$D_1=800$　90÷60=1.5套，1.5套×12=18（套天）

$D_2=1000$　180÷60=3套，3套×13=39（套天）

$D_1=1500$　7−1.5−3=2.5套，2.5套×16=40（套天）

合计井点使用套天：18+39+40=97（套天）。

4　市政工程工程量清单计价编制实例

4.1　工程量清单编制实例

现以某市主干道路改造工程为例介绍工程量清单编制（由委托工程造价咨询人编制）。

1. 封面

封-1　招标工程量清单封面

某市道路改造 工程

招 标 工 程 量 清 单

招　标　人：某市委办公室

（单位盖章）

造价咨询人：××工程造价咨询企业

（单位盖章）

××年×月×日

2. 扉页

扉-1 招标工程量清单扉页

某市道路改造 工程

招 标 工 程 量 清 单

招　标　人： 某市委办公室
（单位盖章）

造价咨询人： ××工程造价咨询企业
（单位资质专用章）

法定代表人
或其授权人： ××单位 ×××
（签字或盖章）

法定代表人
或其授权人： ××工程造价咨询企业
（签字或盖章）

编　制　人： ×××
（造价人员签字盖专用章）

复　核　人： ×××
（造价工程师签字盖专用章）

编制时间：××年×月×日　　复核时间：××年×月×日

3. 总说明

表-01 总 说 明

工程名称：某市道路改造工程　　　　第1页 共1页

1. 工程概况：某市道路全长6km，路宽70m。8车道，其中有大桥上部结构为预应力混凝土T形梁，梁高为1.2m，跨境为1×22m+6×20m，桥梁全长164m。下部结构，中墩为桩接柱，柱顶盖梁；边墩为重力桥台。墩柱直径为1.2m，转孔桩直径为1.3m。施工工期为1年。

2. 招标范围：道路工程、桥梁工程和排水工程。

3. 清单编制依据：本工程依据《建设工程工程量清单计价规范》GB 50500—2013中规定的工程量清单计价的办法，依据××单位设计的施工设计图纸、施工组织设计等计算实物工程量。

4. 工程质量应达优良标准。

5. 考虑施工中可能发生的设计变更或清单有误，预留金1500000万元。

6. 投标人在投标文件应按《建设工程工程量清单计价规范》GB 50500—2013规定的统一格式，提供“分部分项工程和单价措施项目清单与计价表”、“措施项目清单与计价表”。

7. 其他（略）。

4. 分部分项工程和单价措施项目清单与计价表

表-08 分部分项工程和单价措施项目清单与计价表（一）

工程名称：某市道路改造工程　　　　　标段：　　　　　第1页　共6页

序号	项目编码	项目名称	项目特征描述	计量单位	工程量	金额（元）		
						综合单价	合价	其中 暂估价
			0401 土石方工程					
1	040101001001	挖一般土方	一、二类土，4m以内	m^3	142100.00			
2	040101002001	挖沟槽土方	三、四类土，综合4m以内	m^3	2493.00			
3	040101002002	挖沟槽土方	三、四类土，综合3m以内	m^3	837.00			
4	040101002003	挖沟槽土方	新建翼墙6m内	m^3	2837.00			
5	040103001001	回填方	90%以上	m^3	8500.00			
6	040103001002	回填方	二灰土12：35：53，90%以上	m^3	7700.00			
7	040103001003	回填方	基础回填砂砾石	m^3	208.00			
8	040103001004	回填方	1. 填方台后回填砂砾石 2. 粒径5～80cm 3. 密实度≥96%	m^3	3631.00			
9	040103002001	余方弃置	余土弃置，松土100mm	m^3	46000.00			
10	040103002002	余方弃置	余方弃置，10km	m^3	1497.00			
			分部小计					
			本页小计					
			合　计					

注：为计取规费等的使用，可在表中增设其中："定额人工费"。

表-08 分部分项工程和单价措施项目清单与计价表（二）

工程名称：某市道路改造工程　　　　标段：　　　　第2页　共6页

序号	项目编码	项目名称	项目特征描述	计量单位	工程量	金额（元）		
						综合单价	合价	其中 暂估价
		0402 道路工程						
11	040201004001	掺石灰	含灰量：10%	m^3	1800.00			
12	040202002001	石灰稳定土	1. 含灰量：10% 2. 厚度：15cm	m^2	84060.00			
13	040202002002	石灰稳定土	1. 含灰量：11% 2. 厚度：30cm	m^2	57320.00			
14	040202006001	石灰、粉煤灰、碎（砾）石	1. 配合比：10∶20∶70 2. 二灰碎石厚度：12cm	m^2	84060.00			
15	040202006002	石灰、粉煤灰、碎（砾）石	1. 配合比：10∶20∶71 2. 二灰碎石厚度：20cm	m^2	57320.00			
16	040204002001	人行道块料铺设	1. 铺设普通人行道板 2. 25×2cm	m^2	5850.00			
17	040204002002	人行道块料铺设	1. 铺设异型彩色花砖 2. 1∶3 石灰砂浆 3. D型砖	m^2	20590.00			
18	040205005001	人（手）孔井	接线井，100cm×100cm×100cm	座	5			
19	040205005002	人（手）孔井	接线井 50cm×50cm×100cm	座	55			
20	040205012001	隔离护栏	钢制人行道护栏	m	1440.00			
21	040205012001	隔离护栏	钢制机非分隔栏	m	200.00			
22	040203005001	黑色碎石	1. 石油沥青 2. 厚度：6cm	m^2	91360.00			
		分部小计						
		本页小计						
		合　计						

注：为计取规费等的使用，可在表中增设其中："定额人工费"。

表-08 分部分项工程和单价措施项目清单与计价表（三）

工程名称：某市道路改造工程　　标段：　　第 3 页　共 6 页

序号	项目编码	项目名称	项目特征描述	计量单位	工程量	金额（元）		
						综合单价	合价	其中
								暂估价
			0402 道路工程					
23	040203006001	沥青混凝土	厚度：5cm	m^2	3383.00			
24	040203006002	沥青混凝土	厚度：4cm	m^2	91360.00			
25	040203006003	沥青混凝土	厚度：3cm	m^2	125190.00			
26	040202015001	水泥稳定碎(砾)石	1. 主路搭板下 2. $d7$，≥2.0MPa 3. 厚度 18cm	m^2	793.00			
27	040202015002	水泥稳定碎(砾)石	1. 主路搭板下 2. $d7$，≥3.0MPa 3. 厚度 17cm	m^2	793.00			
28	040202015003	水泥稳定碎(砾)石	1. 主路搭板下 2. $d7$，≥3.0MP 3. 厚度 18cm	m^2	793.00			
29	040202015004	水泥稳定碎(砾)石	1. 主路搭板下 2. $d7$，≥2.0MPa 3. 厚度 21cm	m^2	728.00			
30	040202015005	水泥稳定碎(砾)石	1. 主路搭板下 2. $d7$，≥2.0MPa 3. 厚度 22cm	m^2	364.00			
31	040204004001	安砌侧(平、缘)石	1. 花岗岩剁斧平石 2. 12cm×25cm×49.5cm	m^2	673.00			
32	040204004002	安砌侧(平、缘)石	1. 甲 B 型机切花岗岩路缘石 2. 15cm×32cm×99.5cm	m^2	1015.00			
33	040204004003	安砌侧(平、缘)石	1. 甲 B 型机切花岗岩路缘石 2. 15cm×25cm×74.5cm	m^2	340.00			
			分部小计					
			本页小计					
			合　计					

注：为计取规费等的使用，可在表中增设其中："定额人工费"。

表-08　分部分项工程和单价措施项目清单与计价表（四）

工程名称：某市道路改造工程　　　　标段：　　　　第4页　共6页

序号	项目编码	项目名称	项目特征描述	计量单位	工程量	金额（元）		
						综合单价	合价	其中 暂估价
		0403 桥涵护岸工程						
34	040301006001	干作业成孔灌注桩	直径1.3cm，C25	m	1036.00			
35	040301006002	干作业成孔灌注桩	直径1cm，C25	m	1680.00			
36	040303003001	混凝土承台	C25－25，C10混凝土垫层	m^3	1015.00			
37	040303005001	混凝土墩(台)身	墩柱，C35－25	m^3	384.00			
38	040303005002	混凝土墩(台)身	墩柱，C30－25	m^3	1210.00			
39	040303006001	混凝土支撑梁及横梁	现浇C30－25简支梁湿接头	m^3	937.00			
40	040303007001	混凝土墩(台)盖梁	C35－25	m^3	748.00			
41	040303019001	桥面铺装	1. 改性沥青、玛琋脂、玄武石、碎石混合料 2. 厚度：4cm（SMA－16）	m^2	7550.00			
42	040303019002	桥面铺装	1. 改性沥青、玛琋脂、玄武石、碎石混合料 2. 厚度：5cm（AC－20I）	m^2	7560.00			
43	040303019003	桥面铺装	C30－25抗折	m^2	281.00			
44	040304001001	预制混凝土梁	墩柱连系梁C30－25	m^2	205.00			
45	040304001002	预制混凝土梁	预应力混凝土简支梁，C30－25	m^2	781.00			
46	040304001003	预制混凝土梁	预应力混凝土简支梁，C45－25	m^2	2472.00			
		分部小计						
		本页小计						
		合　计						

注：为计取规费等的使用，可在表中增设其中："定额人工费"。

表-08　分部分项工程和单价措施项目清单与计价表（五）

工程名称：某市道路改造工程　　　　标段：　　　　第5页　共6页

序号	项目编码	项目名称	项目特征描述	计量单位	工程量	金额（元）		
						综合单价	合价	其中 暂估价
			0403 桥涵护岸工程					
47	040305003001	浆砌块料	1. 河道浸水挡墙，墙身M10浆砌片石 2. 泄水孔 ϕ100，塑料管	m^3	593.00			
48	040303002001	混凝土基础	1. 河道浸水挡墙基础 2. C25—25	m^3	1027.00			
49	040303016001	混凝土挡墙压顶	C25—25	m^3	32.00			
50	040309004001	橡胶支座	20cm×35cm×4.9cm	m^3	32.00			
51	040309008001	桥梁伸缩装置	毛勒伸缩缝	m	180.00			
52	040309010001	防水层	APP防水层	m^2	10194.00			
			分部小计					
			0405 市政管网工程					
53	040504001001	砌筑井	1.4×1.0，埋深3m	座	32			
54	040504001002	砌筑井	1.2×1.0，埋深2m	座	82			
55	040504001003	砌筑井	ϕ900，埋深1.5m	座	42			
56	040504001004	砌筑井	0.6×0.6，埋深1.5m	座	52			
57	040504001005	砌筑井	0.48×0.48，埋深1.5m	座	104			
58	040504009001	雨水口	单平箅，埋深3m	座	11			
59	040504009002	雨水口	双平箅，埋深2m	座	300			
			分部小计					
			本页小计					
			合　计					

注：为计取规费等的使用，可在表中增设其中："定额人工费"。

表-08 分部分项工程和单价措施项目清单与计价表（六）

工程名称：某市道路改造工程 标段： 第6页 共6页

序号	项目编码	项目名称	项目特征描述	计量单位	工程量	金额（元）		
						综合单价	合价	其中 暂估价
	0405 市政管网工程							
60	040501001001	混凝土管	*DN*1650，埋深3.5m	m	456.00			
61	040501001002	混凝土管	*DN*1000，埋深3.5m	m	430.00			
62	040501001003	混凝土管	*DN*1000，埋深2.5m	m	1746.00			
63	040501001004	混凝土管	*DN*1000，埋深2m	m	1196.00			
64	040501001005	混凝土管	*DN*800，埋深1.5m	m	766.00			
65	040501001006	混凝土管	*DN*600，埋深1.5m	m	2904.00			
66	040501001007	混凝土管	*DN*600，埋深3.5m	m	457.00			
		分部小计						
		0409 钢筋工程						
30	040901001001	现浇混凝土钢筋	ϕ10以外	t	283.00			
31	040901001002	现浇混凝土钢筋	ϕ11以内	t	1195.00			
32	040901006001	后张法预应力钢筋	1. 钢绞线（高强低松弛）R=1860MPa 2. 预应力锚具2176套（锚头15—6，128套；锚头15—5，784套；锚头15—4，1264套） 3. 金属波纹管内径6.2cm，长17108m 4. C40混凝土压浆	t	138.00			
		分部小计						
本页小计								
合计								

注：为计取规费等的使用，可在表中增设其中："定额人工费"。

5. 总价措施项目清单与计价表

表-11 总价措施项目清单与计价表

工程名称：某市道路改造工程　　　　标段：　　　　第1页　共1页

序号	项目编码	项目名称	计算基础	费率（%）	金额（元）	调整费率（%）	调整后金额（元）	备注
1	041109001001	安全文明施工费						
2	041109002001	夜间施工增加费						
3	041109003001	二次搬运费						
4	041109004001	冬雨季施工增加费						
5	041109007001	已完工程及设备保护费						
合　计								

编制人（造价人员）：　　　　复核人（造价工程师）：

注：1. “计算基础”中安全文明施工费可为“定额基价”、“定额人工费”或“定额人工费+定额机械费”，其他项目可为“定额人工费”或“定额人工费+定额机械费”。

2. 按施工方案计算的措施费，若无“计算基础”和“费率”的数值，也可只填“金额”数值，但应在备注栏说明施工方案出处或计算方法。

6. 其他项目清单与计价表

表-12 其他项目清单与计价汇总表

工程名称：某市道路改造工程　　　　标段：　　　　第1页　共1页

序号	项目名称	金额（元）	结算金额（元）	备注
1	暂列金额	1500000.00		明细详见表-12-1
2	暂估价	600000.00		
2.1	材料暂估价	400000.00		明细详见表-12-2
2.2	专业工程暂估价	200000.00		明细详见表-12-3
3	计日工			明细详见表-12-4
4	总承包服务费			明细详见表-12-5
5				
合　计		2100000.00		—

注：材料（工程设备）暂估价进入清单项目综合单价，此处不汇总。

（1）暂列金额明细表

表-12-1 暂列金额明细表

工程名称：某市道路改造工程　　　　标段：　　　　第1页 共1页

序号	项目名称	计量单位	暂定金额（元）	备注
1	政策性调整和材料价格波动	项	1000000.00	
2	其他	项	500000.00	
3				
合　计			1500000.00	—

注：此表由招标人填写，如不能详列，也可只列暂定金额总额，投标人应将上述暂列金额计入投标总价中。

（2）材料（工程设备）暂估单价及调整表

表-12-2 材料（工程设备）暂估单价及调整表

工程名称：某市道路改造工程　　　　标段：　　　　第1页 共1页

序号	材料（工程设备）名称、规格、型号	计量单位	数量		暂估（元）		确认（元）		差额±（元）		备注
			暂估	确认	单价	合价	单价	合价	单价	合价	
1	钢筋（规格、型号综合）	t	100		4000			400000			用在部分钢筋混凝土项目中
2											
合　计								400000			

注：此表由招标人填写“暂估单价”，并在备注栏说明暂估价的材料、工程设备拟用在那些清单项目上，投标人应将上述材料、工程设备暂估单价计入工程量清单综合单价报价中。

(3) 专业工程暂估价及结算价表

表-12-3 专业工程暂估价及结算价表

工程名称：某市道路改造工程 标段： 第1页 共1页

序号	工程名称	工程内容	暂估金额（元）	结算金额（元）	差额±（元）	备注
1	消防工程	合同图纸中标明的以及消防工程规范和技术说明中规定的各系统中的设备、管道、阀门、线缆等的供应、安装和调试工作	200000			
合计			200000			

注：此表“暂估金额”由招标人填写，投标人应将“暂估金额”计入投标总价中，结算时按合同约定结算金额填写。

(4) 计日工表

表-12-4 计日工表

工程名称：某市道路改造工程 标段： 第1页 共1页

编号	项目名称	单位	暂定数量	实际数量	综合单价（元）	合价（元）	
						暂定	实际
一	人工						
1	技工	工日	100				
2	壮工	工日	80				
人工小计							
二	材料						
1	水泥42.5	t	30.00				
2	钢筋	t	10.00				
材料小计							

续表-12-4

编号	项目名称	单位	暂定数量	实际数量	综合单价（元）	合价（元）	
						暂定	实际
三	施工机械						
1	履带式推土机 105kW	台班	3				
2	汽车起重机 25t	台班	3				
施工机械小计							
四、企业管理费和利润							
总　　计							

注：此表项目名称、暂定数量由招标人填写，编制招标控制价时，单价由招标人按有关计价规定确定；投标时，单价由投标人自主报价，按暂定数量计算合价计入投标总价中。结算时，按发承包双方确认的实际数量计算合价。

（5）总承包服务费计价表

表-12-5　总承包服务费计价表

工程名称：某市道路改造工程　　　　标段：　　　　第1页　共1页

序号	项目名称	项目价值（元）	服务内容	计算基础	费率（%）	金额（元）
1	发包人发包专业工程	500000	1. 按专业工程承包人的要求提供施工工作面并对施工现场进行统一整理汇总 2. 为专业工程承包人提供垂直运输机械和焊接电源接入点，并承担垂直运输费和电费			
	合　　计	—	—		—	

注：此表项目名称、服务内容有招标人填写，编制招标控制价时，费率及金额由招标人按有关计价规定确定；投标时，费率及金额由投标人自主报价，计入投标总价中。

7. 规费、税金项目计价表

表-13 规费、税金项目计价表

工程名称：某市道路改造工程　　　　标段：　　　　第1页　共1页

序号	项目名称	计算基础	计算基数	计算费率（%）	金额（元）
1	规费	定额人工费			
1.1	社会保险费	定额人工费			
(1)	养老保险费	定额人工费			
(2)	失业保险费	定额人工费			
(3)	医疗保险费	定额人工费			
(4)	工伤保险费	定额人工费			
(5)	生育保险费	定额人工费			
1.2	住房公积金	定额人工费			
1.3	工程排污费	按工程所在地环境保护部门收取标准，按实计入			
2	税金	分部分项工程费＋措施项目费＋其他项目费＋规费－按规定不计税的工程设备金额			
合　计					

编制人（造价人员）：　　　　复核人（造价工程师）：

8. 主要材料、工程设备一览表

表-20 发包人提供材料和工程设备一览表

工程名称：某市道路改造工程　　　　标段：　　　　第1页　共1页

序号	材料（工程设备）名称、规格、型号	单位	数量	单价（元）	交货方式	送达地点	备注
1	钢筋（规格见施工图现浇构件）	t	100	4000		工地仓库	

注：此表由招标人填写，供投标人在投标报价、确定总承包服务费时参考。

表-21 承包人提供主要材料和工程设备一览表

（适用于造价信息差额调整法）

工程名称：某市道路改造工程　　　　标段：　　　　第1页　共1页

序号	名称、规格、型号	单位	数量	风险系数（%）	基准单价（元）	投标单价（元）	发承包人确认单价（元）	备注
1	预拌混凝土 C20	m^3	25	≤5	310			
2	预拌混凝土 C25	m^3	560	≤5	323			
3	预拌混凝土 C30	m^3	3120	≤5	340			

注：1. 此表由招标人填写除“投标单价”栏的内容，投标人在投标时自主确定投标单价。

2. 投标人应优先采用工程造价管理机构发布的单价作为基准单价，未发布的，通过市场调查确定其基准单价。

表-22 承包人提供主要材料和工程设备一览表

（适用于价格指数差额调整法）

工程名称：某市道路改造工程　　　　标段：　　　　第1页　共1页

序号	名称、规格、型号	变值权重 B	基本价格指数 F_0	现行价格指数 F_t	备注
1	人工		110%		
2	钢材		4000 元/t		
3	预拌混凝土 C30		340 元/m^3		
4	页岩砖		300 元/千匹		
5	机械费		100%		
	定值权重 A		—	—	
合计		1	—	—	

注：1. “名称、规格、型号”、“基本价格指数”栏由招标人填写，基本价格指数应首先采用工程造价管理机构发布的价格指数，没有时，可采用发布的价格代替。如人工、机械费也采用本法调整由招标人在“名称”栏填写。

2. “变值权重”栏由投标人根据该项人工、机械费和材料、工程设备值在投标总报价中所占的比例填写，1减去其比例为定值权重。

3. “现行价格指数”按约定的付款证书相关周期最后一天的前42天的各项价格指数填写，该指数应首先采用工程造价管理机构发布的价格指数，没有时，可采用发布的价格代替。

4.2　招标控制价编制实例

现以某市主干道路改造工程为例介绍招标控制价编制（由委托工程造价咨询人编制）。

1. 封面

封-2　招标控制价封面

某市道路改造　工程

招 标 控 制 价

招　标　人：　某市委办公室
（单位盖章）

造价咨询人：　××工程造价咨询企业
（单位盖章）

××年×月×日

2. 扉页

扉-2 招标控制价扉页

某市道路改造 工程

招 标 控 制 价

招标控制价（小写）： 55315502.36元

（大写）： 伍仟伍佰叁拾壹万伍仟伍佰零贰元叁角陆分

招 标 人： 某市委办公室
（单位盖章）

造价咨询人： ××工程造价咨询企业
（单位资质专用章）

法定代表人 ××单位
或其授权人： ×××
（签字或盖章）

法定代表人 ××工程造价咨询企业
或其授权人： ×××
（签字或盖章）

编 制 人： ×××
（造价人员签字盖专用章）

复 核 人： ×××
（造价工程师签字盖专用章）

编制时间：××年×月×日 复核时间：××年×月×日

3. 总说明

表-01 总 说 明

工程名称：某市道路改造工程　　　　　　第1页　共1页

1. 工程概况：某市道路全长6km，路宽70m。8车道，其中有大桥上部结构为预应力混凝土T形梁，梁高为1.2m，跨境为1×22m+6×20m，桥梁全长164m。下部结构，中墩为桩接柱，柱顶盖梁；边墩为重力桥台。墩柱直径为1.2m，转孔桩直径为1.3m。施工工期为1年。

2. 招标范围：道路工程、桥梁工程和排水工程。

3. 清单编制依据：本工程依据《建设工程工程量清单计价规范》GB 50500—2013中规定的工程量清单计价的办法，依据××单位设计的施工设计图纸、施工组织设计等计算实物工程量。

4. 考虑施工中可能发生的设计变更或清单有误，预留金1500000万元。

5. 投标人在投标文件应按《建设工程工程量清单计价规范》GB 50500—2013规定的统一格式，提供“分部分项工程和单价措施项目清单与计价表”、“措施项目清单与计价表”。

6. 其他（略）。

4. 招标控制价汇总表

表-02 建设项目招标控制价汇总表

工程名称：某市道路改造工程　　　　　　第1页　共1页

序号	单项工程名称	金额（元）	其中：（元）		
			暂估价	安全文明施工费	规费
1	某市道路改造工程	55315502.36	6000000.00	1533898.79	2161838.59
合　计		55315502.36	6000000.00	1533898.79	2161838.59

说明：本工程为单项工程，故单项工程即为建设项目。

表-03 单项工程招标控制价汇总表

工程名称：某市道路改造工程 第1页 共1页

序号	单位工程名称	金额（元）	其中：（元）		
			暂估价	安全文明施工费	规费
1	某市道路改造工程	55315502.36	6000000.00	1533898.79	2161838.59
合计		55315502.36	6000000.00	1533898.79	2161838.59

注：暂估价包括分部分项工程中的暂估价和专业工程暂估价。

表-04 单位工程招标控制价汇总表

工程名称：某市道路改造工程 第1页 共1页

序号	汇总内容	金额（元）	其中：暂估价（元）
1	分部分项工程	47914888.17	6000000.00
0401	土石方工程	2275844.14	
0402	道路工程	25413244.56	
0403	桥涵护岸工程	11529584.09	
0405	市政管网工程	1352977.34	
0409	钢筋工程	7343238.04	6000000.00
2	措施项目	1625225.57	—
0411	其中：安全文明施工费	1533898.79	—
3	其他项目	1787940.00	—
3.1	其中：暂列金额	1500000.00	—
3.2	其中：专业工程暂估价	200000.00	—
3.3	其中：计日工	62940.00	—
3.4	其中：总承包服务费	25000.00	—
4	规费	2161838.59	—
5	税金	1825610.03	—
招标控制价合计=1+2+3+4+5		55253007.08	6000000.00

注：本表适用于单位工程招标控制价或投标报价的汇总，单项工程也使用本表汇总。

5. 分部分项工程和单价措施项目清单与计价表

表-08 分部分项工程和单价措施项目清单与计价表（一）

工程名称：某市道路改造工程　　标段：　　第1页　共6页

序号	项目编码	项目名称	项目特征描述	计量单位	工程量	金额（元）		
						综合单价	合价	其中 暂估价
		0401 土石方工程						
1	040101001001	挖一般土方	一、二类土，4m以内	m^3	142100.00	10.70	1520470.00	
2	040101002001	挖沟槽土方	三、四类土，综合4m以内	m^3	2493.00	11.81	29442.33	
3	040101002002	挖沟槽土方	三、四类土，综合3m以内	m^3	837.00	60.18	50370.66	
4	040101002003	挖沟槽土方	新建翼墙6m内	m^3	2837.00	17.85	50640.45	
5	040103001001	回填方	90%以上	m^3	8500.00	8.30	70550.00	
6	040103001002	回填方	二灰土12：35：53，90%以上	m^3	7700.00	7.02	54054.00	
7	040103001003	回填方	基础回填砂砾石	m^3	208.00	65.61	13646.88	
8	040103001004	回填方	1. 填方台后回填砂砾石 2. 粒径5～80cm 3. 密实度≥96%	m^3	3631.00	31.22	113359.82	
9	040103002001	余方弃置	余土弃置，松土100mm	m^3	46000.00	7.79	358340.00	
10	040103002002	余方弃置	余方弃置，10km	m^3	1497.00	10.00	14970.00	
		分部小计					2275844.14	
		本页小计					2275844.14	
		合　计					2275844.14	

注：为计取规费等的使用，可在表中增设其中："定额人工费"。

表-08　分部分项工程和单价措施项目清单与计价表（二）

工程名称：某市道路改造工程　　标段：　　第 2 页　共 6 页

序号	项目编码	项目名称	项目特征描述	计量单位	工程量	金额（元）		
						综合单价	合价	其中 暂估价
		0402 道路工程						
11	040201004001	掺石灰	含灰量：10%	m^3	1800.00	57.45	103410.00	
12	040202002001	石灰稳定土	1. 含灰量：10% 2. 厚度：15cm	m^2	84060.00	16.21	1362612.60	
13	040202002002	石灰稳定土	1. 含灰量：11% 2. 厚度：30cm	m^2	57320.00	12.05	690706.00	
14	040202006001	石灰、粉煤灰、碎（砾）石	1. 配合比：10∶20∶70 2. 二灰碎石厚度：12cm	m^2	84060.00	30.78	2587366.80	
15	040202006002	石灰、粉煤灰、碎（砾）石	1. 配合比：10∶20∶71 2. 二灰碎石厚度：20cm	m^2	57320.00	26.46	1516687.20	
16	040204002001	人行道块料铺设	1. 铺设普通人行道板 2. 25×2cm	m^2	5850.00	0.64	3744.00	
17	040204002002	人行道块料铺设	1. 铺设异型彩色花砖 2. 1∶3 石灰砂浆 3. D 型砖	m^2	20590.00	13.15	270758.50	
18	040205005001	人（手）孔井	接线井，100cm×100cm×100cm	座	5	716.43	3582.15	
19	040205005002	人（手）孔井	接线井 50cm×50cm×100cm	座	55	494.05	27172.75	
20	040205012001	隔离护栏	钢制人行道护栏	m	1440.00	15.66	22550.40	
21	040205012002	隔离护栏	钢制机非分隔栏	m	200.00	15.66	3132.00	
22	040203005001	黑色碎石	1. 石油沥青 2. 厚度：6cm	m^2	91360.00	50.97	4656619.20	
		分部小计					11248342.00	
		本页小计					11248342.00	
		合　计					13524186.14	

注：为计取规费等的使用，可在表中增设其中："定额人工费"。

表-08 分部分项工程和单价措施项目清单与计价表（三）

工程名称：某市道路改造工程　　　　标段：　　　　第3页　共6页

序号	项目编码	项目名称	项目特征描述	计量单位	工程量	金额（元）		
						综合单价	合价	其中 暂估价
			0402 道路工程					
23	040203006001	沥青混凝土	厚度：5cm	m^2	3383.00	115.65	391243.95	
24	040203006002	沥青混凝土	厚度：4cm	m^2	91360.00	103.54	9459414.40	
25	040203006003	沥青混凝土	厚度：3cm	m^2	125190.00	32.74	4098720.60	
26	040202015001	水泥稳定碎（砾）石	1. 主路搭板下 2. $d7$，≥2.0MPa 3. 厚度18cm	m^2	793.00	21.96	17414.28	
27	040202015002	水泥稳定碎（砾）石	1. 主路搭板下 2. $d7$，≥3.0MPa 3. 厚度17cm	m^2	793.00	20.81	16502.33	
28	040202015003	水泥稳定碎（砾）石	1. 主路搭板下 2. $d7$，≥3.0MPa 3. 厚度18cm	m^2	793.00	21.21	16819.53	
29	040202015004	水泥稳定碎（砾）石	1. 主路搭板下 2. $d7$，≥2.0MPa 3. 厚度21cm	m^2	728.00	17.38	12652.64	
30	040202015005	水泥稳定碎（砾）石	1. 主路搭板下 2. $d7$，≥2.0MPa 3. 厚度22cm	m^2	364.00	17.90	6515.60	
31	040204004001	安砌侧（平、缘）石	1. 花岗岩剁斧平石 2. 12cm×25cm×49.5cm	m^2	673.00	53.66	36113.18	
32	040204004002	安砌侧（平、缘）石	1. 甲B型机切花岗岩路缘石 2. 15cm×32cm×99.5cm	m^2	1015.00	85.91	87198.65	
33	040204004003	安砌侧（平、缘）石	1. 甲B型机切花岗岩路缘石 2. 15cm×25cm×74.5cm	m^2	340.00	65.61	22307.40	
			分部小计				25413244.56	
			本页小计				14164902.56	
			合　计				27689088.70	

注：为计取规费等的使用，可在表中增设其中："定额人工费"。

表-08 分部分项工程和单价措施项目清单与计价表（四）

工程名称：某市道路改造工程 标段： 第4页 共6页

序号	项目编码	项目名称	项目特征描述	计量单位	工程量	金额（元）		
						综合单价	合价	其中 暂估价
		0403 桥涵护岸工程						
34	040301006001	干作业成孔灌注桩	直径1.3cm，C25	m	1036.00	1251.09	1296129.24	
35	040301006002	干作业成孔灌注桩	直径1cm，C25	m	1680.00	1692.81	2843920.80	
36	040303003001	混凝土承台	C25－25，C10混凝土垫层	m^3	1015.00	299.98	304479.70	
37	040303005001	混凝土墩（台）身	墩柱，C35－25	m^3	384.00	434.93	167013.12	
38	040303005002	混凝土墩（台）身	墩柱，C30－25	m^3	1210.00	318.49	385372.90	
39	040303006001	混凝土支撑梁及横梁	现浇C30－25简支梁湿接头	m^3	937.00	401.74	376430.38	
40	040303007001	混凝土墩（台）盖梁	C35－25	m^3	748.00	390.63	292191.24	
41	040303019001	桥面铺装	1. 改性沥青、玛瑞脂、玄武石、碎石混合料 2. 厚度：4cm(SMA－16)	m^2	7550.00	37.71	284710.50	
42	040303019002	桥面铺装	1. 改性沥青、玛瑞脂、玄武石、碎石混合料 2. 厚度：5cm（AC－20D	m^2	7560.00	44.10	333396.00	
43	040303019003	桥面铺装	C30－25抗折	m^2	281.00	621.94	174765.14	
44	040304001001	预制混凝土梁	墩柱连系梁C30－25	m^2	205.00	227.72	46682.60	
45	040304001002	预制混凝土梁	预应力混凝土简支梁，C30－25	m^2	781.00	1249.00	975469.00	
46	040304001003	预制混凝土梁	预应力混凝土简支梁，C45－25	m^2	2472.00	1249.75	3089382.00	
		分部小计					10569943.00	
		本页小计					10569943.00	
		合 计					38259031.70	

注：为计取规费等的使用，可在表中增设其中："定额人工费"。

表-08 分部分项工程和单价措施项目清单与计价表（五）

工程名称：某市道路改造工程　　　　标段：　　　　第5页　共6页

序号	项目编码	项目名称	项目特征描述	计量单位	工程量	金额（元）综合单价	金额（元）合价	金额（元）其中：暂估价
			0403 桥涵护岸工程					
47	040305003001	浆砌块料	1. 河道浸水挡墙，墙身M10浆砌片石 2. 泄水孔 ϕ100，塑料管	m^3	593.00	160.98	95461.14	
48	040303002001	混凝土基础	1. 河道浸水挡墙基础 2. C25－25	m^3	1027.00	82.39	84614.53	
49	040303016001	混凝土挡墙压顶	C25－25	m^3	32.00	173.51	5552.32	
50	040309004001	橡胶支座	20cm×35cm×4.9cm	m^3	32.00	173.51	552.32	
51	040309008001	桥梁伸缩装置	毛勒伸缩缝	m	180.00	2067.35	372123.00	
52	040309010001	防水层	APP 防水层	m^2	10194.00	39.37	401337.78	
			分部小计				11529584.09	
			0405 市政管网工程					
53	040504001001	砌筑井	1.4×1.0，埋深3m	座	32	1790.97	57311.04	
54	040504001002	砌筑井	1.2×1.0，埋深2m	座	82	1661.53	136245.46	
55	040504001003	砌筑井	ϕ900，埋深1.5m	座	42	1057.79	44427.18	
56	040504001004	砌筑井	0.6×0.6，埋深1.5m	座	52	700.43	36422.36	
57	040504001005	砌筑井	0.48×0.48，埋深1.5m	座	104	689.79	71738.16	
58	040504009001	雨水口	单平箅，埋深3m	座	11	458.90	5047.90	
59	040504009002	雨水口	双平箅，埋深2m	座	300	788.33	236499.00	
			分部小计				587691.10	
			本页小计				1547332.19	
			合　计				39806363.89	

注：为计取规费等的使用，可在表中增设其中：“定额人工费”。

表-08 分部分项工程和单价措施项目清单与计价表（六）

工程名称：某市道路改造工程　　标段：　　第6页　共6页

序号	项目编码	项目名称	项目特征描述	计量单位	工程量	金额（元）		
						综合单价	合价	其中 暂估价
		0405 市政管网工程						
60	040501001001	混凝土管	DN1650，埋深3.5m	m	456.00	387.61	176750.16	
61	040501001002	混凝土管	DN1000，埋深3.5m	m	430.00	125.09	53788.70	
62	040501001003	混凝土管	DN1000，埋深2.5m	m	1746.00	86.20	150505.20	
63	040501001004	混凝土管	DN1000，埋深2m	m	1196.00	86.20	103095.20	
64	040501001005	混凝土管	DN800，埋深1.5m	m	766.00	38.20	29261.20	
65	040501001006	混凝土管	DN600，埋深1.5m	m	2904.00	29.97	87045.88	
66	040501001007	混凝土管	DN600，埋深3.5m	m	457.00	360.70	164839.90	
		分部小计					1352977.34	
		0409 钢筋工程						
30	040901001001	现浇混凝土钢筋	ϕ10 以外	t	283.00	3801.12	1075716.96	700000
31	040901001002	现浇混凝土钢筋	ϕ11 以内	t	1195.00	3862.24	4615376.80	4300000
32	040901006001	后张法预应力钢筋	1. 钢绞线（高强低松弛）R=1860MPa 2. 预应力锚具2176套（锚头15—6，128套；锚头15—5，784套；锚头15—4，1264套） 3. 金属波纹管内径6.2cm，长17108m 4. C40混凝土压浆	t	138.00	11972.06	1652144.28	1000000
		分部小计					7343238.04	6000000
本页小计							8108524.28	6000000
合　计							47914888.17	6000000

注：为计取规费等的使用，可在表中增设其中："定额人工费"。

6. 综合单价分析表

以某市道路改造工程石灰、粉煤灰、碎（砾）石，人行道块料铺设工程量综合单价分析表介绍招标控制价中综合单价分析表的编制。

表-09 综合单价分析表（一）

工程名称：某市道路改造工程　　　　标段：　　　　第1页　共2页

项目编码	040202006001		项目名称	石灰、粉煤灰、碎（砾）石			计量单位	m²	工程量	84060.00	
清单综合单价组成明细											
定额编号	定额项目名称	定额单位	数量	单价				合价			
				人工费	材料费	机械费	管理费和利润	人工费	材料费	机械费	管理费和利润
2-62	石灰：粉煤灰：碎石＝10：20：70	100m²	0.01	315	2164.89	131.48	566.50	3.15	20.65	1.31	5.67
人工单价			小　计					3.15	20.65	1.31	5.67
22.47（元/工日）			未计价材料费								
清单项目综合单价								30.78			
材料费明细	主要材料名称、规格、型号				单位	数量		单价（元）	合价（元）	暂估单价（元）	暂估合价（元）
	生石灰				t	0.0396		115.00	4.55		
	粉煤灰				m³	0.1056		78.00	8.24		
	碎石 25～40mm				m³	0.1891		41.15	7.78		
	水				m³	0.063		0.45	0.03		
	其他材料费							—	0.05	—	
	材料费小计							—	20.65	—	

注：1. 如不使用省级或行业建设主管部门发布的计价依据，可不填定额编号、名称等。

2. 招标文件提供了暂估单价的材料，按暂估的单价填入表内“暂估单价”栏及“暂估合价”栏。

表-09 综合单价分析表（二）

工程名称：某市道路改造工程　　标段：　　第2页 共2页

项目编码	040204002002	项目名称		人行道块料铺设		计量单位	m²	工程量		20590.00	
清单综合单价组成明细											
定额编号	定额项目名称	定额单位	数量	单价				合价			
				人工费	材料费	机械费	管理费和利润	人工费	材料费	机械费	管理费和利润
2-322	D型砖	10m²	0.1	68.31	48.16	—	15.03	6.83	4.82	—	1.50
人工单价		小计						6.83	4.82	—	1.50
22.47（元/工日）		未计价材料费									
清单项目综合单价								13.15			
材料费明细	主要材料名称、规格、型号					单位	数量	单价（元）	合价（元）	暂估单价（元）	暂估合价（元）
	生石灰					t	0.006	115.00	0.69		
	粗砂					m³	0.024	44.23	1.06		
	水					m³	0.089	0.45	0.04		
	D型砖					m³	30.30	0.10	3.03		
	其他材料费							—		—	
	材料费小计							—	4.82	—	

注：1. 如不使用省级或行业建设主管部门发布的计价依据，可不填定额编号、名称等。

2. 招标文件提供了暂估单价的材料，按暂估的单价填入表内“暂估单价”栏及“暂估合价”栏。

（其他分部分项工程的清单综合单价分析表略）

7. 总价措施项目清单与计价表

表-11 总价措施项目清单与计价表

工程名称：某市道路改造工程　　　　　　标段：　　　　　　　　　第1页　共1页

序号	项目编码	项目名称	计算基础	费率（%）	金额（元）	调整费率（%）	调整后金额（元）	备注
1	041109001001	安全文明施工费	定额人工费	30	1533898.79			
2	041109002001	夜间施工增加费	定额人工费	3	54223.18			
3	041109003001	二次搬运费	定额人工费	2	11791.02			
4	041109004001	冬雨季施工增加费	定额人工费	1	11791.02			
5	041109007001	已完工程及设备保护费			13521.56			
合计					1625225.57			

编制人（造价人员）：　　　　　　　　　　复核人（造价工程师）：

注：1. “计算基础”中安全文明施工费可为“定额基价”、“定额人工费”或“定额人工费＋定额机械费”，其他项目可为“定额人工费”或“定额人工费＋定额机械费”。

2. 按施工方案计算的措施费，若无“计算基础”和“费率”的数值，也可只填“金额”数值，但应在备注栏说明施工方案出处或计算方法。

8. 其他项目清单与计价汇总表

表-12 其他项目清单与计价汇总表

工程名称：某市道路改造工程　　　　　　标段：　　　　　　　　　第1页　共1页

序号	项目名称	金额/元	结算金额/元	备注
1	暂列金额	1500000.00		明细详见表-12-1
2	暂估价	200000.00		
2.1	材料暂估价	—		
2.2	专业工程暂估价	200000.00		明细详见表-12-3
3	计日工	62940.00		明细详见表-12-4
4	总承包服务费	25000.00		明细详见表-12-5
合计		1787940.00		—

注：材料（工程设备）暂估价进入清单项目综合单价，此处不汇总。

（1）暂列金额明细表

表-12-1 暂列金额明细表

工程名称：某市道路改造工程　　标段：　　第1页　共1页

序号	项目名称	计量单位	暂定金额（元）	备注
1	政策性调整和材料价格波动	项	1000000.00	
2	其他	项	500000.00	
合计			1500000.00	—

注：此表由招标人填写，如不能详列，也可只列暂定金额总额，投标人应将上述暂列金额计入投标总价中。

（2）材料（工程设备）暂估单价及调整表

表-12-2 材料（工程设备）暂估单价及调整表

工程名称：某市道路改造工程　　标段：　　第1页　共1页

序号	材料（工程设备）名称、规格、型号	计量单位	数量		暂估（元）		确认（元）		差额±（元）		备注
			暂估	确认	单价	合价	单价	合价	单价	合价	
1	钢筋（规格、型号综合）	t	100		4000		400000				用于现浇钢筋混凝土项目
合计							400000				

注：此表由招标人填写"暂估单价"，并在备注栏说明暂估价的材料、工程设备拟用在哪些清单项目上，投标人应将上述材料、工程设备暂估单价计入工程量清单综合单价报价中。

(3) 专业工程暂估价及结算价表

表-12-3 专业工程暂估价及结算价表

工程名称：某市道路改造工程　　标段：　　第1页　共1页

序号	工程名称	工程内容	暂估金额（元）	结算金额（元）	差额±（元）	备注
1	消防工程	合同图纸中标明的以及消防工程规范和技术说明中规定的各系统中的设备、管道、阀门、线缆等的供应、安装和调试工作	200000			
合计			200000			

注：此表"暂估金额"由招标人填写，投标人应将"暂估金额"计入投标总价中，结算时按合同约定结算金额填写。

(4) 计日工表

表-12-4 计日工表

工程名称：某市道路改造工程　　标段：　　第1页　共1页

编号	项目名称	单位	暂定数量	实际数量	综合单价（元）	合价（元）	
						暂定	实际
一	人工						
1	技工	工日	100		50.00	5000.00	
2	壮工	工日	80		43.00	3440.00	
3							
人工小计						8440.00	
二	材料						
1	水泥42.5	t	30.00		300.00	9000.00	
2	钢筋	t	10.00		3500.00	35000.00	
3							
材料小计						44000.00	

续表-12-4

编号	项目名称	单位	暂定数量	实际数量	综合单价（元）	合价（元）	
						暂定	实际
三	施工机械						
1	履带式推土机 105kW	台班	3		1000.00	3000.00	
2	汽车起重机 25t	台班	3		2500.00	7500.00	
3							
施工机械小计						10500.00	
四、企业管理费和利润　按人工费 20%计							
总　计						62940.00	

注：此表项目名称、暂定数量由招标人填写，编制招标控制价时，单价由招标人按有关计价规定确定；投标时，单价由投标人自主报价，按暂定数量计算合价计人投标总价中。结算时，按发承包双方确认的实际数量计算合价。

（5）总承包服务费计价表

表-12-5　总承包服务费计价表

工程名称：某市道路改造工程　　标段：　　第 1 页　共 1 页

序号	项目名称	项目价值（元）	服务内容	计算基础	费率（%）	金额（元）
1	发包人发包专业工程	500000	1. 按专业工程承包人的要求提供施工工作面并对施工现场进行统一整理汇总 2. 为专业工程承包人提供垂直运输机械和焊接电源接入点，并承担垂直运输费和电费	项目价值	5	25000
	合　计	—	—		—	25000

注：此表项目名称、服务内容有招标人填写，编制招标控制价时，费率及金额由招标人按有关计价规定确定；投标时，费率及金额由投标人自主报价，计入投标总价中。

9. 规费、税金项目计价表

表-13 规费、税金项目计价表

工程名称：某市道路改造工程　　　　标段：　　　　第1页　共1页

序号	项目名称	计算基础	计算基数	计算费率（%）	金额（元）
1	规费	定额人工费			2161838.59
1.1	社会保险费	定额人工费	(1)＋…＋(5)		1586626.55
(1)	养老保险费	定额人工费		4	766949.39
(2)	失业保险费	定额人工费		2	191737.35
(3)	医疗保险费	定额人工费		3	575212.04
(4)	工伤保险费	定额人工费		0.1	19173.73
(5)	生育保险费	定额人工费		0.25	33554.04
1.2	住房公积金	定额人工费		3	575212.04
1.3	工程排污费	按工程所在地环境保护部门收取标准，按实计入			—
2	税金	分部分项工程费＋措施项目费＋其他项目费＋规费－按规定不计税的工程设备金额		3.413	1825610.03
合计					3987448.62

编制人（造价人员）：　　　　复核人（造价工程师）：

10. 主要材料、工程设备一览表

表-20 发包人提供主要材料和工程设备一览表

工程名称：某市道路改造工程　　　　标段：　　　　第1页　共1页

序号	材料（工程设备）名称、规格、型号	单位	数量	单价（元）	交货方式	送达地点	备注
1	钢筋（规格见施工图现浇构件）	t	200	4000		工地仓库	

注：此表由招标人填写，供投标人在投标报价、确定总承包服务费时参考。

表-21 承包人提供主要材料和工程设备一览表

（适用于造价信息差额调整法）

工程名称：某市道路改造工程　　　　标段：　　　　第1页　共1页

序号	名称、规格、型号	单位	数量	风险系数（%）	基准单价（元）	投标单价（元）	发承包人确认单价（元）	备注
1	预拌混凝土C20	m^3	25	≤5	310			
2	预拌混凝土C25	m^3	560	≤5	323			
3	预拌混凝土C30	m^3	3120	≤5	340			

注：1. 此表由招标人填写除“投标单价”栏的内容，投标人在投标时自主确定投标单价。
2. 投标人应优先采用工程造价管理机构发布的单价作为基准单价，未发布的，通过市场调查确定其基准单价。

表-22 承包人提供主要材料和工程设备一览表

（适用于价格指数差额调整法）

工程名称：某市道路改造工程　　　　标段：　　　　第1页　共1页

序号	名称、规格、型号	变值权重 B	基本价格指数 F_0	现行价格指数 F_t	备注
1	人工		110%		
2	钢材		4000元/t		
3	预拌混凝土C30		340元/m^3		
4	页岩砖		300元/千匹		
5	机械费		100%		
	定值权重A		—	—	
合　计		1	—	—	

注：1. “名称、规格、型号”、“基本价格指数”栏由招标人填写，基本价格指数应首先采用工程造价管理机构发布的价格指数，没有时，可采用发布的价格代替。如人工、机械费也采用本法调整由招标人在“名称”栏填写。
2. “变值权重”栏由投标人根据该项人工、机械费和材料、工程设备值在投标总报价中所占的比例填写，1减去其比例为定值权重。
3. “现行价格指数”按约定的付款证书相关周期最后一天的前42天的各项价格指数填写，该指数应首先采用工程造价管理机构发布的价格指数，没有时，可采用发布的价格代替。

4.3 投标报价编制实例

现以某市主干道路改造工程为例介绍投标报价编制（由委托工程造价咨询人编制）。

1. 封面

封-3 投标总价封面

某市道路改造 工程

投 标 总 价

投 标 人： ××建筑公司

（单位盖章）

××年×月×日

2. 扉页

扉-3 投标总价扉页

投 标 总 价

招 标 人：某市委办公室

工 程 名 称：某市道路改造工程

投标总价（小写）：54265793.41 元

（大写）：伍仟肆佰贰拾陆万伍仟柒佰玖拾叁元肆角一分

投 标 人：××建筑公司

（单位盖章）

法定代表人

或其授权人：×××

（签字或盖章）

编 制 人：×××

（造价人员签字盖专用章）

编制时间：××年×月×日

3. 总说明

表-01 总 说 明

工程名称：某市道路改造工程　　　　第1页　共1页

1. 工程概况：某市道路全长6km，路宽70m。8车道，其中有大桥上部结构为预应力混凝土T形梁，梁高为1.2m，跨境为1×22m+6×20m，桥梁全长164m。下部结构，中墩为桩接柱，柱顶盖梁；边墩为重力桥台。墩柱直径为1.2m，转孔桩直径为1.3m。招标工期为1年，投标工期为280d。

2. 投标范围：道路工程、桥梁工程和排水工程。

3. 投标依据：

(1) 招标文件及其提供的工程量清单和有关报价要求，招标文件的补充通知和答疑纪要。

(2) 依据××单位设计的施工设计图纸、施工组织设计。

(3) 有关的技术标准、规定和安全管理规定。

(4) 省建设主管部门颁发的计价定额和计价管理办法及相关计价文件。

(5) 材料价格根据本公司掌握的价格情况并参照工程所在地的工程造价管理机构××年××月工程造价信息发布的价格。

其他略。

4. 投标控制价汇总表

表-02 建设项目投标报价汇总表

工程名称：某市道路改造工程　　　　第1页　共1页

序号	单项工程名称	金额（元）	其中：（元）		
			暂估价	安全文明施工费	规费
1	某市道路改造工程	54265793.41	6000000.00	1587692.21	2115774.62
合　计		54265793.41	6000000.00	1587692.21	2115774.62

说明：本工程为单项工程，故单项工程即为建设项目。

表-03 单项工程投标报价汇总表

工程名称：某市道路改造工程　　　　　　　　　　　　　　第1页　共1页

序号	单位工程名称	金额（元）	其中：（元）		
			暂估价	安全文明施工费	规费
1	某市道路改造工程	54176364.54	6000000.00	1587692.21	2115774.62
合　计		54176364.54	6000000.00	1587692.21	2115774.62

注：暂估价包括分部分项工程中的暂估价和专业工程暂估价。

表-04 单位工程投标报价汇总表

工程名称：某市道路改造工程　　　　　　　　　　　　　　第1页　共1页

序号	汇总内容	金额（元）	其中：暂估价（元）
1	分部分项工程	46896862.32	6000000.00
0401	土石方工程	2246212.27	
0402	道路工程	24942271.99	
0403	桥涵护岸工程	11227288.04	
0405	市政管网工程	1322520.84	
0409	钢筋工程	7158569.18	6000000.00
2	措施项目	1674169.61	—
0411	其中：安全文明施工费	1587692.21	—
3	其他项目	1788021.00	—
3.1	其中：暂列金额	1500000.00	—
3.2	其中：专业工程暂估价	200000.00	—
3.3	其中：计日工	63021.00	—
3.4	其中：总承包服务费	25000.00	—
4	规费	2115774.62	—
5	税金	1790965.86	—
投标报价合计=1+2+3+4+5		54265793.41	6000000.00

5. 分部分项工程和单价措施项目清单与计价表

表-08 分部分项工程和单价措施项目清单与计价表（一）

工程名称：某市道路改造工程　　标段：　　第1页　共6页

序号	项目编码	项目名称	项目特征描述	计量单位	工程量	金额（元）		
						综合单价	合价	其中：暂估价
		0401 土石方工程						
1	040101001001	挖一般土方	一、二类土，4m以内	m^3	142100.00	10.20	1449420.00	
2	040101002001	挖沟槽土方	三、四类土，综合4m以内	m^3	2493.00	11.60	28918.80	
3	040101002002	挖沟槽土方	三、四类土，综合3m以内	m^3	837.00	155.71	130329.27	
4	040101002003	挖沟槽土方	新建翼墙6m内	m^3	2837.00	16.88	47888.56	
5	040103001001	回填方	90%以上	m^3	8500.00	8.10	68850.00	
6	040103001002	回填方	二灰土12：35：53，90%以上	m^3	7700.00	6.95	53515.00	
7	040103001003	回填方	基础回填砂砾石	m^3	208.00	61.25	12740.00	
8	040103001004	回填方	1. 填方台后回填砂砾石 2. 粒径5～80cm 3. 密实度≥96%	m^3	3631.00	28.24	102539.44	
9	040103002001	余方弃置	余土弃置，松土100mm	m^3	46000.00	7.34	337640.00	
10	040103002002	余方弃置	余方弃置，10km	m^3	1497.00	9.60	14371.20	
		分部小计					2246212.27	
		本页小计					2246212.27	
		合　计					2246212.27	

注：为计取规费等的使用，可在表中增设其中："定额人工费"。

表-08 分部分项工程和单价措施项目清单与计价表（二）

工程名称：某市道路改造工程　　标段：　　第 2 页　共 6 页

序号	项目编码	项目名称	项目特征描述	计量单位	工程量	金额（元）		
						综合单价	合价	其中 暂估价
		0402 道路工程						
11	040201004001	掺石灰	含灰量：10％	m^3	1800.00	56.42	101556.00	
12	040202002001	石灰稳定土	1. 含灰量：10％ 2. 厚度：15cm	m^2	84060.00	15.98	1343278.80	
13	040202002002	石灰稳定土	1. 含灰量：11％ 2. 厚度：30cm	m^2	57320.00	15.64	896484.80	
14	040202006001	石灰、粉煤灰、碎（砾）石	1. 配合比：10∶20∶70 2. 二灰碎石厚度：12cm	m^2	84060.00	30.55	2568033.00	
15	040202006002	石灰、粉煤灰、碎（砾）石	1. 配合比：10∶20∶71 2. 二灰碎石厚度：20cm	m^2	57320.00	24.56	1407779.20	
16	040204002001	人行道块料铺设	1. 铺设普通人行道板 2. 25×2cm	m^2	5850.00	0.61	3568.50	
17	040204002002	人行道块料铺设	1. 铺设异型彩色花砖 2. 1∶3 石灰砂浆 3. D 型砖	m^2	20590.00	13.01	267875.90	
18	040205005001	人（手）孔井	接线井，100cm×100cm×100cm	座	5	706.43	3532.15	
19	040205005002	人（手）孔井	接线井 50cm×50cm×100cm	座	55	492.10	27065.50	
20	040205012001	隔离护栏	钢制人行道护栏	m	1440.00	14.24	20505.60	
21	040205012001	隔离护栏	钢制机非分隔栏	m	200.00	15.06	3012.00	
22	040203005001	黑色碎石	1. 石油沥青 2. 厚度：6cm	m^2	91360.00	48.44	4425478.40	
		分部小计					11068169.85	
		本页小计					11068169.85	
		合　计					13314382.12	

注：为计取规费等的使用，可在表中增设其中："定额人工费"。

表-08 分部分项工程和单价措施项目清单与计价表（三）

工程名称：某市道路改造工程　　标段：　　第3页　共6页

序号	项目编码	项目名称	项目特征描述	计量单位	工程量	金额（元）		
						综合单价	合价	其中 暂估价
		0402道路工程						
23	040203006001	沥青混凝土	厚度：5cm	m^2	3383.00	113.24	383090.92	
24	040203006002	沥青混凝土	厚度：4cm	m^2	91360.00	103.67	9471291.20	
25	040203006003	沥青混凝土	厚度：3cm	m^2	125190.00	30.45	3812035.50	
26	040202015001	水泥稳定碎（砾）石	1. 主路搭板下 2. $d7$，≥2.0MPa 3. 厚度18cm	m^2	793.00	21.30	16890.90	
27	040202015002	水泥稳定碎（砾）石	1. 主路搭板下 2. $d7$，≥3.0MPa 3. 厚度17cm	m^2	793.00	20.21	16026.53	
28	040202015003	水泥稳定碎（砾）石	1. 主路搭板下 2. $d7$，≥3.0MP 3. 厚度18cm	m^2	793.00	20.11	15947.23	
29	040202015004	水泥稳定碎（砾）石	1. 主路搭板下 2. $d7$，≥2.0MPa 3. 厚度21cm	m^2	728.00	16.24	11822.72	
30	040202015005	水泥稳定碎（砾）石	1. 主路搭板下 2. $d7$，≥2.0MPa 3. 厚度22cm	m^2	364.00	16.20	5896.80	
31	040204004001	安砌侧（平、缘）石	1. 花岗岩剁斧平石 2. 12cm×25cm×49.5cm	m^2	673.00	52.23	35150.79	
32	040204004002	安砌侧（平、缘）石	1. 甲B型机切花岗岩路缘石 2. 15cm×32cm×99.5cm	m^2	1015.00	83.21	84458.15	
33	040204004003	安砌侧（平、缘）石	1. 甲B型机切花岗岩路缘石 2. 15cm×25cm×74.5cm	m^2	340.00	63.21	21491.40	
		分部小计					24942271.99	
		本页小计					13874102.14	
		合　计					27188484.26	

注：为计取规费等的使用，可在表中增设其中："定额人工费"。

表-08　分部分项工程和单价措施项目清单与计价表（四）

工程名称：某市道路改造工程　　　　标段：　　　　第4页　共6页

序号	项目编码	项目名称	项目特征描述	计量单位	工程量	金额（元）		
						综合单价	合价	其中 暂估价
		0403 桥涵护岸工程						
34	040301006001	干作业成孔灌注桩	直径1.3cm，C25	m	1036.00	1251.03	1296067.08	
35	040301006002	干作业成孔灌注桩	直径1cm，C25	m	1680.00	1593.21	2676592.80	
36	040303003001	混凝土承台	C25－25，C10混凝土垫层	m^3	1015.00	288.36	292685.40	
37	040303005001	混凝土墩（台）身	墩柱，C35－25	m^3	384.00	435.21	167120.64	
38	040303005002	混凝土墩（台）身	墩柱，C30－25	m^3	1210.00	308.25	372982.50	
39	040303006001	混凝土支撑梁及横梁	现浇C30－25简支梁湿接头	m^3	937.00	385.21	360941.77	
40	040303007001	混凝土墩（台）盖梁	C35－25	m^3	748.00	346.25	258995.00	
41	040303019001	桥面铺装	1. 改性沥青、玛琋脂、玄武石、碎石混合料 2. 厚度：4cm(SMA－16)	m^2	7550.00	35.21	265835.50	
42	040303019002	桥面铺装	1. 改性沥青、玛琋脂、玄武石、碎石混合料 2. 厚度：5cm(AC－20I)	m^2	7560.00	42.22	319183.20	
43	040303019003	桥面铺装	C30－25抗折	m^2	281.00	621.20	174557.20	
44	040304001001	预制混凝土梁	墩柱连系梁C30－25	m^2	205.00	225.12	46149.60	
45	040304001002	预制混凝土梁	预应力混凝土简支梁，C30－25	m^2	781.00	1244.23	971743.63	
46	040304001003	预制混凝土梁	预应力混凝土简支梁，C45－25	m^2	2472.00	1244.23	3075736.56	
		分部小计					10278590.88	
		本页小计					10278590.88	
		合　计					37467075.14	

注：为计取规费等的使用，可在表中增设其中："定额人工费"。

表-08 分部分项工程和单价措施项目清单与计价表（五）

工程名称：某市道路改造工程　　标段：　　第5页　共6页

序号	项目编码	项目名称	项目特征描述	计量单位	工程量	金额（元）		
						综合单价	合价	其中 暂估价
		0403 桥涵护岸工程						
47	040305003001	浆砌块料	1. 河道浸水挡墙，墙身M10浆砌片石 2. 泄水孔 ϕ100，塑料管	m^3	593.00	158.32	93883.76	
48	040303002001	混凝土基础	1. 河道浸水挡墙基础 2. C25—25	m^3	1027.00	81.22	83412.94	
49	040303016001	混凝土挡墙压顶	C25—25	m^3	32.00	171.23	5479.36	
50	040309004001	橡胶支座	20cm×35cm×4.9cm	m^3	32.00	172.13	5508.16	
51	040309008001	桥梁伸缩装置	毛勒伸缩缝	m	180.00	2066.22	371919.60	
52	040309010001	防水层	APP防水层	m^2	10194.00	38.11	388493.34	
			分部小计				11227288.04	
		0405 市政管网工程						
53	040504001001	砌筑井	1.4×1.0，埋深3m	座	32	1758.21	56262.72	
54	040504001002	砌筑井	1.2×1.0，埋深2m	座	82	1653.58	135593.56	
55	040504001003	砌筑井	ϕ900，埋深1.5m	座	42	1048.23	44025.66	
56	040504001004	砌筑井	0.6×0.6，埋深1.5m	座	52	688.12	35782.24	
57	040504001005	砌筑井	0.48×0.48，埋深1.5m	座	104	672.56	69946.24	
58	040504009001	雨水口	单平箅，埋深3m	座	11	456.90	5025.90	
59	040504009002	雨水口	双平箅，埋深2m	座	300	772.33	231699.00	
			分部小计				578335.32	
			本页小计				1527032.48	
			合　计				38994107.62	

注：为计取规费等的使用，可在表中增设其中："定额人工费"。

表-08 分部分项工程和单价措施项目清单与计价表（六）

工程名称：某市道路改造工程　　　　标段：　　　　第6页　共6页

序号	项目编码	项目名称	项目特征描述	计量单位	工程量	金额（元）综合单价	合价	其中 暂估价
		0405 市政管网工程						
60	040501001001	混凝土管	*DN*1650，埋深3.5m	m	456.00	384.25	175218.00	
61	040501001002	混凝土管	*DN*1000，埋深3.5m	m	430.00	124.02	53328.60	
62	040501001003	混凝土管	*DN*1000，埋深2.5m	m	1746.00	84.32	147222.72	
63	040501001004	混凝土管	*DN*1000，埋深2m	m	1196.00	84.32	100846.72	
64	040501001005	混凝土管	*DN*800，埋深1.5m	m	766.00	36.20	27729.20	
65	040501001006	混凝土管	*DN*600，埋深1.5m	m	2904.00	26.22	76142.88	
66	040501001007	混凝土管	*DN*600，埋深3.5m	m	457.00	358.20	163697.40	
		分部小计					1322520.84	
		0409 钢筋工程						
30	040901001001	现浇混凝土钢筋	ϕ10 以外	t	283.00	3476.00	983708.00	700000
31	040901001002	现浇混凝土钢筋	ϕ11 以内	t	1195.00	3799.02	4539828.90	4300000
32	040901006001	后张法预应力钢筋	1. 钢绞线（高强低松弛）R=1860MPa 2. 预应力锚具2176套（锚头15—6，128套；锚头15—5，784套；锚头15—4，1264套） 3. 金属波纹管内径6.2cm，长17108m 4. C40混凝土压浆	t	138.00	11848.06	1635032.28	1000000
		分部小计					7158569.18	6000000
本页小计							7902754.70	6000000
合　计							46896862.32	6000000

注：为计取规费等的使用，可在表中增设其中："定额人工费"。

6. 综合单价分析表

以某市道路改造工程石灰、粉煤灰、碎（砾）石，人行道块料铺设工程量综合单价分析表介绍投标报价中综合单价分析表的编制。

表-09 综合单价分析表（一）

工程名称：某市道路改造工程　　　　标段：　　　　第1页　共2页

项目编码	040202006001	项目名称		石灰、粉煤灰、碎（砾）石		计量单位		m²	工程量	84060.00	
清单综合单价组成明细											
定额编号	定额项目名称	定额单位	数量	单价				合价			
				人工费	材料费	机械费	管理费和利润	人工费	材料费	机械费	管理费和利润
2-62	石灰：粉煤灰：碎石＝10：20：70	100m²	0.01	315	2086.42	86.58	566.50	3.15	20.86	0.87	5.67
人工单价		小计						3.15	20.86	0.87	5.67
22.47元/工日		未计价材料费						—			
清单项目综合单价								30.55			
材料费明细	主要材料名称、规格、型号				单位	数量		单价（元）	合价（元）	暂估单价（元）	暂估合价（元）
	生石灰				t	0.0396		120.00	4.75		
	粉煤灰				m³	0.1056		80.00	8.45		
	碎石25～40mm				m³	0.1891		40.36	7.63		
	水				m³	0.063		0.45	0.03		
	其他材料费							—		—	
	材料费小计							—	20.86	—	

注：1. 如不使用省级或行业建设主管部门发布的计价依据，可不填定额编号、名称等。

2. 招标文件提供了暂估单价的材料，按暂估的单价填入表内“暂估单价”栏及“暂估合价”栏。

表-09 综合单价分析表（二）

工程名称：某市道路改造工程　　标段：　　第 2 页　共 2 页

项目编码	040204002002	项目名称	人行道块料铺设			计量单位	m^2	工程量	20590.00		
清单综合单价组成明细											
定额编号	定额项目名称	定额单位	数量	单价				合价			
				人工费	材料费	机械费	管理费和利润	人工费	材料费	机械费	管理费和利润
2-322	D 型砖	$10m^2$	0.1	62.15	48.32	—	19.63	6.22	4.83	—	1.96
人工单价		小计						6.22	4.83	—	1.96
22.47 元/工日		未计价材料费									
清单项目综合单价								13.01			

材料费明细	主要材料名称、规格、型号	单位	数量	单价（元）	合价（元）	暂估单价（元）	暂估合价（元）
	生石灰	t	0.006	120.00	0.72		
	粗砂	m^3	0.024	45.22	1.09		
	水	m^3	0.111	0.45	0.05		
	D 型砖	m^3	29.70	0.10	2.97		
	其他材料费			—		—	
	材料费小计			—	4.83	—	

注：1. 如不使用省级或行业建设主管部门发布的计价依据，可不填定额编号、名称等。
　　2. 招标文件提供了暂估单价的材料，按暂估的单价填入表内“暂估单价”栏及“暂估合价”栏。

（其他分部分项工程的清单综合单价分析表略）

7. 总价措施项目清单与计价表

表-11 总价措施项目清单与计价表

工程名称：某市道路改造工程 标段： 第1页 共1页

序号	项目编码	项目名称	计算基础	费率（%）	金额（元）	调整费率（%）	调整后金额（元）	备注
1	011707001001	安全文明施工费	定额人工费	38	1587692.21			
2	011707001002	夜间施工增加费	定额人工费	1.5	52898.56			
3	011707001004	二次搬运费	定额人工费	1	10287.98			
4	011707001005	冬雨季施工增加费	定额人工费	0.6	10287.98			
5	011707001007	已完工程及设备保护费			13002.88			
合计					1674169.61			

编制人（造价人员）： 复核人（造价工程师）：

注：1. “计算基础”中安全文明施工费可为“定额基价”、“定额人工费”或“定额人工费＋定额机械费”，其他项目可为“定额人工费”或“定额人工费＋定额机械费”。

2. 按施工方案计算的措施费，若无“计算基础”和“费率”的数值，也可只填“金额”数值，但应在备注栏说明施工方案出处或计算方法。

8. 其他项目清单与计价汇总表

表-12 其他项目清单与计价汇总表

工程名称：某市道路改造工程 标段： 第1页 共1页

序号	项目名称	金额（元）	结算金额（元）	备注
1	暂列金额	1500000.00		明细详见表-12-1
2	暂估价	200000.00		
2.1	材料暂估价	—		明细详见表-12-2
2.2	专业工程暂估价	200000.00		明细详见表-12-3
3	计日工	63021.00		明细详见表-12-4
4	总承包服务费	25000.00		明细详见表-12-5
5				
合计		1788021.00		—

注：材料（工程设备）暂估价进入清单项目综合单价，此处不汇总。

(1) 暂列金额及拟用项目

表-12-1 暂列金额明细表

工程名称：某市道路改造工程　　标段：　　第1页 共1页

序号	项目名称	计量单位	暂定金额（元）	备注
1	政策性调整和材料价格波动	项	1000000.00	
2	其他	项	500000.00	
合　计			350000	—

注：此表由招标人填写，如不能详列，也可只列暂定金额总额，投标人应将上述暂列金额计入投标总价中。

(2) 材料（工程设备）暂估单价及调整表

表-12-2 材料（工程设备）暂估单价及调整表

工程名称：某市道路改造工程　　标段：　　第1页 共1页

序号	材料（工程设备）名称、规格、型号	计量单位	数量		暂估（元）		确认（元）		差额±（元）		备注
			暂估	确认	单价	合价	单价	合价	单价	合价	
1	钢筋（规格、型号综合）	t	100		4000		400000				用于现浇钢筋混凝土项目
合　计							400000				

注：此表由招标人填写“暂估单价”，并在备注栏说明暂估价的材料、工程设备拟用在那些清单项目上，投标人应将上述材料、工程设备暂估单价计入工程量清单综合单价报价中。

(3) 专业工程暂估价及结算价表

表-12-3 专业工程暂估价及结算价表

工程名称：某市道路改造工程　　　　标段：　　　　　　　　　　第1页 共1页

序号	工程名称	工程内容	暂估金额（元）	结算金额（元）	差额±（元）	备注
1	消防工程	合同图纸中标明的以及消防工程规范和技术说明中规定的各系统中的设备、管道、阀门、线缆等的供应、安装和调试工作	200000			
合　计			200000			

注：此表“暂估金额”由招标人填写，投标人应将“暂估金额”计入投标总价中，结算时按合同约定结算金额填写。

(4) 计日工表

表-12-4 计日工表

工程名称：某市道路改造工程　　　　标段：　　　　　　　　　　第1页 共1页

编号	项目名称	单位	暂定数量	实际数量	综合单价（元）	合价（元）	
						暂定	实际
一、	人工						
1	技工	工日	100	93	49.00	4557.00	
2	壮工	工日	80	88	41.00	3608.00	
3							
人工小计						8165.00	
二	材料						
1	水泥 42.5	t	30.00	32.00	298.00	9536.00	
2	钢筋	t	10.00	10.00	3500.00	35000.00	
3							
材料小计						44536.00	

续表-12-4

编号	项目名称	单位	暂定数量	实际数量	综合单价（元）	合价（元）	
						暂定	实际
三	施工机械						
1	履带式推土机 105kW	台班	3	3	990.00	2970.00	
2	汽车起重机 25t	台班	3	3	2450.00	7350.00	
3							
施工机械小计						10320.00	
四、企业管理费和利润　　按人工费 20%计							
总　　计						63021.00	

注：此表项目名称、暂定数量由招标人填写，编制招标控制价时，单价由招标人按有关计价规定确定；投标时，单价由投标人自主报价，按暂定数量计算合价计入投标总价中。结算时，按发承包双方确认的实际数量计算合价。

（5）总承包服务费计价表

表-12-5　总承包服务费计价表

工程名称：某市道路改造工程　　　　标段：　　　　第 1 页　共 1 页

序号	项目名称	项目价值/元	服务内容	计算基础	费率（%）	金额（元）
1	发包人发包专业工程	500000	1. 按专业工程承包人的要求提供施工工作面并对施工现场进行统一整理汇总 2. 为专业工程承包人提供垂直运输机械和焊接电源接入点，并承担垂直运输费和电费	项目价值	5	25000
	合　　计	—	—		—	25000

注：此表项目名称、服务内容有招标人填写，编制招标控制价时，费率及金额由招标人按有关计价规定确定；投标时，费率及金额由投标人自主报价，计入投标总价中。

9. 规费、税金项目计价表

表-13 规费、税金项目计价表

工程名称：某市道路改造工程　　　　标段：　　　　第1页　共1页

序号	项目名称	计算基础	计算基数	计算费率（%）	金额（元）
1	规费	定额人工费			2115774.62
1.1	社会保险费	定额人工费	（1）＋…＋（5）		1552819.07
（1）	养老保险费	定额人工费		4	750607.41
（2）	失业保险费	定额人工费		2	187651.85
（3）	医疗保险费	定额人工费		3	562955.55
（4）	工伤保险费	定额人工费		0.1	18765.19
（5）	生育保险费	定额人工费		0.25	32839.07
1.2	住房公积金	定额人工费		3	562955.55
1.3	工程排污费	按工程所在地环境保护部门收取标准，按实计入			—
2	税金	分部分项工程费＋措施项目费＋其他项目费＋规费－按规定不计税的工程设备金额		3.413	1790965.86
合　计					3906740.48

编制人（造价人员）：　　　　复核人（造价工程师）：

10. 总价项目进度款支付分解表

表-16 总价项目进度款支付分解表

工程名称：某市道路改造工程　　标段：　　第1页 共1页

序号	项目名称	总价金额	首次支付	二次支付	三次支付	四次支付	五次支付	
1	安全文明施工费	1587692.21	476307.66	476307.66	317538.44	317538.45		
2	夜间施工增加费	52898.56	10579.71	10579.71	10579.71	10579.71	10579.72	
3	二次搬运费	10287.98	2057.59	2057.59	2057.59	2057.59	2057.62	
	略							
	社会保险费	1552819.07	310563.81	310563.81	310563.81	310563.81	310563.83	
	住房公积金	562955.55	112591.11	112591.11	112591.11	112591.11	112591.11	
合　计								

编制人（造价人员）：　　复核人（造价工程师）：

注：1. 本表应由承包人在投标报价时根据发包人在招标文件明确的进度款支付周期与报价填写，签订合同时，发承包双方可就支付分解协商调整后作为合同附件。

2. 单价合同使用本表，“支付”栏时间应与单价项目进度款支付周期相同。

3. 总价合同使用本表，“支付”栏时间应与约定的工程计量周期相同。

11. 主要材料、工程设备一览表

(1) 发包人提供材料和工程设备一览表

表-20 发包人提供材料和工程设备一览表

工程名称：某市道路改造工程　　标段：　　第1页 共1页

序号	材料（工程设备）名称、规格、型号	单位	数量	单价（元）	交货方式	送达地点	备注
1	钢筋（规格见施工图现浇构件）	t	200	4000		工地仓库	

注：此表由招标人填写，供投标人在投标报价、确定总承包服务费时参考。

(2) 承包人提供主要材料和工程设备一览表

表-21 承包人提供主要材料和工程设备一览表

(适用于造价信息差额调整法)

工程名称：某市道路改造工程　　　　　　　　标段：　　　　　　　　　　第1页　共1页

序号	名称、规格、型号	单位	数量	风险系数(%)	基准单价(元)	投标单价(元)	发承包人确认单价(元)	备注
1	预拌混凝土 C20	m^3	25	≤5	310	308		
2	预拌混凝土 C25	m^3	560	≤5	323	325		
3	预拌混凝土 C30	m^3	3120	≤5	340	340		

注：1. 此表由招标人填写除“投标单价”栏的内容，投标人在投标时自主确定投标单价。

2. 投标人应优先采用工程造价管理机构发布的单价作为基准单价，未发布的，通过市场调查确定其基准单价。

表-22 承包人提供主要材料和工程设备一览表

(适用于价格指数差额调整法)

工程名称：某市道路改造工程　　　　　　　　标段：　　　　　　　　　　第1页　共1页

序号	名称、规格、型号	变值权重 B	基本价格指数 F_0	现行价格指数 F_t	备注
1	人工	0.18	110%		
2	钢材	0.11	4000元/t		
3	预拌混凝土 C30	0.16	340元/m^3		
4	页岩砖	0.15	300元/千匹		
5	机械费	8	100%		
	定值权重 A	42	—	—	
合　计		1	—	—	

注：1. “名称、规格、型号”、“基本价格指数”栏由招标人填写，基本价格指数应首先采用工程造价管理机构发布的价格指数，没有时，可采用发布的价格代替。如人工、机械费也采用本法调整由招标人在“名称”栏填写。

2. “变值权重”栏由投标人根据该项人工、机械费和材料、工程设备值在投标总报价中所占的比例填写，1减去其比例为定值权重。

3. “现行价格指数”按约定的付款证书相关周期最后一天的前42天的各项价格指数填写，该指数应首先采用工程造价管理机构发布的价格指数，没有时，可采用发布的价格代替。

4.4 工程竣工结算编制实例

现以某市主干道路改造工程为例介绍工程竣工结算编制（由发包人核对）。

1. 封面

封-4 竣工结算书封面

某市道路改造 工程

竣 工 结 算 书

发 包 人： 某市委办公室
（单位盖章）

承 包 人： ××建筑公司
（单位盖章）

造价咨询人： ××工程造价咨询企业
（单位盖章）

××年×月×日

2. 扉页

扉-4 竣工结算书扉页

某市道路改造 工程

竣 工 结 算 总 价

签约合同价（小写）：54265793.41 元

（大写）：伍仟肆佰贰拾陆万伍仟柒佰玖拾叁元肆角壹分

竣工结算价（小写）：52490192.56 元

（大写）：伍仟贰佰肆拾玖万零壹佰玖拾贰元伍角陆分

发包人：某市委办公室（单位盖章）　承包人：××建筑公司（单位盖章）　造价咨询人：××工程造价咨询企业（单位资质专用章）

法定代表人或其授权人：某市委办公室 ×××（签字或盖章）　法定代表人或其授权人：××建筑公司 ×××（签字或盖章）　法定代表人或其授权人：××工程造价咨询企业 ×××（签字或盖章）

编 制 人：×××（造价人员签字盖专用章）　核 对 人：×××（造价工程师签字盖专用章）

编制时间：××年×月×日　核对时间：××年×月×日

3. 总说明

表-01　总　说　明

工程名称：某市道路改造工程　　　　第1页　共1页

1. 工程概况：某市道路全长6km，路宽70cm。8车道，其中有大桥上部结构为预应力混凝土T形梁，梁高为1.2m，跨境为1×22m+6×20m，桥梁全长164m。下部结构，中墩为桩接柱，柱顶盖梁；边墩为重力桥台。墩柱直径为1.2m，转孔桩直径为1.3m。合同工期为280天，实际施工工期270天。

2. 竣工结算依据。

(1) 承包人报送的竣工结算。

(2) 施工合同、投标文件、招标文件。

(3) 竣工图、发包人确认的实际完成工程量和索赔及现场签证资料。

(4) 省建设主管部门颁发的计价定额和计价管理办法及相关计价文件。

(5) 省工程造价管理机构发布人工费调整文件。

3. 核对情况说明：(略)。

4. 结算价分析说明：(略)。

4. 竣工结算汇总表

表-05　建设项目竣工结算汇总表

工程名称：某市道路改造工程　　　　第1页　共1页

序号	单项工程名称	金额（元）	其中：(元)	
			安全文明施工费	规费
1	某市道路改造工程	46611234.48	1587692.21	2180571.86
合　计		46611234.48	1587692.21	2180571.86

说明：本工程为单项工程，故单项工程即为建设项目。

表-06 单项工程竣工结算汇总表

工程名称：某市道路改造工程　　　　第1页 共1页

序号	单位工程名称	金额（元）	其中：（元）	
			安全文明施工费	规费
1	某市道路改造工程	46611234.48	1587692.21	2180571.86
合计		46611234.48	1587692.21	2180571.86

表-07 单位工程竣工结算汇总表

工程名称：某市道路改造工程　　　　第1页 共1页

序号	汇总内容	金额（元）
1	分部分项工程	46611234.48
0401	土石方工程	2202967.83
0402	道路工程	24966936.49
0403	桥涵护岸工程	11227288.04
0405	市政管网工程	1318642.12
0409	钢筋工程	6895400.00
2	措施项目	1598191.55
0411	其中：安全文明施工费	1587692.21
3	其他项目	367830.00
3.1	其中：专业工程结算价	198700.00
3.2	其中：计日工	84130.00
3.3	其中：总承包服务费	30000.00
3.4	其中：索赔与现场签证	55000.00
4	规费	2180571.86
5	税金	1732364.67
竣工结算总价合计=1+2+3+4+5		52490192.56

注：如无单位工程划分，单项工程也使用本表汇总。

5. 分部分项工程和单价措施项目清单与计价表

表-08 分部分项工程和单价措施项目清单与计价表（一）

工程名称：某市道路改造工程　　标段：　　第1页 共6页

序号	项目编码	项目名称	项目特征描述	计量单位	工程量	金额（元）		
						综合单价	合价	其中：暂估价
		0401 土石方工程						
1	040101001001	挖一般土方	一、二类土，4m 以内	m^3	143000.00	10.20	1458600.00	
2	040101002001	挖沟槽土方	三、四类土，综合4m以内	m^3	2493.00	11.60	28918.80	
3	040101002002	挖沟槽土方	三、四类土，综合3m以内	m^3	500.32	155.71	77904.83	
4	040101002003	挖沟槽土方	新建翼墙 6m 内	m^3	2837.00	16.88	47888.56	
5	040103001001	回填方	90%以上	m^3	8500.00	8.10	68850.00	
6	040103001002	回填方	二灰土 12：35：53，90%以上	m^3	7700.00	6.95	53515.00	
7	040103001003	回填方	基础回填砂砾石	m^3	208.00	61.25	12740.00	
8	040103001004	回填方	1. 填方台后回填砂砾石 2. 粒径 5～80cm 3. 密实度≥96%	m^3	3631.00	28.24	102539.44	
9	040103002001	余方弃置	余土弃置，松土100mm	m^3	46000.00	7.34	337640.00	
10	040103002002	余方弃置	余方弃置，10km	m^3	1497.00	9.60	14371.20	
		分部小计					2202967.83	
		本页小计					2202967.83	
		合　计					2202967.83	

注：为计取规费等的使用，可在表中增设其中："定额人工费"。

表-08 分部分项工程和单价措施项目清单与计价表（二）

工程名称：某市道路改造工程　　标段：　　第2页　共6页

序号	项目编码	项目名称	项目特征描述	计量单位	工程量	金额（元）		
						综合单价	合价	其中 暂估价
			0402 道路工程					
11	040201004001	掺石灰	含灰量：10%	m³	1800.00	56.42	101556.00	
12	040202002001	石灰稳定土	1. 含灰量：10% 2. 厚度：15cm	m²	84060.00	15.98	1343278.80	
13	040202002002	石灰稳定土	1. 含灰量：11% 2. 厚度：30cm	m²	57320.00	15.64	896484.80	
14	040202006001	石灰、粉煤灰、碎（砾）石	1. 配合比：10∶20∶70 2. 二灰碎石厚度：12cm	m²	84060.00	30.55	2568033.00	
15	040202006002	石灰、粉煤灰、碎（砾）石	1. 配合比：10∶20∶71 2. 二灰碎石厚度：20cm	m²	57320.00	24.56	1407779.20	
16	040204002001	人行道块料铺设	1. 铺设普通人行道板 2. 25×2cm	m²	5850.00	0.61	3568.50	
17	040204002002	人行道块料铺设	1. 铺设异型彩色花砖 2. 1∶3 石灰砂浆 3. D型砖	m²	20590.00	13.01	267875.90	
18	040205005001	人（手）孔井	接线井，100cm×100cm×100cm	座	5	706.43	3532.15	
19	040205005002	人（手）孔井	接线井 50cm×50cm×100cm	座	55	492.10	27065.50	
20	040205012001	隔离护栏	钢制人行道护栏	m	1440.00	14.24	20505.60	
21	040205012002	隔离护栏	钢制机动及非机动分隔栏	m	200.00	15.06	3012.00	
22	040203005001	黑色碎石	1. 石油沥青 2. 厚度：6cm	m²	91360.00	48.44	4425478.40	
			分部小计				11068169.85	
			本页小计				11068169.85	
			合　计				13271137.68	

注：为计取规费等的使用，可在表中增设其中："定额人工费"。

表-08　分部分项工程和单价措施项目清单与计价表（三）

工程名称：某市道路改造工程　　　　标段：　　　　第3页　共6页

序号	项目编码	项目名称	项目特征描述	计量单位	工程量	金额（元）		
						综合单价	合价	其中 暂估价
		0402 道路工程						
23	040203006001	沥青混凝土	厚度：5cm	m^2	3383.00	113.24	383090.92	
24	040203006002	沥青混凝土	厚度：4cm	m^2	91360.00	103.67	9471291.20	
25	040203006003	沥青混凝土	厚度：3cm	m^2	126000.00	30.45	3836700.00	
26	040202015001	水泥稳定碎（砾）石	1. 主路搭板下 2. $d7$，≥2.0MPa 3. 厚度18cm	m^2	793.00	21.30	16890.90	
27	040202015002	水泥稳定碎（砾）石	1. 主路搭板下 2. $d7$，≥3.0MPa 3. 厚度17cm	m^2	793.00	20.21	16026.53	
28	040202015003	水泥稳定碎（砾）石	1. 主路搭板下 2. $d7$，≥3.0MP 3. 厚度18cm	m^2	793.00	20.11	15947.23	
29	040202015004	水泥稳定碎（砾）石	1. 主路搭板下 2. $d7$，≥2.0MPa 3. 厚度21cm	m^2	728.00	16.24	11822.72	
30	040202015005	水泥稳定碎（砾）石	1. 主路搭板下 2. $d7$，≥2.0MPa 3. 厚度22cm	m^2	364.00	16.20	5896.80	
31	040204004001	安砌侧（平、缘）石	1. 花岗岩剁斧平石 2. 12cm×25cm×49.5cm	m^2	673.00	52.23	35150.79	
32	040204004002	安砌侧（平、缘）石	1. 甲B型机切花岗岩路缘石 2. 15cm×32cm×99.5cm	m^2	1015.00	83.21	84458.15	
33	040204004003	安砌侧（平、缘）石	1. 甲B型机切花岗岩路缘石 2. 15cm×25cm×74.5cm	m^2	340.00	63.21	21491.40	
		分部小计					24966936.49	
		本页小计					13898766.64	
		合　计					27169904.32	

注：为计取规费等的使用，可在表中增设其中："定额人工费"。

表-08 分部分项工程和单价措施项目清单与计价表（四）

工程名称：某市道路改造工程　　　　标段：　　　　第4页　共6页

序号	项目编码	项目名称	项目特征描述	计量单位	工程量	金额（元）		
						综合单价	合价	其中 暂估价
			0403桥涵护岸工程					
34	040301006001	干作业成孔灌注桩	直径1.3cm，C25	m	1036.00	1251.03	1296067.08	
35	040301006002	干作业成孔灌注桩	直径1cm，C25	m	1680.00	1593.21	2676592.80	
36	040303003001	混凝土承台	C25－25，C10混凝土垫层	m^3	1015.00	288.36	292685.40	
37	040303005001	混凝土墩(台)身	墩柱，C35－25	m^3	384.00	435.21	167120.64	
38	040303005002	混凝土墩(台)身	墩柱，C30－25	m^3	1210.00	308.25	372982.50	
39	040303006001	混凝土支撑梁及横梁	现浇C30－25简支梁湿接头	m^3	937.00	385.21	360941.77	
40	040303007001	混凝土墩(台)盖梁	C35－25	m^3	748.00	346.25	258995.00	
41	040303019001	桥面铺装	1. 改性沥青、玛瑞脂、玄武石、碎石混合料 2. 厚度：4cm(SMA－16)	m^2	7550.00	35.21	265835.50	
42	040303019002	桥面铺装	1. 改性沥青、玛瑞脂、玄武石、碎石混合料 2. 厚度：5cm(AC－20I)	m^2	7560.00	42.22	319183.20	
43	040303019003	桥面铺装	C30－25抗折	m^2	281.00	621.20	174557.20	
44	040304001001	预制混凝土梁	墩柱连系梁C30－25	m^2	205.00	225.12	46149.60	
45	040304001002	预制混凝土梁	预应力混凝土简支梁，C30－25	m^2	781.00	1244.23	971743.63	
46	040304001003	预制混凝土梁	预应力混凝土简支梁，C45－25	m^2	2472.00	1244.23	3075736.56	
			分部小计				10278590.88	
			本页小计				10278590.88	
			合　计				37448495.20	

注：为计取规费等的使用，可在表中增设其中："定额人工费"。

表-08 分部分项工程和单价措施项目清单与计价表（五）

工程名称：某市道路改造工程　　　　标段：　　　　第5页　共6页

序号	项目编码	项目名称	项目特征描述	计量单位	工程量	金额（元）		
						综合单价	合价	其中 暂估价
		0403 桥涵护岸工程						
47	040305003001	浆砌块料	1. 河道浸水挡墙，墙身M10浆砌片石 2. 泄水孔 ϕ100，塑料管	m^3	593.00	158.32	93883.76	
48	040303002001	混凝土基础	1. 河道浸水挡墙基础 2. C25－25	m^3	1027.00	81.22	83412.94	
49	040303016001	混凝土挡墙压顶	C25－25	m^3	32.00	171.23	5479.36	
50	040309004001	橡胶支座	20cm×35cm×4.9cm	m^3	32.00	172.13	5508.16	
51	040309008001	桥梁伸缩装置	毛勒伸缩缝	m	180.00	2066.22	371919.60	
52	040309010001	防水层	APP防水层	m^2	10194.00	38.11	388493.34	
		分部小计					11227288.04	
		0405 市政管网工程						
53	040504001001	砌筑井	1.4×1.0，埋深3m	座	32	1758.21	56262.72	
54	040504001002	砌筑井	1.2×1.0，埋深2m	座	82	1653.58	135593.56	
55	040504001003	砌筑井	ϕ900，埋深1.5m	座	42	1048.23	44025.66	
56	040504001004	砌筑井	0.6×0.6，埋深1.5m	座	52	688.12	35782.24	
57	040504001005	砌筑井	0.48×0.48，埋深1.5m	座	104	672.56	69946.24	
58	040504009001	雨水口	单平箅，埋深3m	座	11	456.90	5025.90	
59	040504009002	雨水口	双平箅，埋深2m	座	300	772.33	231699.00	
		分部小计					578335.32	
		本页小计					1527032.48	
		合　计					38975527.68	

注：为计取规费等的使用，可在表中增设其中："定额人工费"。

表-08 分部分项工程和单价措施项目清单与计价表（六）

工程名称：某市道路改造工程　　　　标段：　　　　　　　　第 6 页 共 6 页

序号	项目编码	项目名称	项目特征描述	计量单位	工程量	金额（元）		
						综合单价	合价	其中 暂估价
			0405 市政管网工程					
60	040501001001	混凝土管	*DN*1650，埋深 3.5m	m	456.00	384.25	175218.00	
61	040501001002	混凝土管	*DN*1000，埋深 3.5m	m	430.00	124.02	53328.60	
62	040501001003	混凝土管	*DN*1000，埋深 2.5m	m	1696.00	84.32	143006.72	
63	040501001004	混凝土管	*DN*1000，埋深 2m	m	1200.00	84.32	101184.00	
64	040501001005	混凝土管	*DN*800，埋深 1.5m	m	766.00	36.20	27729.20	
65	040501001006	混凝土管	*DN*600，埋深 1.5m	m	2904.00	26.22	76142.88	
66	040501001007	混凝土管	*DN*600，埋深 3.5m	m	457.00	358.20	163697.40	
			分部小计				1318642.12	
			0409 钢筋工程					
30	040901001001	现浇混凝土钢筋	ϕ10 以外	t	283.00	3800.00	1075400.00	
31	040901001002	现浇混凝土钢筋	ϕ11 以内	t	1195.00	3600.00	4302000.00	
32	040901006001	后张法预应力钢筋	1. 钢绞线（高强低松弛）*R*=1860MPa 2. 预应力锚具 2176 套（锚头 15—6，128 套；锚头 15—5，784 套；锚头 15—4，1264 套） 3. 金属波纹管内径 6.2cm，长 17108m 4. C40 混凝土压浆	t	138.00	11000.00	1518000.00	
			分部小计				6895400.00	
			本页小计				7635706.80	
			合　计				46611234.48	

注：为计取规费等的使用，可在表中增设其中："定额人工费"。

6. 综合单价分析表

以某市道路改造工程石灰、粉煤灰、碎（砾）石，人行道块料铺设工程量综合单价分析表介绍工程竣工结算中综合单价分析表的编制。

表-09 综合单价分析表（一）

工程名称：某市道路改造工程　　标段：　　第1页　共2页

<table>
<tr><td>项目编码</td><td colspan="2">040202006001</td><td>项目名称</td><td colspan="3">石灰、粉煤灰、碎（砾）石</td><td>计量单位</td><td>m²</td><td>工程量</td><td colspan="2">84060.00</td></tr>
<tr><td colspan="12">清单综合单价组成明细</td></tr>
<tr><td rowspan="2">定额编号</td><td rowspan="2">定额项目名称</td><td rowspan="2">定额单位</td><td rowspan="2">数量</td><td colspan="4">单价</td><td colspan="4">合价</td></tr>
<tr><td>人工费</td><td>材料费</td><td>机械费</td><td>管理费和利润</td><td>人工费</td><td>材料费</td><td>机械费</td><td>管理费和利润</td></tr>
<tr><td>2-62</td><td>石灰：粉煤灰：碎石＝10：20：70</td><td>100m²</td><td>0.01</td><td>315</td><td>2086.42</td><td>86.58</td><td>566.50</td><td>3.15</td><td>20.86</td><td>0.87</td><td>5.67</td></tr>
<tr><td></td><td></td><td></td><td></td><td></td><td></td><td></td><td></td><td></td><td></td><td></td><td></td></tr>
<tr><td></td><td></td><td></td><td></td><td></td><td></td><td></td><td></td><td></td><td></td><td></td><td></td></tr>
<tr><td colspan="3">人工单价</td><td colspan="5">小计</td><td>3.15</td><td>20.86</td><td>0.87</td><td>5.67</td></tr>
<tr><td colspan="3">22.47元/工日</td><td colspan="5">未计价材料费</td><td colspan="4">—</td></tr>
<tr><td colspan="8">清单项目综合单价</td><td colspan="4">30.55</td></tr>
<tr><td rowspan="9">材料费明细</td><td colspan="4">主要材料名称、规格、型号</td><td>单位</td><td>数量</td><td>单价（元）</td><td>合价（元）</td><td>暂估单价(元)</td><td>暂估合价(元)</td></tr>
<tr><td colspan="4">生石灰</td><td>t</td><td>0.0396</td><td>120.00</td><td>4.75</td><td></td><td></td></tr>
<tr><td colspan="4">粉煤灰</td><td>m³</td><td>0.1056</td><td>80.00</td><td>8.45</td><td></td><td></td></tr>
<tr><td colspan="4">碎石 25～40mm</td><td>m³</td><td>0.1891</td><td>40.36</td><td>7.63</td><td></td><td></td></tr>
<tr><td colspan="4">水</td><td>m³</td><td>0.063</td><td>0.45</td><td>0.03</td><td></td><td></td></tr>
<tr><td colspan="4"></td><td></td><td></td><td></td><td></td><td></td><td></td></tr>
<tr><td colspan="4"></td><td></td><td></td><td></td><td></td><td></td><td></td></tr>
<tr><td colspan="6">其他材料费</td><td>—</td><td></td><td>—</td><td></td></tr>
<tr><td colspan="6">材料费小计</td><td>—</td><td>20.86</td><td>—</td><td></td></tr>
</table>

注：1. 如不使用省级或行业建设主管部门发布的计价依据，可不填定额编号、名称等。

2. 招标文件提供了暂估单价的材料，按暂估的单价填入表内“暂估单价”栏及“暂估合价”栏。

表-09 综合单价分析表（二）

工程名称：某市道路改造工程　　　　标段：　　　　第2页　共2页

项目编码	040204002002	项目名称	人行道块料铺设	计量单位	m^2	工程量	20590.00

清单综合单价组成明细

定额编号	定额项目名称	定额单位	数量	单价				合价			
				人工费	材料费	机械费	管理费和利润	人工费	材料费	机械费	管理费和利润
2-322	D型砖	$10m^2$	0.1	62.15	48.32	—	19.63	6.22	4.83	—	1.96
人工单价		小计						6.22	4.83	—	1.96
22.47元/工日		未计价材料费									
清单项目综合单价								13.01			

	主要材料名称、规格、型号	单位	数量	单价（元）	合价（元）	暂估单价（元）	暂估合价（元）
材料费明细	生石灰	t	0.006	120.00	0.72		
	粗砂	m^3	0.024	45.22	1.09		
	水	m^3	0.111	0.45	0.05		
	D型砖	m^3	29.70	0.10	2.97		
	其他材料费			—		—	
	材料费小计			—	4.83	—	

注：1. 如不使用省级或行业建设主管部门发布的计价依据，可不填定额编号、名称等。

2. 招标文件提供了暂估单价的材料，按暂估的单价填入表内“暂估单价”栏及“暂估合价”栏。

（其他分部分项工程的清单综合单价分析表略）

7. 综合单价调整表

表-10 综合单价调整表

工程名称：某市道路改造工程　　　　标段：　　　　第 页 共 页

序号	项目编码	项目名称	已标价清单综合单价（元）					调整后综合单价（元）				
			综合单价	其中				综合单价	其中			
				人工费	材料费	机械费	管理费和利润		人工费	材料费	机械费	管理费和利润
1	040901001001	现浇混凝土钢筋	3476.00	284.75	3026.54	62.42	102.29	3800.00	320.75	3314.54	62.42	102.29
2	（其他略）											
造价工程师（签章）： 发包人代表（签章）： 日期：								造价人员（签章）： 发包人代表（签章）： 日期：				

注：综合单价调整应附调整依据。

8. 总价措施项目清单与计价表

表-11 总价措施项目清单与计价表

工程名称：某市道路改造工程　　　　标段：　　　　第1页 共1页

序号	项目编码	项目名称	计算基础	费率（%）	金额（元）	调整费率（%）	调整后金额（元）	备注
1	011707001001	安全文明施工费	定额人工费	38	1587692.21	8	1511714.15	
2	011707001002	夜间施工增加费	定额人工费	1.5	52898.56	1.5	52898.56	
3	011707001004	二次搬运费	定额人工费	1	10287.98	1	10287.98	
4	011707001005	冬雨季施工增加费	定额人工费	0.6	10287.98	0.6	10287.98	
5	011707001007	已完工程及设备保护费			13002.88		13002.88	
合计					1674169.61		1598191.55	

编制人（造价人员）：　　　　复核人（造价工程师）：

注：1. “计算基础”中安全文明施工费可为“定额基价”、“定额人工费”或“定额人工费＋定额机械费”，其他项目可为“定额人工费”或“定额人工费＋定额机械费”。

2. 按施工方案计算的措施费，若无“计算基础”和“费率”的数值，也可只填“金额”数值，但应在备注栏说明施工方案出处或计算方法。

9. 其他项目清单与计价汇总表

表-12 其他项目清单与计价汇总表

工程名称：某市道路改造工程　　　　标段：　　　　　　　　第1页　共1页

序号	项目名称	金额（元）	结算金额（元）	备注
1	暂列金额		—	
2	暂估价	200000.00	198700.00	
2.1	材料暂估价	—	—	
2.2	专业工程结算价	200000.00	198700.00	明细详见表-12-3
3	计日工	63021.00	84130.00	明细详见表-12-4
4	总承包服务费	25000.00	30000.00	明细详见表-12-5
5	索赔与现场签证		55000.00	明细详见表-12-6
合　计			367830.00	—

注：材料（工程设备）暂估价进入清单项目综合单价，此处不汇总。

（1）材料（工程设备）暂估单价及调整表

表-12-2 材料（工程设备）暂估单价及调整表

工程名称：某市道路改造工程　　　　标段：　　　　　　　　第1页　共1页

序号	材料（工程设备）名称、规格、型号	计量单位	数量		暂估（元）		确认（元）		差额±（元）		备注
			暂估	确认	单价	合价	单价	合价	单价	合价	
1	钢筋（规格、型号综合）	t	100	96	4000	4230	400000	406080	230	6080	用于现浇钢筋混凝土项目
合　计							400000	406080		6080	

注：此表由招标人填写“暂估单价”，并在备注栏说明暂估价的材料、工程设备拟用在哪些清单项目上，投标人应将上述材料、工程设备暂估单价计入工程量清单综合单价报价中。

（2）专业工程暂估价及结算价表

表-12-3 专业工程暂估价及结算价表

工程名称：某市道路改造工程　　　标段：　　　第1页 共1页

序号	工程名称	工程内容	暂估金额（元）	结算金额（元）	差额±（元）	备注
1	消防工程	合同图纸中标明的以及消防工程规范和技术说明中规定的各系统中的设备、管道、阀门、线缆等的供应、安装和调试工作	200000	198700	－1300	
合　计			200000	198700	－1300	

注：此表“暂估金额”由招标人填写，投标人应将“暂估金额”计入投标总价中，结算时按合同约定结算金额填写。

（3）计日工表

表-12-4 计日工表

工程名称：某市道路改造工程　　　标段：　　　第1页 共1页

编号	项目名称	单位	暂定数量	实际数量	综合单价（元）	合价（元）	
						暂定	实际
一	人工						
1	技工	工日	100	120	49.00	5880.00	
2	壮工	工日	80	90	41.00	3690.00	
人工小计						9570.00	
二	材料						
1	水泥 42.5	t	30.00	40.00	298.00	11920.00	
2	钢筋	t	10.00	12.00	3500.00	42000.00	
材料小计						53920.00	
三	施工机械						
1	履带式推土机 105kW	台班	3	6	990.00	5940.00	
2	汽车起重机 25t	台班	3	6	2450.00	14700.00	
施工机械小计						20640.00	
四、企业管理费和利润　按人工费 20%计							
总　计						84130.00	

注：此表项目名称、暂定数量由招标人填写，编制招标控制价时，单价由招标人按有关计价规定确定；投标时，单价由投标人自主报价，按暂定数量计算合价计入投标总价中。结算时，按发承包双方确认的实际数量计算合价。

(4) 总承包服务费计价表

表-12-5 总承包服务费计价表

工程名称：某市道路改造工程　　　　标段：　　　　第1页　共1页

序号	项目名称	项目价值/元	服务内容	计算基础	费率（%）	金额（元）
1	发包人发包专业工程	500000	1. 按专业工程承包人的要求提供施工工作面并对施工现场进行统一整理汇总 2. 为专业工程承包人提供垂直运输机械和焊接电源接入点，并承担垂直运输费和电费	项目价值	4.5	30000
	合　计	—		—	—	30000

注：此表项目名称、服务内容有招标人填写，编制招标控制价时，费率及金额由招标人按有关计价规定确定；投标时，费率及金额由投标人自主报价，计入投标总价中。

(5) 索赔与现场签证计价汇总表

表-12-6 索赔与现场签证计价汇总表

工程名称：某市道路改造工程　　　　标段：　　　　第1页　共1页

序号	签证及索赔项目名称	计量单位	数量	单价（元）	合价（元）	索赔及签证依据
1	暂停施工				25000	001
2	隔离带	条	5	6000	30000	002
…	（其他略）					
—	本页小计	—	—	—	55000	—
—	合　计	—	—	—	55000	—

注：签证及索赔依据是指经双方认可的签证单和索赔依据的编号。

（6）费用索赔申请（核准）表

表-12-7 费用索赔申请（核准）表

工程名称：某市道路改造工程　　标段：　　编号：001

<table>
<tr><td colspan="2">致：某市道路改造工程指挥办公室（发包人全称）

根据施工合同条款第 12 条的约定，由于 你方工作需要的 原因，我方要求索赔金额（大写）贰万伍仟元整（小写 25000.00 元），请予核准。

附：1. 费用索赔的详细理由和依据：根据发包人“关于暂停施工的通知”（详见附件 1）。
2. 索赔金额的计算：详见附件 2。
3. 证明材料：

承包人（章）：（略）
承包人代表：×××
日　　期：××年×月×日</td></tr>
<tr><td>复核意见：
根据施工合同条款第 12 条的约定，你方提出的费用索赔申请经复核：
□不同意此项索赔，具体意见见附件。
☑同意此项索赔，索赔金额的计算，由造价工程师复核。

监理工程师：×××
日　　期：××年×月×日</td><td>复核意见：
根据施工合同条款第 12 条的约定，你方提出的费用索赔申请经复核，索赔金额为（大写）贰万伍仟元整（小写 25000.00 元）。

监理工程师：×××
日　　期：××年×月×日</td></tr>
<tr><td colspan="2">审核意见：
□不同意此项索赔。
☑同意此项索赔，与本期进度款同期支付。

发包人（章）（略）
发包人代表：×××
日　　期：××年×月×日</td></tr>
</table>

注：1. 在选择栏中的“□”内作标识“√”。
2. 本表一式四份，由承包人填报，发包人、监理人、造价咨询人、承包人各存一份。

附件 1

关于暂停施工的通知

××建筑公司××项目部：

为了使考生有一个安静的复习、休息和考试环境，响应国家环保总局和省环保局“关于加强中高考期间环境噪声监督管理”的有关规定，请你们在高考期间（6 月 6 日—8 日）3 天暂停施工。期间并配合上级主管部门进行工程质量检查工作。

某市道路改造工程指挥办公室

办公室（章）

××年×月×日

附件 2

索赔金额的计算

一、人工费

1. 技工 50 人：50 人×50 元/工日×3 天＝7500 元

2. 壮工 100 人：100 人×45 元/工日×3 天＝13500 元

小计：20000 元

二、管理费

20000 元×25％＝5000 元

索赔费用合计：25000 元

××建筑公司某市道路改造工程项目部

××年×月×日

(7) 现场签证表

表-12-8 现场签证表

工程名称：某市道路改造工程　　　　标段：　　　　编号：002

<table>
<tr><td>施工单位</td><td>市政指定位置</td><td>日期</td><td>××年×月×日</td></tr>
<tr><td colspan="4">致：某市道路改造工程指挥办公室　　　　（发包人全称）

根据×××2013年××月××日的口头指令，我方要求完成此项工作应支付价款金额为（大写）叁万元（小写 30000.00），请予核准。
附：1. 签证事由及原因：为道路通车以后车辆行驶安全，增加5条隔离带。
2. 附图及计算式：(略)

承包人（章）：(略)
承包人代表：×××
日　　期：××年×月×日</td></tr>
<tr><td colspan="2">复核意见：
你方提出的此项签证申请经复核：
□不同意此项签证，具体意见见附件。
☑同意此项签证，签证金额的计算，由造价工程师复核。

监理工程师：×××
日　　期：××年×月×日</td><td colspan="2">复核意见：
☑此项签证按承包人中标的计日工单价计算，金额为（大写）叁万元，（小写 30000.00元）。
□此项签证因无计日工单价，金额为（大写）______元，（小写）______。

造价工程师：×××
日　　期：××年×月×日</td></tr>
<tr><td colspan="4">审核意见：
□不同意此项签证。
☑同意此项签证，价款与本期进度款同期支付。

发包人（章）(略)
发包人代表：×××
日　　期：××年×月×日</td></tr>
</table>

注：1. 在选择栏中的“□”内作标识“√”。
2. 本表一式四份，由承包人在收到发包人（监理人）的口头或书面通知后填写，发包人、监理人、造价咨询人、承包人各存一份。

10. 规费、税金项目计价表

表-13 规费、税金项目计价表

工程名称：某市道路改造工程　　　　标段：　　　　第1页　共1页

序号	项目名称	计算基础	计算基数	计算费率（%）	金额（元）
1	规费	定额人工费			2180571.86
1.1	社会保险费	定额人工费	(1)＋…＋(5)		1563679.05
(1)	养老保险费	定额人工费		4	755857.07
(2)	失业保险费	定额人工费		2	188964.27
(3)	医疗保险费	定额人工费		3	566892.81
(4)	工伤保险费	定额人工费		0.1	18896.43
(5)	生育保险费	定额人工费		0.25	33068.47
1.2	住房公积金	定额人工费		3	566892.81
1.3	工程排污费	按工程所在地环境保护部门收取标准，按实计入			50000.00
2	税金	分部分项工程费＋措施项目费＋其他项目费＋规费按规定不计税的工程设备金额		3.413	1732364.67
合　计					3912936.53

编制人（造价人员）：　　　　复核人（造价工程师）：

11. 工程计量申请（核准）表

表-14 工程计量申请（核准）表

工程名称：某市道路改造工程　　　　标段：　　　　第1页　共1页

序号	项目编码	项目名称	计量单位	承包人申报数量	发包人核实数量	发承包人确认数量	备注
1	040101001001	挖一般土方	m^3	142100.00	143000.00	143000.00	
2	040101002001	挖沟槽土方	m^3	2493.00	2493.00	2493.00	
3	040101002002	挖沟槽土方	m^3	837.00	500.32	500.32	
4	040101002003	挖沟槽土方	m^3	2837.00	2837.00	2837.00	
5	040103001001	回填方	m^3	8500.00	8500.00	8500.00	
	(略)						
承包人代表： ××× 日期：××年×月×日		监理工程师： ××× 日期：××年×月×日		造价工程师： ××× 日期：××年×月×日		发包人代表： ××× 日期：××年×月×日	

12. 预付款支付申请（核准）表

表-15 预付款支付申请（核准）表

工程名称：某市道路改造工程　　　　标段：　　　　第1页 共1页

致：某市道路改造工程指挥办公室　　　　（发包人全称）

我方根据施工合同的约定，先申请支付工程预付款额为（大写）陆百叁拾柒万玖仟壹佰玖拾肆元（小写 6379194.00 元），请予核准。

序号	名　称	申请金额/元	复核金额/元	备注
1	已签约合同价款金额	54265793.41	54265793.41	
2	其中：安全文明施工费	1587692.21	1587692.21	
3	应支付的预付款	5426579	4883921	
4	应支付的安全文明施工费	952615	952615	
5	合计应支付的预付款	6379194	5836536	

计算依据见附件

承包人（章）

造价人员：×××　　承包人代表：×××　　日　期：××年×月×日

复核意见：

□与合同约定不相符，修改意见见附件。

☑□与合约约定相符，具体金额由造价工程师复核。

监理工程师：×××

日　期：××年×月×日

复核意见：

你方提出的支付申请经复核，应支付预付款金额为（大写）伍佰捌拾叁万陆仟伍佰叁拾陆元（小写 5836536.00 元）。

造价工程师：×××

日　期：××年×月×日

审核意见：

□不同意。

☑同意，支付时间为本表签发后的15d内。

发包人（章）

发包人代表：×××

日　期：××年×月×日

注：1. 在选择栏中的“□”内作标识“√”。

2. 本表一式四份，由承包人填报，发包人、监理人、造价咨询人、承包人各存一份。

13. 总价项目进度款支付分解表

表-16　总价项目进度款支付分解表

工程名称：某市道路改造工程　　　　标段：　　　　第1页　共1页

序号	项目名称	总价金额	首次支付	二次支付	三次支付	四次支付	五次支付	
1	安全文明施工费	1587692.21	476307.66	476307.66	317538.44	317538.45		
2	夜间施工增加费	52898.56	10579.71	10579.71	10579.71	10579.71	10579.72	
3	二次搬运费	10287.98	2057.59	2057.59	2057.59	2057.59	2057.62	
	略							
	社会保险费	1563679.05	312735.81	312735.81	312735.81	312735.81	312735.81	
	住房公积金	566892.81	113378.56	113378.56	113378.56	113378.56	113378.57	
合　计								

编制人（造价人员）：　　　　　　　　复核人（造价工程师）：

注：1. 本表应由承包人在投标报价时根据发包人在招标文件明确的进度款支付周期与报价填写，签订合同时，发承包双方可就支付分解协商调整后作为合同附件。

2. 单价合同使用本表，“支付”栏时间应与单价项目进度款支付周期相同。

3. 总价合同使用本表，“支付”栏时间应与约定的工程计量周期相同。

14. 进度款支付申请（核准）表

表-17　进度款支付申请（核准）表

工程名称：某市道路改造工程　　　　标段：　　　　　　编号：

致：某市道路改造工程指挥办公室　　　　（发包人全称）

我方于××至××期间已完成了2km道路改造工作，根据施工合同的约定，现申请支付本期的工程款额为（大写）壹佰壹拾壹万柒仟玖佰壹拾玖元壹角肆分（小写1117919.14），请予核准。

序号	名　　称	申请金额/元	复核金额/元	备注
1	累计已完成的合同价款	1233189.37	—	1233189.37
2	累计已实际支付的合同价款	1109870.43	—	1109870.43
3	本周期合计完成的合同价款	1576893.50	1419204.14	1576893.50
3.1	本周期已完成单价项目的金额	1484047.80		
3.2	本周期应支付的总价项目的金额	14230.00		
3.3	本周期已完成的计日工价款	4631.70		
3.4	本周期应支付的安全文明施工费	62895.00		
3.5	本周期应增加的合同价款	11089.00		
4	本周期合计应扣减的金额	301285.00	301285.00	301897.14
4.1	本周期应抵扣的预付款	301285.00		301285.00
4.2	本周期应扣减的金额	0		612.14
5	本周期应支付的合同价款	1475608.50	1117919.14	1117307.00

附：上述3、4详见附件清单。

承包人（章）

造价人员：×××　　承包人代表：×××　　日　期：××年×月×日

复核意见：

□与实际施工情况不相符，修改意见见附件。

☑与实际施工情况相符，具体金额由造价工程师复核。

监理工程师：×××

日　　期：××年×月×日

复核意见：

你方提供的支付申请经复核，本期间已完成工程款额为（大写）壹佰伍拾柒万陆仟捌佰玖拾叁元伍角（小写1576893.50），本期间应支付金额为（大写）壹佰壹拾壹万柒仟叁佰零柒元（小写1117307.00）。

造价工程师：×××

日　　期：××年×月×日

审核意见：

□不同意。

☑同意，支付时间为本表签发后的15d内。

发包人（章）

发包人代表：×××

日　　期：××年×月×日

注：1. 在选择栏中的“□”内作标识“√”。

2. 本表一式四份，由承包人填报，发包人、监理人、造价咨询人、承包人各存一份。

15. 竣工结算款支付申请（核准）表

表-18 竣工结算款支付申请（核准）表

工程名称：某市道路改造工程　　　　标段：　　　　编号：

致：某市道路改造工程指挥办公室　　　　（发包人全称）

我方于 ×× 至 ×× 期间已完成合同约定的工作，工程已经完工，根据施工合同的约定，现申请支付竣工结算合同款额为（大写）肆佰壹拾捌万柒仟贰佰陆拾贰元玖角陆分（小写 4187262.96 元），请予核准。

序号	名称	申请金额/元	复核金额/元	备注
1	竣工结算合同价款总额	52490192.56	52490192.56	
2	累计已实际支付的合同价款	45678420.00	45678420.00	
3	应预留的质量保证金	2624509.60	2624509.60	
4	应支付的竣工结算款金额	4187262.96	4187262.96	

承包人（章）

造价人员：×××　　承包人代表：×××　　日　期：××年×月×日

复核意见：

□与实际施工情况不相符，修改意见见附件。

☑与实际施工情况相符，具体金额由造价工程师复核。

监理工程师：×××

日　期：××年×月×日

复核意见：

你方提出的竣工结算款支付申请经复核，竣工结算款总额为（大写）伍仟贰佰肆拾玖万零壹佰玖拾贰元伍角陆分（小写 52490192.56 元），扣除前期支付以及质量保证金后应支付金额为（大写）肆佰壹拾捌万柒仟贰佰陆拾贰元玖角陆分（小写 4187262.96 元）。

造价工程师：×××

日　期：××年×月×日

审核意见：

□不同意。

☑同意，支付时间为本表签发后的 15d 内。

发包人（章）

发包人代表：×××

日　期：××年×月×日

注：1. 在选择栏中的"□"内作标识"√"。

2. 本表一式四份，由承包人填报，发包人、监理人、造价咨询人、承包人各存一份。

16. 最终结清支付申请（核准）表

表-19 最终结清支付申请（核准）表

工程名称：某市道路改造工程　　标段：　　编号：

致：某市道路改造工程指挥办公室　　（发包人全称）

我方于 ×× 至 ×× 期间已完成了缺陷修复工作，根据施工合同的约定，现申请支付最终结清合同款额为（大写） 贰佰陆拾贰万肆仟伍佰零玖元陆角零分 （小写 2624509.60 元 ），请予核准。

序号	名　　称	申请金额/元	复核金额/元	备注
1	已预留的质量保证金	2624509.60	2624509.60	
2	应增加因发包人原因造成缺陷的修复金额	0	0	
3	应扣减承包人不修复缺陷、发包人组织修复的金额	0	0	
4	最终应支付的合同价款	2624509.60	2624509.60	

承包人（章）

造价人员：×××　　承包人代表：×××　　日　期：××年×月×日

复核意见：

□与实际施工情况不相符，修改意见见附件。

☑与实际施工情况相符，具体金额由造价工程师复核。

监理工程师：×××

日　期：××年×月×日

复核意见：

你方提出的支付申请经复核，最终应支付金额为（大写） 贰佰陆拾贰万肆仟伍佰零玖元陆角零分 （小写 2624509.60 元 ）。

造价工程师：×××

日　期：××年×月×日

审核意见：

□不同意。

☑同意，支付时间为本表签发后的 15d 内。

发包人（章）

发包人代表：×××

日　期：××年×月×日

注：1. 在选择栏中的“□”内作标识“√”。

2. 本表一式四份，由承包人填报，发包人、监理人、造价咨询人、承包人各存一份。

参考文献

[1] 中华人民共和国住房和城乡建设部. GB 50500—2013《建设工程工程量清单计价规范》[S]. 北京：中国计划出版社，2013.

[2] 中华人民共和国住房和城乡建设部.《建设工程计价计量规范辅导》[M]. 北京：中国计划出版社，2013.

[3] 中华人民共和国住房和城乡建设部. GB 50857—2013《市政工程工程量计算规范》[M]. 北京：中国计划出版社，2013.

[4] 中华人民共和国住房和城乡建设部、财政部. 建标［2013］44 号《建筑安装工程费用项目组成》[M]. 北京：中国计划出版社，2013.

[5] 中华人民共和国建设部. GYD—301—1999《全国统一市政工程预算定额（通用项目)》[S]. 北京：中国计划出版社，1999.

[6] 中华人民共和国建设部. GYD—302—1999《全国统一市政工程预算定额（道路工程)》[S]. 北京：中国计划出版社，1999.

[7] 中华人民共和国建设部. GYD—303—1999《全国统一市政工程预算定额（桥涵工程)》[S]. 北京：中国计划出版社，1999.

[8] 中华人民共和国建设部. GYD—304—1999《全国统一市政工程预算定额（隧道工程)》[S]. 北京：中国计划出版社，1999.

[9] 中华人民共和国建设部. GYD—305—1999《全国统一市政工程预算定额（给水工程)》[S]. 北京：中国计划出版社，1999.

[10] 中华人民共和国建设部. GYD—306—1999《全国统一市政工程预算定额（排水工程)》[S]. 北京：中国计划出版社，1999.

[11] 中华人民共和国建设部. GYD—307—1999《全国统一市政工程预算定额（燃气与集中供热工程)》[S]. 北京：中国计划出版社，1999.

[12] 中华人民共和国建设部. GYD—308—1999《全国统一市政工程预算定额（路灯工程)》[S]. 北京：中国计划出版社，1999.

[13] 彭以舟、刘云娇.《市政工程计价》[M]. 北京：北京大学出版社，2013.

[14] 闫晨.《市政工程》[M]. 北京：中国铁道出版社，2012.